基本単位

長さ	メートル	m	熱力学温度	ケルビン	K
質量	キログラム	kg	物質量	モル	mol
時間	秒	s	光度	カンデラ	cd
電流	アンペア	A			

SI接頭語

10^{24}	ヨタ	Y	10^{3}	キロ	k	10^{-9}	ナノ	n
10^{21}	ゼタ	Z	10^{2}	ヘクト	h	10^{-12}	ピコ	p
10^{18}	エクサ	E	10^{1}	デカ	da	10^{-15}	フェムト	f
10^{15}	ペタ	P	10^{-1}	デシ	d	10^{-18}	アト	a
10^{12}	テラ	T	10^{-2}	センチ	c	10^{-21}	セプト	z
10^{9}	ギガ	G	10^{-3}	ミリ	m	10^{-24}	ヨクト	y
10^{6}	メガ	M	10^{-6}	マイクロ	μ			

〔換算例： 1 N＝1/9.806 65 kgf〕

	SI		SI 以外		
量	単位の名称	記号	単位の名称	記号	SI単位からの換算率
エネルギー，熱量，仕事およびエンタルピー	ジュール （ニュートンメートル）	J (N・m)	エルグ カロリ(国際) 重量キログラムメートル キロワット時 仏馬力時 電子ボルト	erg cal_{IT} kgf・m kW・h PS・h eV	10^{7} 1/4.186 8 1/9.806 65 $1/(3.6\times10^{6})$ $\approx 3.776\,72\times10^{-7}$ $\approx 6.241\,46\times10^{18}$
動力，仕事率，電力および放射束	ワット （ジュール毎秒）	W (J/s)	重量キログラムメートル毎秒 キロカロリ毎時 仏馬力	kgf・m/s kcal/h PS	1/9.806 65 1/1.163 ≈1/735.498 8
粘度，粘性係数	パスカル秒	Pa・s	ポアズ 重量キログラム秒毎平方メートル	P kgf・s/m²	10 1/9.806 65
動粘度，動粘性係数	平方メートル毎秒	m²/s	ストークス	St	10^{4}
温度，温度差	ケルビン	K	セルシウス度，度	℃	〔注(1)参照〕
電流，起磁力	アンペア	A			
電荷，電気量	クーロン	C	（アンペア秒）	(A・s)	1
電圧，起電力	ボルト	V	（ワット毎アンペア）	(W/A)	1
電界の強さ	ボルト毎メートル	V/m			
静電容量	ファラド	F	（クーロン毎ボルト）	(C/V)	1
磁界の強さ	アンペア毎メートル	A/m	エルステッド	Oe	$4\pi/10^{3}$
磁束密度	テスラ	T	ガウス ガンマ	Gs γ	10^{4} 10^{9}
磁束	ウェーバ	Wb	マクスウェル	Mx	10^{8}
電気抵抗	オーム	Ω	（ボルト毎アンペア）	(V/A)	1
コンダクタンス	ジーメンス	S	（アンペア毎ボルト）	(A/V)	1
インダクタンス	ヘンリー	H	ウェーバ毎アンペア	(Wb/A)	1
光束	ルーメン	lm	（カンデラステラジアン）	(cd・sr)	1
輝度	カンデラ毎平方メートル	cd/m²	スチルブ	sb	10^{-4}
照度	ルクス	lx	フォト	ph	10^{-4}
放射能	ベクレル	Bq	キュリー	Ci	$1/(3.7\times10^{10})$
照射線量	クーロン毎キログラム	C/kg	レントゲン	R	$1/(2.58\times10^{-4})$
吸収線量	グレイ	Gy	ラド	rd	10^{2}

〔注〕 (1) TKからθ℃への温度の換算は，$\theta=T-273.15$とするが，温度差の場合には$\Delta T=\Delta\theta$である．ただし，ΔTおよび$\Delta\theta$はそれぞれケルビンおよびセルシウス度で測った温度差を表す．

(2) 丸括弧内に記した単位の名称および記号は，その上あるいは左に記した単位の定義を表す．

JSMEテキストシリーズ

機械工学のための力学

Mechanics for Mechanical Engineering

日本機械学会

序

「JSME テキストシリーズ」は，大学学部学生のための機械工学への入門から必須科目の修得までに焦点を当て，機械工学の標準的内容をもち，かつ技術者認定制度に対応する教科書の発行を目的に企画されました．

日本機械学会が直接編集する直営出版の形での教科書の発行は，1988 年の出版事業部会の規程改正により出版が可能になってからも，機械工学の各分野を横断した体系的なものとしての出版には至りませんでした．これは多数の類書が存在することや，本会発行のものとしては機械工学便覧，機械実用便覧などが機械系学科において教科書・副読本として代用されていることが原因であったと思われます．しかし，社会のグローバル化にともなう技術者認証システムの重要性が指摘され，そのための国際標準への対応，あるいは大学学部生への専門教育への動機付けの必要性など，学部教育を取り巻く環境の急速な変化に対応して各大学における教育内容の改革が実施され，そのための教科書が求められるようになってきました．

そのような背景の下に，本シリーズは以下の事項を考慮して企画されました．

① 日本機械学会として大学における機械工学教育の標準を示すための教科書とする．

② 機械工学教育のための導入部から機械工学における必須科目まで連続的に学べるように配慮し，大学学部学生の基礎学力の向上に資する．

③ 国際標準の技術者教育認定制度〔日本技術者教育認定機構(JABEE)〕，技術者認証制度〔米国の工学基礎能力検定試験(FE)，技術士一次試験など〕への対応を考慮するとともに，技術英語を各テキストに導入する．

さらに，編集・執筆にあたっては，

① 比較的多くの執筆者の合議制による企画・執筆の採用，

② 各分野の総力を結集した，可能な限り良質で低価格の出版，

③ ページの片側への図・表の配置および 2 色刷りの採用による見やすさの向上，

④ アメリカの FE 試験（工学基礎能力検定試験(Fundamentals of Engineering Examination)）問題集を参考に英語による問題を採用，

⑤ 分野別のテキストとともに内容理解を深めるための演習書の出版，

により，上記事項を実現するようにしました．

本出版分科会として特に注意したことは，編集・校正には万全を尽くし，学会ならではの良質の出版物になるように心がけたことです．具体的には，各分野別出版分科会および執筆者グループを全て集団体制とし，複数人による合議・チェックを実施し，さらにその分野における経験豊富な総合校閲者による最終チェックを行っています．

本シリーズの発行は，関係者一同の献身的な努力によって実現されました． 出版を検討いただいた出版

事業部会・編修理事の方々，出版分科会を構成されました委員の方々，分野別の出版の企画・進行および最終版下作成にあたられた分野別出版分科会委員の方々，とりわけ教科書としての性格上短時間で詳細な形式に合わせた原稿の作成までご協力をお願いいただきました執筆者の方々に改めて深甚なる謝意を表します．また，熱心に出版業務を担当された本会出版グループの関係者各位にお礼申し上げます．

本シリーズが機械系学生の基礎学力向上に役立ち，また多くの大学での講義に採用され技術者教育に貢献できれば，関係者一同の喜びとするところであります．

2002 年 6 月

日本機械学会
JSME テキストシリーズ出版分科会
主査　宇高　義郎

「機械工学のための力学」刊行に当たって

機械工学を学ぶ上での基礎的な 4 力学といわれる科目として，材料力学，機械力学，熱力学，流体力学があります．これらを学ぶ基本となる科目が力学です．力学は中学や高校でも学んできましたが，さらに幅広く，体系的に学ぶことにより、一層理解を深めることができます．力学は大学や高専では教養科目でも学びますが，機械工学を学ぶ学生を対象として，一般力学，工業力学という科目名で講義を行っているところもあります．本教科書は、特に機械工学を学んでいる学生のための力学の入門的なテキストと位置づけ，JSME テキストシリーズの力学分野の 1 冊として刊行されました．例題を多く取り入れ，また，練習問題も精査し，わかりやすく記述してあります．

さらに，力学は物体の挙動を表す手段でありますので，単に機械の設計だけでなく，実社会において幅広く利用されています．本教科書の最終章では，それらの応用例のうち，宇宙工学やスポーツ工学などの例を挙げて説明しています．

このように重要な位置を占める力学ですので，学生諸君の熱心な取り組みを期待します．

2013 年 11 月

JSME テキストシリーズ出版分科会

機械工学のための力学テキスト

主査　高田　一

機械工学のための力学　執筆者・出版分科会委員

執筆者・委員	高田　一	(横浜国立大学)	第 1 章
執筆者	有川　敬輔	(神奈川工科大学)	第 2 章
執筆者・委員	石綿　良三	(神奈川工科大学)	第 2 章
執筆者	神谷　恵輔	(愛知工業大学)	第 3 章
執筆者	井上　卓見	(九州大学)	第 4 章
執筆者	梶原　逸朗	(北海道大学)	第 5 章
執筆者	高原　弘樹	(東京工業大学)	第 6 章
執筆者	吉田　和哉	(東北大学)	第 7 章
執筆者	木村　弘之	(富山大学)	第 7 章
執筆者	小池　関也	(筑波大学)	第 7 章
委員	木村　康治	(東京工業大学)	
委員	武田　行生	(東京工業大学)	

総合校閲者　吉沢　正紹　　(慶應義塾大学)

目次

第7章　機械への応用

第 1 章 序論 Introduction

- 力学とは何だろうか．ニュートンの 3 つの法則とは？
- 力の使い方は古代から工夫されていた．
- 力についての学問の歴史を学ぼう．
- このテキストの内容，使い方についても記載する．

1・1　力学とは（what is mechanics ?）

機械工学を学ぶ上で力学はどのような位置づけにあるのだろうか．この教科書では機械工学を学ぶために必要となる，材料力学(strength of materials)に代表される静力学(statics)と，振動学(vibration)や機械力学(dynamics of machinery)に代表される動力学(dynamics)の両方を含めて，物体に働く力の釣合いや力と運動の関係について記述されている．

身のまわりのもので，たとえば，自動車の加速，減速，カーブでの走行（図 1.1）などで体に力を感じることができる．あるいは，カーリング（図 1.2）でストーンを氷上で滑らせるとき，より大きな速度で滑らそうとすると，より大きな力を加え続けなければならない．より大きな力を加え続けると、速度が大きくなっていく割合が大きくなる．また，ストーンから手を放すとストーンはやがて止まるが，ブラシで氷面を擦ると静止するまでの距離が延びる．もし，摩擦がない理想的なところで行えば，止まることなく進むと思われる．止まってしまうのは摩擦の影響があり，これは力が働いていないようでも実際には力が働いていることを示す現象である．

水泳選手が手で水をかくと体が前に進む現象（図 1.3）やスケートボードに乗って壁を押す（図 1.4）とスケートボートとともに自分が後ろに進む．これらも力学の現象である．また，スポーツの分野では力学を考慮して道具は製作されている．たとえば，野球のバット（図 1.5）やゴルフのクラブなどは，いかにボールに力を与えるか，いかに反発力を高めるか，などの力学を考慮して製作されている．

力学といえば，何といってもまず，ニュートン（図 1.6）の名前が浮かぶであろう．力の単位にもなっているイギリスの物理学者である．これまでに挙げた例はニュートンの力学の法則で説明できる．ストーンが止まってしまう現象については，ストーンがたとえ摩擦のないところにある場合でも静止している状態であれば，外から力を加えない限り動き出さない．また，力を少し加えて手を放せば摩擦のないところでは，止まることがない．これらは，力に関するニュートンの法則(Newton's laws)のうちの第一法則で説明がつく

図 1.1　自動車の走行

図 1.2　カーリングのストーン

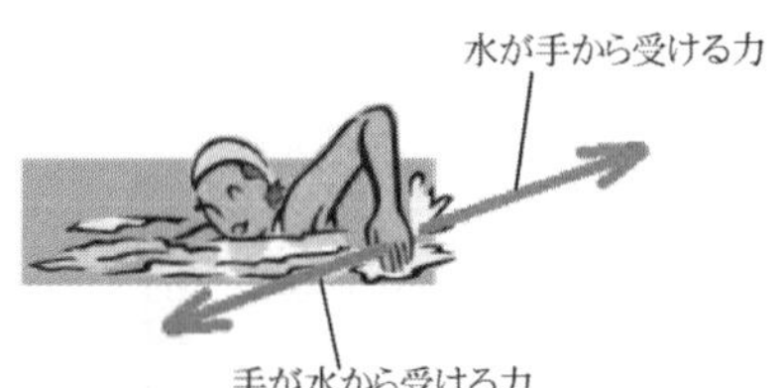

図 1.3　水をかく手に働く力

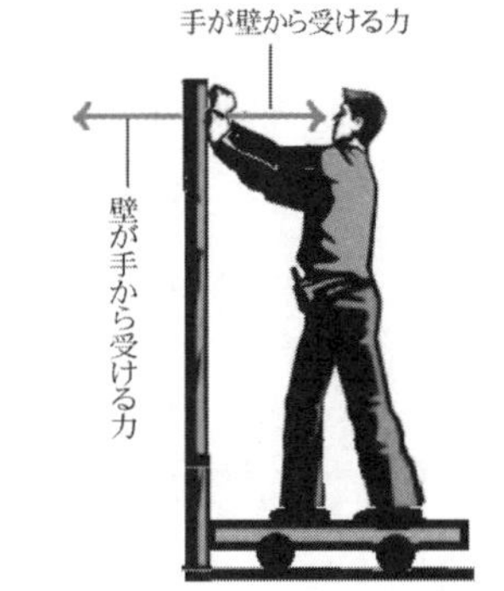

図 1.4　スケートボード上での壁への力

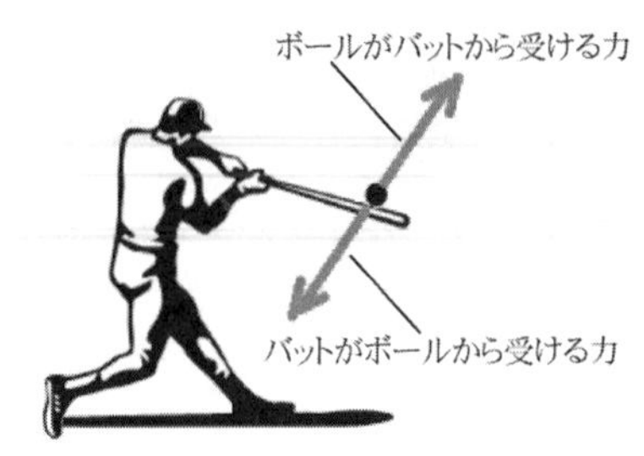

図 1.5　野球の打撃

図 1.6　アイザック・ニュートン

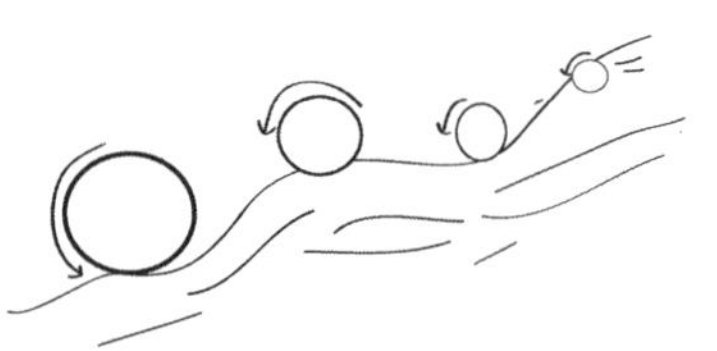
図 1.7　大きくなる雪玉

図 1.8　てこを利用しての石の移動

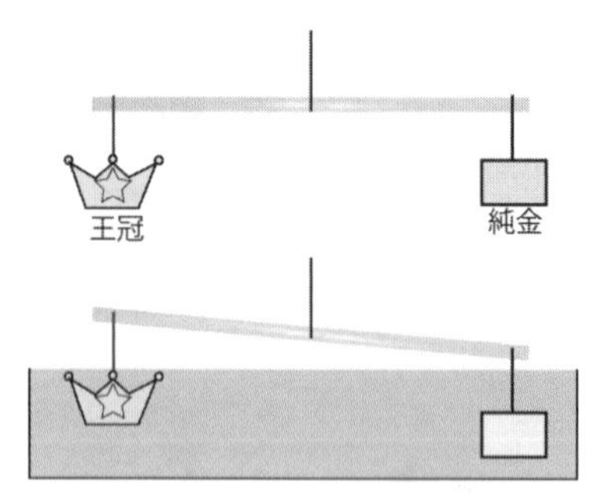

図 1.9　アルキメデスの原理

ことである.

第一法則(Newton's first law)　慣性の法則（law of inertia）
外から力が働かない限り，質点（質量だけ持ち，大きさを0とみなしたもの）は同じ速度で動き続けるか静止したまま（速度が0）である.

次にストーンに同じ時間だけ大きな力を加えた場合と小さな力を加えた場合のストーンの速度を比較すると,大きな力を加えた方が速度が大きくなる.この現象は速度の時間変化が大きいことを意味し，これは次の第二法則で説明できる.

第二法則(Newton's second law)　運動の法則(law of motion)あるいは運動方程式(equation of motion)
質点に外から力が働く場合，質点の加速度(acceleration)（速度の時間変化の割合）は力に比例し，質量に反比例する.

水泳選手が手で水をかき，水を後ろに追いやると体が進むのは，手で水を後ろに押している力の反力として,手は前向きに力を受けているからである.スケートボードに乗って壁を押すと壁を前向きに押している反力として，後ろ向きに力を受ける．これは次の第三法則で説明できる.

第三法則(Newton's third law)　作用反作用の法則(law of action and reaction)
2つの質点において1つの質点Aが他の質点Bから力を受けている場合，同一直線上において,質点Aは大きさが同じで向きが反対の力を質点Bに与えている．つまり，質点Bは質点Aから力を受けている，というものである.これは2つの質点でなくても，手と水，手と壁であっても同様のことがいえる．また，バットやクラブで球が飛ぶのは，作用反作用で球が力を受けているからである.

第二法則で「質点に外から力が働く場合，質点の加速度(acceleration)（速度の時間変化の割合）は力に比例する.」は質点の質量が変わらない場合にいえることであり，もう少し発展させると，質点の運動量(momentum)（質量と速度との積）の時間変化は力に等しい，といえる．質量が変化する例として図 1.7 に示すように雪が滑りながら，あるいは転がりながら時間とともにだんだん大きくなり質量が増加していく場合や，ロケットの燃料が燃焼して時間とともに減少していく場合などがある．そのような場合を除いて，質量は一定で変化しないものと考えてよく，この法則は，主に「質点の加速度は力に比例する.」と考えてよいことになる．また，第二法則は外からの力が 0 の場合，加速度は0になるので速度は一定であり，第一法則を含んでいることがわかる.

1・2　力学の歴史（history of mechanics）[1]

ニュートン以前にも力学に関しては，いろいろ利用され検討されている．古代エジプト人がピラミッドを作るのに巨大な石を運搬しているが，このときも力学が使われている．まず，巨石を動かすのにてこ(lever)を利用していたといわれている（図 1.8）．また，遠くまで運搬するには，摩擦を少なくするため，ころを使ったといわれている．古代ギリシャの数学者，物理学者アルキメデス(Archimedes, 287-212 B.C.)は，てこについて物体の釣合いを考え，棒ばかりでは腕の長さと重さが逆比例すると釣合う，というてこの原理(principle of leverage)を体系化し，重心の概念を導入している．これにはモーメントの概念も必要であり，本テキストでは第 3 章で取り上げる．また，彼は浮力について明らかにし，物体は押しのけた水の重さの分だけ軽くなる，つまり浮力が働くことを示している．これはアルキメデスの原理(principle of Archimedes)（図 1.9）と呼ばれ，純金の王冠に銀が混ざっていないかを調べるため，空中で純金と釣合っている天秤を水中に入れ，バランスが崩れたことにより銀が混ざっていることを証明した．これにより密度(density)の概念が得られた．

ポーランドの天文学者ニコラス・コペルニクス(Nicolaus Copernicus, 1473-1543)は惑星の動きから，地球や惑星は太陽の周りを運動していると考え，地動説を唱えた．その後，デンマークの天文学者ティコ・ブラーエ(Tycho Brahe, 1546-1601)の天体の精密な観測を経て，ドイツの天文学者ヨハネス・ケプラー(Johannes Kepler, 1571-1630)は，ケプラーの法則(Kepler's laws)を導いた．その第二法則は，惑星と太陽を結ぶ動径が単位時間に掃く面積は一定である，というもので，これは角運動量(angular momentum)の概念になり，本テキストでは第 5 章で取り上げる．

一方，イタリアの物理学者ガリレオ・ガリレイ(Galileo Galilei, 1564-1642)（図 1.10）は，地動説に反対する者から，地球が動いているなら塔から落とした石は真下には落ちない，との反論に対して，実際の石の運動は地球の運動と石の落下運動の合成であり，地上の観測者は地球とともに動くので相対的な落下運動だけが観測される，と主張した．これはガリレオの相対性原理(Galileo's principle of relativity)と呼ばれ，慣性座標(inertial coordinate)の考えにつながる．また，彼は自由落下によって物体がいかに加速されるか，について検討している．当時の測定の技術では自由落下物体の速度を測定することは精度よくできなかったため，斜面を使って球を転がし距離と時間を測定した．それにより距離が時間の 2 乗に比例することや，この関係は斜面の角度によらないことを確かめ，自由落下でも成り立つことを確信した．これは，力と運動の関係を導いておりニュートンの法則の基礎となった．このとき，斜面を下った球をその運動の勢いで再び斜面を昇らせると，元と同じ高さまで昇ることを見出した（図 1.11）．昇らせる斜面の角度を 0°（水平）にするとどこまでも進むことになり，これも慣性の法則のもとになった．ガリレオの名前から加速度の単位(unit of acceleration)(Gal=cm/s^2)が地震工学などで用いられている．

同じころ，フランスの哲学者，科学者ルネ・デカルト(Rene Descartes, 1596-1650)は「我思う．ゆえに我あり．」の言葉で有名だが，数学分野で直交座標を取り入れ，力学分野でもガリレオが行っていた慣性の法則を一般化させている．ガリレオの弟子でイタリアの物理学者エバンジェリスタ・トリチェリ(Evangelista Torricelli, 1608-1647)は一端を閉じたガラス管に水銀を入れトリチェリの真空とよばれる実験を行い，水銀柱は約 76cm しかならず，そ

図 1.10　ガレリオ・ガリレイ

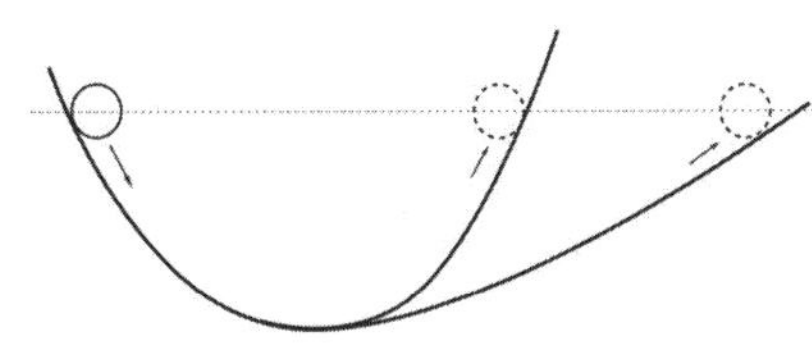
図 1.11　ガレリオによる斜面の実験

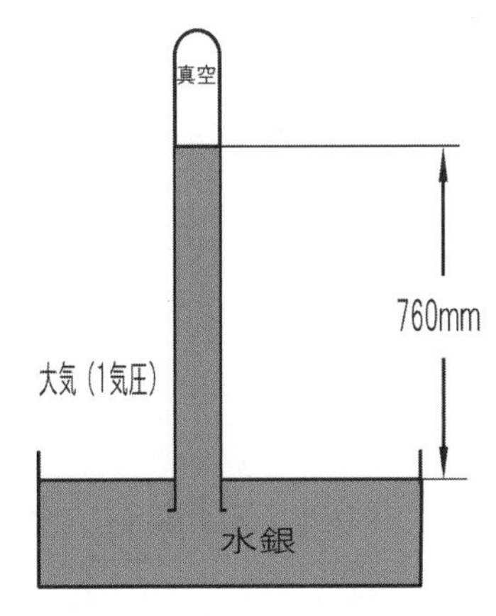

図 1.12　トリチェリの実験

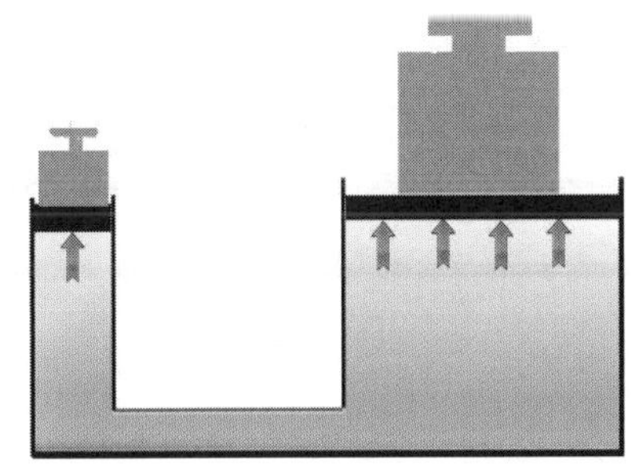
図 1.13　パスカルの原理

の上は真空になっていることを見つけた（図 1.12）. フランスの哲学者，物理学者ブレーズ・パスカル(Blaise Pascal, 1623-1662)は山でトリチェリの実験を行うと水銀柱の高さが低くなる現象から大気圧の存在を確認した．また，密閉容器内の液体の一部に受けた圧力はそのままの強さで液体の他の部分に伝わる，というパスカルの原理(Pascal's principle)を見つけた（図 1.13）．パスカルは圧力の単位(unit of pressure)(Pa)として気圧などで用いられている．

これらの人々の実験や考察などにより，力学の基礎が築き上げられたと言えるであろう．その後，前述の 3 法則を示したイギリスの物理学者アイザック・ニュートン(Isaac Newton, 1642-1727)，解析力学で有名なフランスの数学者ジョゼフ・ルイ・ラグランジュ(Joseph-Louis Lagrange, 1736-1813)らへと続いていく．ニュートンは力の単位(unit of force)(N)として使われていることは皆さん周知のことである．20 世紀に入って相対性理論を著したドイツの物理学者アルベルト・アインシュタイン(Albert Einstein, 1879-1955)(図 1.14)も力学には大いに寄与している．

図 1.14　アインシュタイン

1・3　使用される用語と単位（technical terms and units）

力学で使用される用語としては高校までに学習してきた質量, 力, 変位, 速度, 加速度, 角速度, 角加速度, モーメントなどはすでに既知の用語として進める．力ベクトル，速度ベクトルなどもすでに既知であると思われるが，第2章で改めて記載しており，力の合成，分解などについて充分学習してほしい．また，力だけでなくモーメントの表し方などもベクトルで表現できることを学んでほしい．第3章では質点に働く力の釣合い(equilibrium of force)，剛体に働く力の釣合いについて述べる．剛体とは大きさが無視できず，変形しない物体のことである．このテキストでは変形する物体は扱わない．第4章では質点の運動について，直交座標系，極座標系，円柱座標系での運動方程式の記述，また，運動を観測している人が動いている場合（図1.15(a)），つまり座標系が運動している場合に生じる相対運動(relative motion)やその場合の運動方程式の扱い，見かけの力として考慮する慣性力(inertia force，force of inertia)について記載している．遠心力(centrifugal force)は回転運動している観測者から見た場合に生じる見かけの力，コリオリの力(Coriolis force)は回転座標系において運動している場合に生じる見かけの力である．

第5章では運動中の質点や剛体が持っている運動量(momentum)や角運動量(angular momentum)，エネルギー(energy)などについて述べる．角運動量は回転運動を考えたときに考慮する物理量である．力の釣合いを考える際には仮想変位(virtual displacement)という概念も学ぶ．第6章では剛体の運動について学ぶが，剛体は剛体すべての点が同じ速度を持って運動する並進運動(translation)と剛体内あるいは剛体外の一点を中心とする回転運動(rotation)があることを学ぶ．一般には両運動が同時に行っている．回転運動では質量ではなく，慣性モーメント(moment of inertia)を使用することも剛体の特徴である．

次に力学で使用する単位について述べる．力の単位は N (ニュートン)，変位の単位は m，時間の単位は s を用いる．変位が小さい場合は mm を使うこともある．角度はラジアン (rad) で表すので，角速度は rad/s，角加速度は rad/s^2

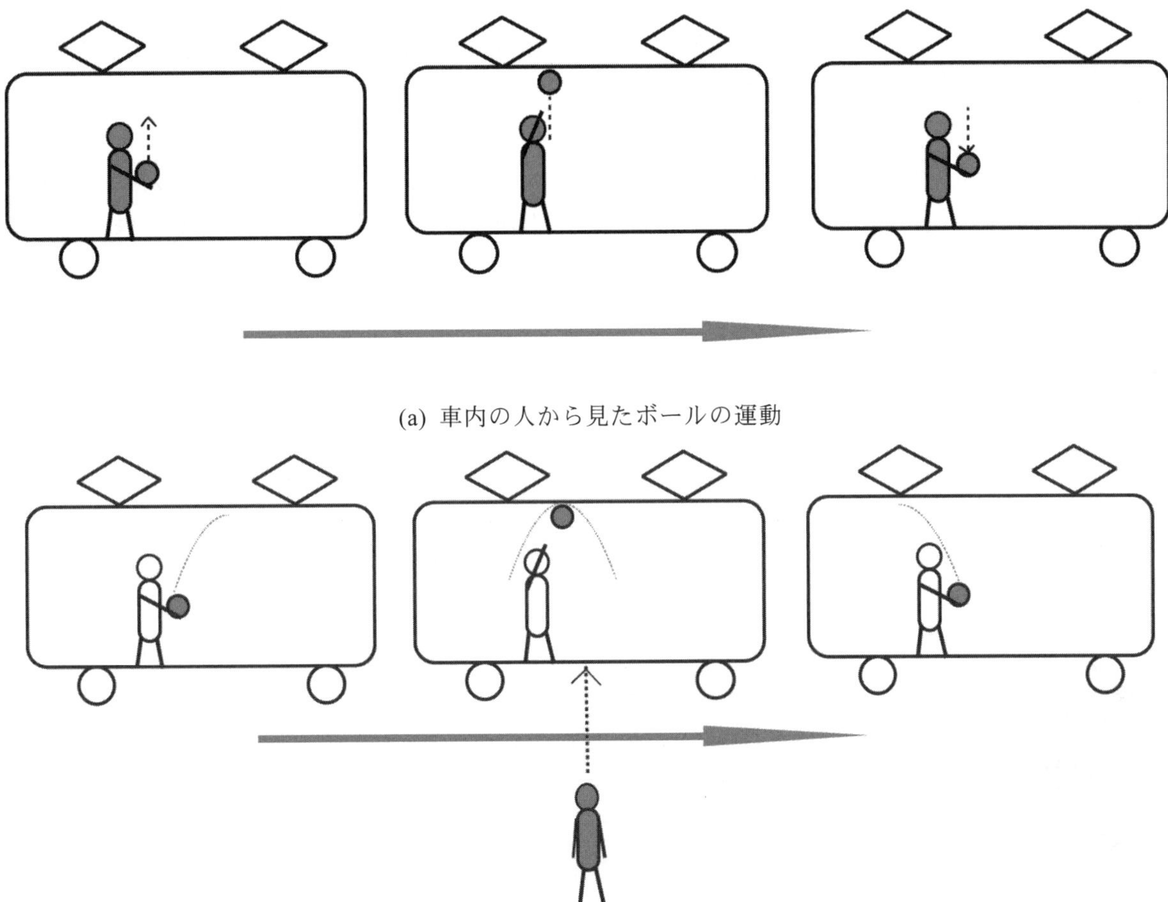

(a) 車内の人から見たボールの運動

(b) 車外の人から見たボールの運動

となる．ただし，rad は単位ではないので，それぞれ 1/s，$1/s^2$ と記載されることもある．運動量は kg·m/s，角運動量は $kg \cdot m^2/s$ で表される．モーメントは力と距離の積であるので，N·m を用いる．回転運動での方程式ではモーメントが慣性モーメントと角加速度の積であるので，慣性モーメントの単位は，$N \cdot m/(1/s^2) = kg \cdot m^2$ となる．これらは，SI 単位での記述であるが，工業界などでは重力単位を使用している場合もある．重力単位では力は kgf となる．この単位では，同じ力を表すのに重力加速度の値である約9.81倍だけ SI 単位よりも数値が小さくなる．例えば，体重60キロの人が床にかける力は SI 単位では 588N であるが，重力単位では 60kgf となる．とくにことわりがない限り，本テキストでは重力加速度を $9.81 m/s^2$ とする．単位については，表紙の裏の表に掲載されている．

1・4　本教科書の構成と使用方法（overview and usage of this textbook）

この教科書は，大学ではじめて力学を学ぶ学生のために執筆されたもので，全 7 章から構成されている．その特色は，以下に述べられる三点にある．

第一の特色は，高校の物理で学習した内容をもとに力学の基礎あるいは根幹となる第 1 章から第 3 章において，力学・数学の学力が必ずしも十分でない学生諸君でも独学で容易に読むことができるように，ベクトルによる力の

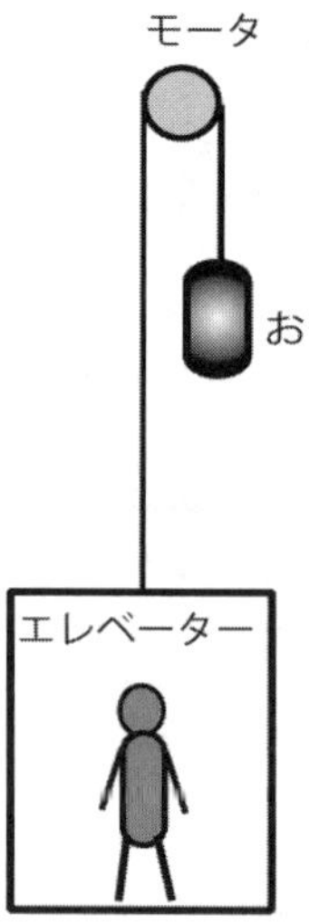

モータ

おもり

エレベーター

図 1.16　エレベータの運動

表し方をはじめ静力学における釣合いなど，必要最小限の“基本事項を精選”した上で，高校での力学の学習からつながるよう“やさしさに重点“をおいた点にある．

第二の特色は，それらの基礎をもとに多様な例題，問題を使っており，“わかりやすく説明”している点にある．質点や剛体の力学を学ぶ第 4 章から第 6 章においては，いろいろな座標系からみたときの力学の運動方程式の表し方，速度，加速度だけでなく，運動している質点，剛体が持っている運動量やエネルギーについて学ぶ．さらには，高校では学習していないと思われる慣性モーメントについて初歩から解説している．

第三の特色は，最後の第7章において第6章までの力学の内容を踏まえて，将来，実社会において体験すると思われる分野の一部について，“力学を利用した表現への橋渡し，あるいは最先端の研究につながる力学”を記述したことにより，実社会への応用が実感できる点にある．具体的には人工衛星の力学，エレベータの力学（図 1.16），スポーツの力学（図 1.17）について記述してある．

図 1.17　フィギュアスケートのスピン

これらを学習することにより，高校で学ぶことになっている力学の内容が整理されて理解されることを期待している．

また，各章執筆担当の専門家が“内容を厳選”した上で“わかりやすさに最大限の努力”を払っている．

以上に述べた 3 つの特色を持つ本教科書を，高専あるいは大学 1,2 年の学生を対象にした半期の力学の授業で使う場合，静力学および質点の力学を中心に学ぶ場合は，第 1 章から第 5 章までを 12 回分として準備してあるので，その後，第 7 章を講義していただくことを薦める．また，運動学，動力学あるいは剛体の力学を学びたい場合は，第 3 章から第 6 章までを 13 回分として準備してあるので，その後第 7 章を講義していただくことを薦める．

参考文献

(1) 我孫子誠也著，歴史をたどる 物理学，(1981)，東京教学社．

第2章

力とモーメント

Force and Moment

- 力は大きさと向きを持つベクトル量である.
- 複数の力を１つにまとめる合成，１つの力を分ける分解を学ぶ.
- 物体を回転させる作用，モーメントについて考える.

2・1　力 (force)

力は大きさと向きを持つベクトル量であり，ベクトルの計算の規則に従って合成や分解を行うことができる．本節では，ベクトルの表し方，基本的なベクトルの計算について説明した後，力の合成および分解の方法について説明する．なお，本節では 2 次元平面上の力に限定し，3 次元空間内の力については 2･3 節で扱う.

2・1・1　力の基本性質 (fundamentals of force)

図 2.1 上のように机の上に本を置き，これを指で押すと本は机の上を滑り出す．このとき本に対して力を与えたと実感するであろう．このように，力には「ものを動かす」という作用があることがわかる．今度は力の大きさや向きを変えて押してみる．より強く押すと本はより速く動き，逆の側から押すと逆向きに動く．作用させる力の大きさと向きによって起こる現象が異なるのであるから，力は大きさと向きを持つベクトル(vector)として扱わねばならない．図 2.1 下に示すように力ベクトルを表す矢印を考えたとき，その長さが力の大きさに対応し，向きが力の向きに対応する.

次に，図 2.2(a)のように本を左右から同時に同じ大きさの力で押してみると本は動かない．どちらか一方を押すのをやめると，本はその方向に動き出す. このことは, 互いに逆を向く同じ大きさの力が同一直線上に作用すると, それらの効果は打ち消されることを示している．さらに一般的には，複数の力は合成されて個々の力とは別の効果を生むことを示している．今度は，力の大きさと向きはそのままに，図 2.2(b)，(c)のように作用させる位置を変えると, 本は, (b)の場合は反時計まわりに, (c)の場合は時計まわりに回転する. このことは，力を扱う際には，大きさと向きに加えて，力が作用する点の位置にも注意を払わねばならないことを示している．図 2.3 に示すように，力が作用する点のことを作用点(point of action)あるいは着力点(point of application)，力ベクトルを含む直線のことを作用線(line of action)と呼ぶ.

2・1・2　ベクトルの計算 (vector arithmetic)

力学では力だけでなく，位置，速度，加速度，運動量などさまざまなベクト

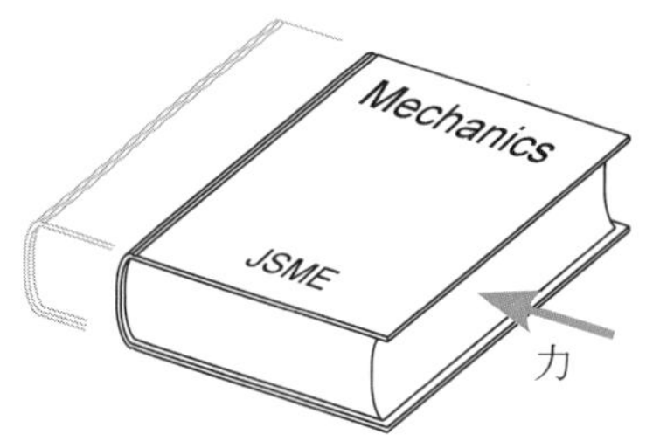

図 2.1　力ベクトル

— ベクトルとスカラー —

力，速度，運動量のように，大きさと向きを持つ量をベクトルという．これに対し，長さ，質量，時間のように，1 つの数値によって表される量をスカラーという.

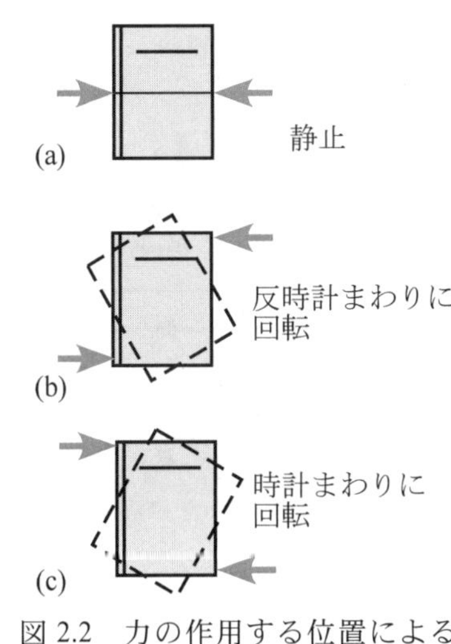

図 2.2　力の作用する位置による運動の違い

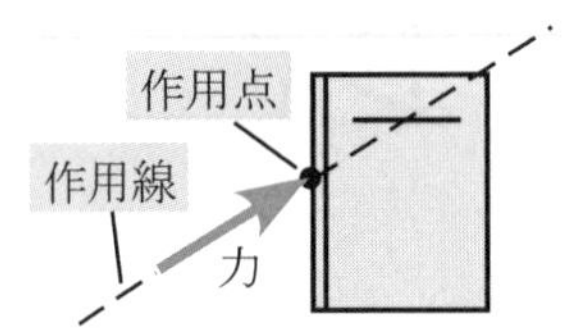

図 2.3　作用点と作用線

ル量を扱う．そこで，ベクトルの基本計算についてまとめておく．

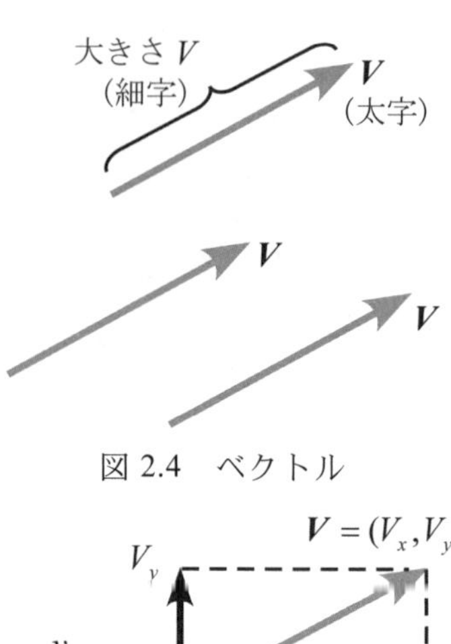

図 2.4　ベクトル

a．ベクトルの表し方 (notation of vectors)

ベクトルは大きさと向きを持つ量であり，矢印によって表すことができる（矢印の長さがベクトルの大きさに，向きがベクトルの向きに対応する）．逆にいえば，大きさと向きが同じであれば同じベクトルということになり，平行移動により重なる矢印はすべて同じベクトルを表す（図 2.4）．また，表記上の約束として，本書ではベクトルを「$\boldsymbol{V}$」のように太字で書き，その大きさ（矢印の長さ）を「V」のように細字で書く（大きさを$|\boldsymbol{V}|$という記号によって表すこともある）．

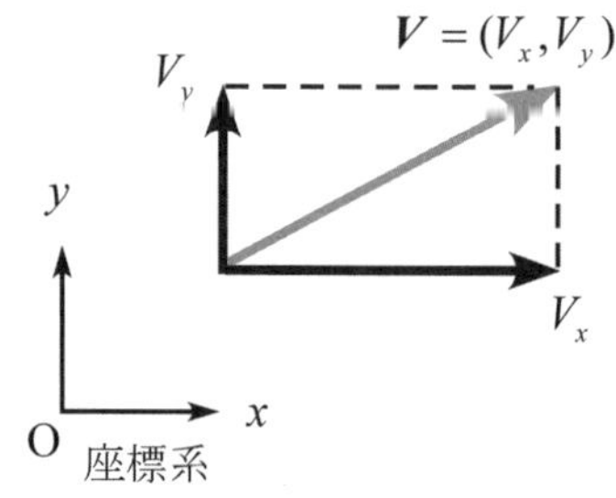

図 2.5　ベクトルの成分表示

ベクトルの計算を行う際には成分表示(component notation)を用いるのが便利な場合が多い．ベクトルを成分表示するためには，まず，座標系(coordinate system)を設定し，図 2.5 に示す要領で，各座標軸の方向の成分を求めればよい．ここで，座標系には右手系と左手系があるが（図 2.6），通常は右手系を用いる（座標軸を xy，原点を O とする座標系を $\mathrm{O}-xy$ のように表す）．座標系 $\mathrm{O}-xy$ における，ベクトル $\boldsymbol{V}$ の x 方向成分を V_x, y 方向成分を V_y とするとき，その成分表示を次式のように書く．

$$\boldsymbol{V}=(V_x,V_y) \tag{2.1}$$

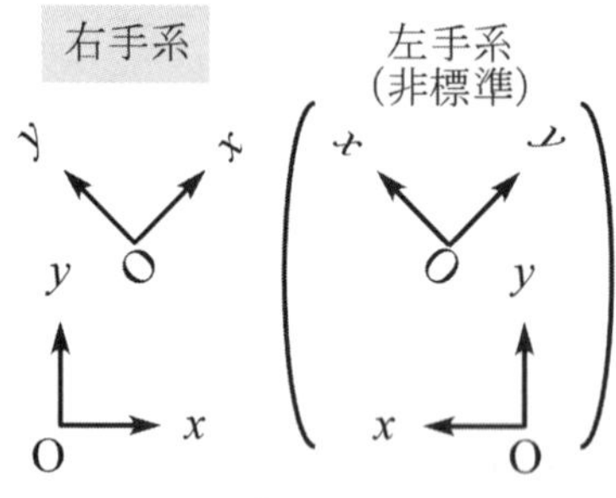

図 2.6　右手系と左手系

図 2.7 にベクトルの成分表示の例を示す．特に，各成分の符号に注意が必要である．対応する座標軸と同じ向きならば「正」，逆向きならば「負」となる．また，2 つのベクトル $\boldsymbol{V}_1=(V_{1x},V_{1y})$ と $\boldsymbol{V}_2=(V_{2x},V_{2y})$ が同じベクトルであるためには，$V_{1x}=V_{2x}$ かつ $V_{1y}=V_{2y}$（すべての成分が同じ）でなくてはならない．なお，成分表示と関連して，単位ベクトルを用いたベクトルの表現方法もあるが，これについては本項 d において説明する．

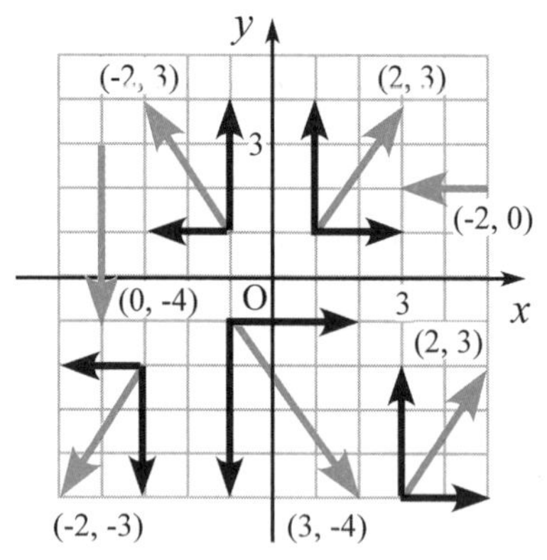

図 2.7　ベクトルの成分表示例

図 2.8 に示すように，ベクトル $\boldsymbol{V}$ を，大きさ V と基準線から測った角度 θ によって表すこともある．大きさ V と，基準線を x 軸として，その正の向きとなす角度 θ（反時計まわりを正）が与えられたとすると，$\boldsymbol{V}$ の成分表示は，

$$\boldsymbol{V}=(V\cos\theta\,,V\sin\theta) \tag{2.2}$$

となる．逆に，ベクトル $\boldsymbol{V}$ の成分表示 $\boldsymbol{V}=(V_x\,,V_y)$ が与えられた場合，大きさ V は三平方の定理より，

$$V=\sqrt{{V_x}^2+{V_y}^2} \tag{2.3}$$

となり，θ は $\tan\theta=V_y/V_x$ なる関係が成り立つので，

$$\theta=\tan^{-1}(V_y/V_x) \tag{2.4}$$

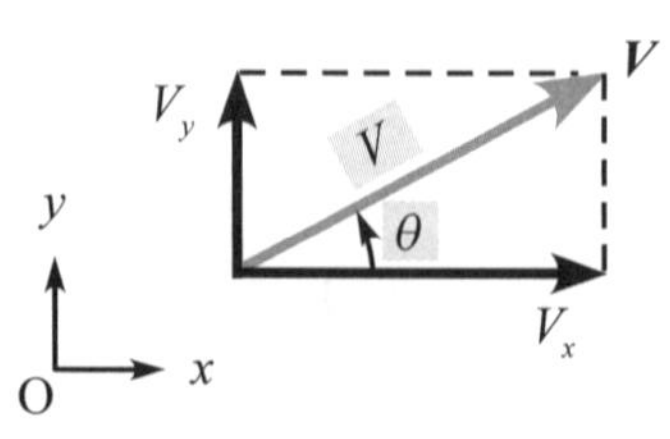

図 2.8　大きさと角度による
ベクトルの表現

となる．例えば，ベクトル $\boldsymbol{V}=(60,80)$ の大きさは $V=\sqrt{60^2+80^2}=100$，x 軸正の向きとなす角度は $\theta=\tan^{-1}(80/60)=53.1^\circ$ となる（なお，逆正接関数 $\tan^{-1}$ は -90° から $+90^\circ$ の範囲の角度を出すよう定義されているため，この範囲から外れた角度を求める場合には注意が必要である）．

b. スカラーとベクトルの積 (product of scalar and vector)

s をスカラー，$\boldsymbol{V}=(V_x, V_y)$ をベクトルとして，これらの積 $s\boldsymbol{V}$ を考える．$s\boldsymbol{V}$ はベクトルであるが，その大きさは $\boldsymbol{V}$ の大きさの $|s|$ 倍（s の絶対値倍），向きは s が正のとき $\boldsymbol{V}$ と同じで負のとき $\boldsymbol{V}$ と逆になる．また，成分表示は

$$s\boldsymbol{V}=(sV_x, sV_y) \tag{2.5}$$

となる（各成分を s 倍）．ベクトルのスカラーによる商 $\boldsymbol{V}/s$ については，$(1/s)\boldsymbol{V}$ と考えれば積として考えることができ，

$$\boldsymbol{V}/s=(V_x/s, V_y/s) \tag{2.6}$$

となる．例えば，$2\boldsymbol{V}$ の大きさは $\boldsymbol{V}$ の 2 倍（$2V$），向きは $\boldsymbol{V}$ と同じ，$-2\boldsymbol{V}$ の大きさは $\boldsymbol{V}$ の 2 倍（$2V$），向きは $\boldsymbol{V}$ の逆である（図 2.9）．また，$\boldsymbol{V}=(-2,6)$ とすると $2\boldsymbol{V}=(-4,12)$，$-2\boldsymbol{V}=(4,-12)$，$\boldsymbol{V}/2=(-1,3)$ となる．

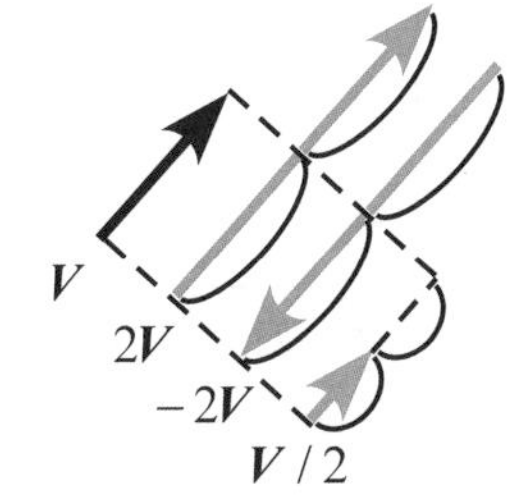

図 2.9　スカラーとベクトルの積

c. ベクトルの和 (addition of vectors)

ベクトル $\boldsymbol{V}_1$ と $\boldsymbol{V}_2$ の和 $\boldsymbol{V}_1+\boldsymbol{V}_2$ は，幾何学的には図 2.10 に示す規則（$\boldsymbol{V}_1$ と $\boldsymbol{V}_2$ を辺とする平行四辺形を構成，あるいは，$\boldsymbol{V}_1$ の終点と $\boldsymbol{V}_2$ の始点を合わせる）により求めることができる．3 つ以上のベクトルの和については，図 2.11 に示すように，2 つのベクトルの和を求める操作を繰り返せばよい．このとき，和をとる順番は任意である．ベクトルの差 $\boldsymbol{V}_1-\boldsymbol{V}_2$ については，$\boldsymbol{V}_1+(-\boldsymbol{V}_2)$ と考えて，$\boldsymbol{V}_1$ と $-\boldsymbol{V}_2$（$\boldsymbol{V}_2$ の向きを反転させたもの）の和を求めればよい（図 2.12 左）．これは，$\boldsymbol{V}_1$ の始点と $\boldsymbol{V}_2$ の始点を一致させたときの，$\boldsymbol{V}_2$ の終点から $\boldsymbol{V}_1$ の終点に向かうベクトルに等しい（図 2.12 右）．

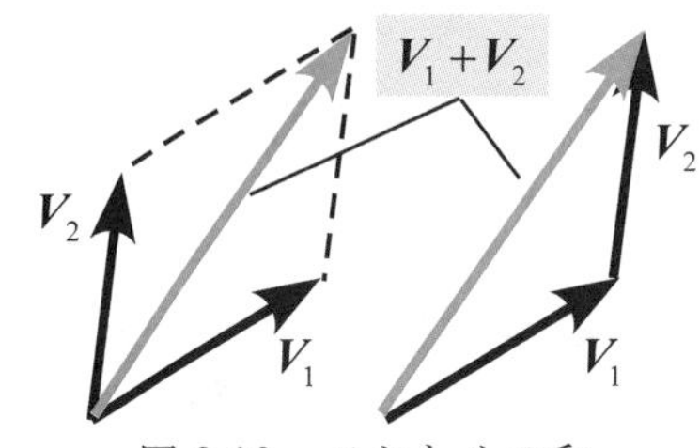

図 2.10　ベクトルの和

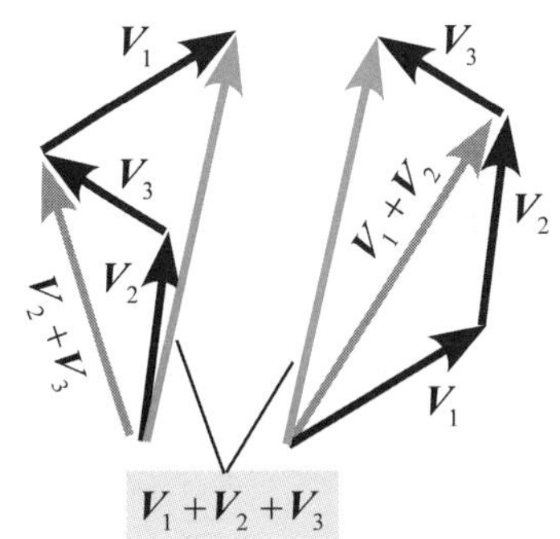

図 2.11　3 つのベクトルの和

成分表示されたベクトル $\boldsymbol{V}_1=(V_{1x}, V_{1y})$ と $\boldsymbol{V}_2=(V_{2x}, V_{2y})$ の和（差）は，次式のように成分ごとに和（差）を求めればよい．

$$\boldsymbol{V}_1+\boldsymbol{V}_2=(V_{1x}+V_{2x}, V_{1y}+V_{2y}) \tag{2.7}$$

$$\boldsymbol{V}_1-\boldsymbol{V}_2=(V_{1x}-V_{2x}, V_{1y}-V_{2y}) \tag{2.8}$$

例えば，$\boldsymbol{V}_1=(2,3)$，$\boldsymbol{V}_2=(4,1)$ とすると，$\boldsymbol{V}_1+\boldsymbol{V}_2=(6,4)$，$\boldsymbol{V}_1-\boldsymbol{V}_2=(-2,2)$ となる．3 つ以上のベクトルの和や差の計算についても同様である．

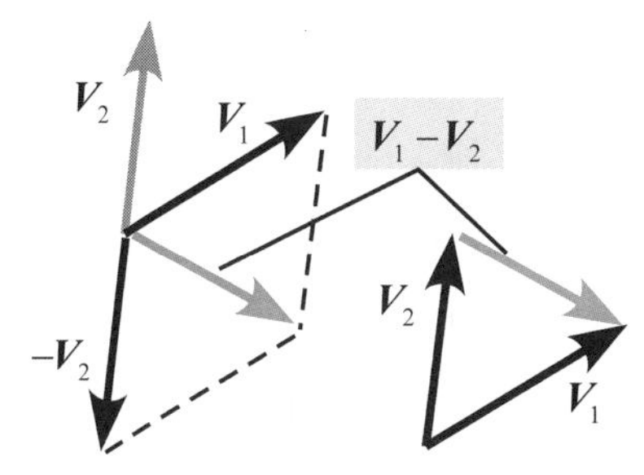

図 2.12　ベクトルの差

d. 単位ベクトル (unit vector)

大きさが 1 のベクトルのことを単位ベクトル(unit vector)と呼ぶ(図 2.13 左)．単位ベクトル $\boldsymbol{u}$ が与えられているとき，同じ向きを持つ大きさ a のベクトルは $a\boldsymbol{u}$ と表される（$a>0$）．このことから，単位ベクトルは向きを表すベクトルと考えることができる．また，ベクトル $\boldsymbol{V}=(V_x, V_y)$ と同じ向きを持つ単位ベクトル $\boldsymbol{v}$ は，$\boldsymbol{V}$ を自身の大きさ V で割ることにより次式のように求めることができる．

$$\boldsymbol{v}=\frac{\boldsymbol{V}}{V}=\left(\frac{V_x}{V}, \frac{V_y}{V}\right)=\left(\frac{V_x}{\sqrt{V_x^2+V_y^2}}, \frac{V_y}{\sqrt{V_x^2+V_y^2}}\right) \tag{2.9}$$

例えば，$\boldsymbol{V}=(3,4)$ とすると（$V=5$），同じ向きを表す単位ベクトルは，$\boldsymbol{v}=(3/5, 4/5)=(0.6, 0.8)$ となる．

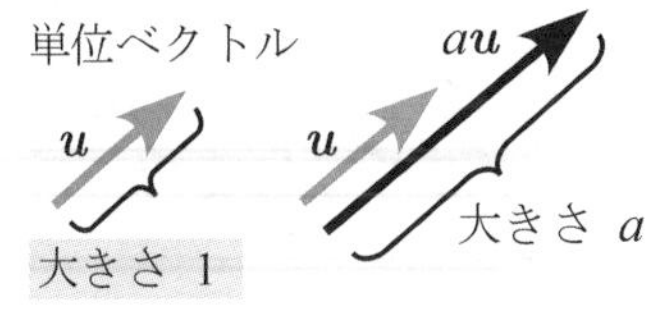

図 2.13　単位ベクトル

また，図 2.14 のように座標軸の向きを表す単位ベクトルを慣例として，

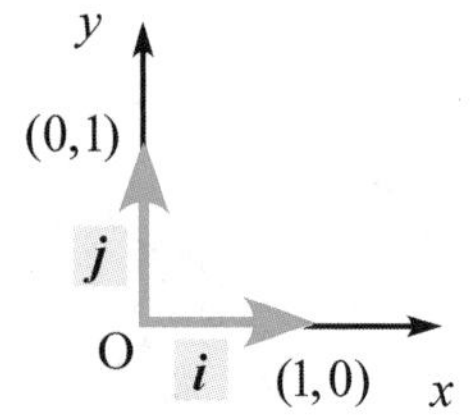

図 2.14　単位ベクトルと座標系

$\boldsymbol{i}$, $\boldsymbol{j}$, あるいは, $\boldsymbol{e}_1$, $\boldsymbol{e}_2$ という記号を用いて表す場合が多い（3 次元の場合には $\boldsymbol{i}$, $\boldsymbol{j}$, $\boldsymbol{k}$, あるいは, $\boldsymbol{e}_1$, $\boldsymbol{e}_2$, $\boldsymbol{e}_3$）．$\boldsymbol{i}$, $\boldsymbol{j}$ を成分表示すると $\boldsymbol{i}=(1,0)$, $\boldsymbol{j}=(0,1)$ となるので, $\boldsymbol{V}=(V_x, V_y)$ は次式のように表される．

$$\boldsymbol{V}=V_x\boldsymbol{i}+V_y\boldsymbol{j} \tag{2.10}$$

この式によるベクトルの表現方法もしばしば用いられる．$\boldsymbol{V}_1=(2,3)$, $\boldsymbol{V}_2=(4,1)$ としたときの計算例を以下に示す（$\boldsymbol{i}$, $\boldsymbol{j}$ について整理したとき，それぞれの係数が成分に対応する）．

$$\begin{aligned}
&2\boldsymbol{V}_1=2(2\boldsymbol{i}+3\boldsymbol{j})=4\boldsymbol{i}+6\boldsymbol{j}\\
&\boldsymbol{V}_1+\boldsymbol{V}_2=(2\boldsymbol{i}+3\boldsymbol{j})+(4\boldsymbol{i}+1\boldsymbol{j})=(2+4)\boldsymbol{i}+(3+1)\boldsymbol{j}=6\boldsymbol{i}+4\boldsymbol{j}\\
&-3\boldsymbol{V}_1+2\boldsymbol{V}_2=-3(2\boldsymbol{i}+3\boldsymbol{j})+2(4\boldsymbol{i}+1\boldsymbol{j})=-6\boldsymbol{i}-9\boldsymbol{j}+8\boldsymbol{i}+2\boldsymbol{j}=2\boldsymbol{i}-7\boldsymbol{j}
\end{aligned} \tag{2.11}$$

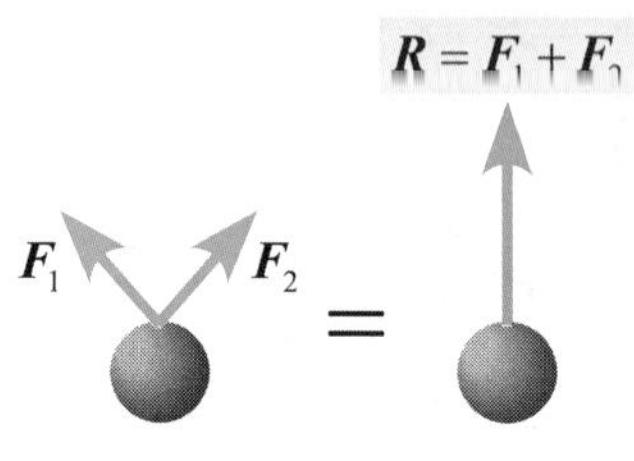

図 2.15　2 つの力の合成

2・1・3　力の合成 (composition of forces)

図 2.15 のように，点に 2 つの力 $\boldsymbol{F}_1$ と $\boldsymbol{F}_2$ が作用しているとする．これらの力は，$\boldsymbol{R}=\boldsymbol{F}_1+\boldsymbol{F}_2$ で表される 1 つの力 $\boldsymbol{R}$ と同じ作用を持つことが実験により確認することができる．より一般的には，ある点に作用する複数の力 $\boldsymbol{F}_1, \boldsymbol{F}_2, \ldots, \boldsymbol{F}_n$ は，

$$\boldsymbol{R}=\boldsymbol{F}_1+\boldsymbol{F}_2+\ldots+\boldsymbol{F}_n=\sum_{i=1}^{n}\boldsymbol{F}_i \tag{2.12}$$

で表される 1 つの力 $\boldsymbol{R}$ で置き換えられる(図 2.16)．このように複数の力を，同じ作用を持つ 1 つにまとめる操作を**力の合成**(composition of forces)といい，力 $\boldsymbol{R}$ のことを**合力**(resultant force)という．なお，力 $\boldsymbol{F}_1, \boldsymbol{F}_2, \ldots, \boldsymbol{F}_n$ による作用と合力 $\boldsymbol{R}$ による作用は同じであるが，一般に，合力の大きさ R は，個々の力の大きさの和 $F_1+F_2+\cdots+F_n$ とは異なる．

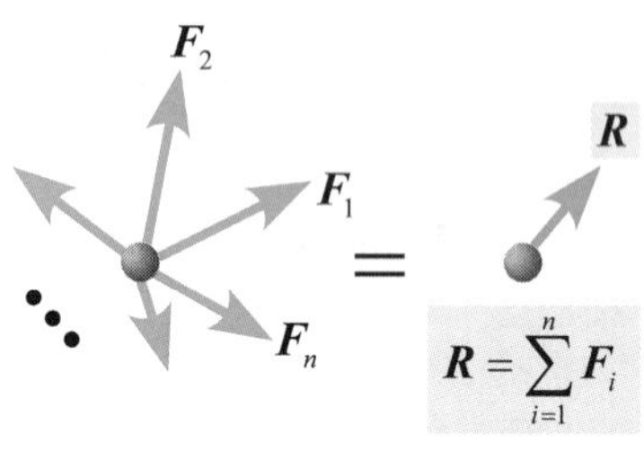

図 2.16　力の合成（一般の場合）

【例題 2・1】　＊＊＊＊＊＊＊＊＊＊＊＊＊＊＊＊＊＊＊＊＊＊＊＊

図 2.17(a)に示す 2 つの力の合力の大きさ，および，合力が紙面右方向となす角度を求めよ．

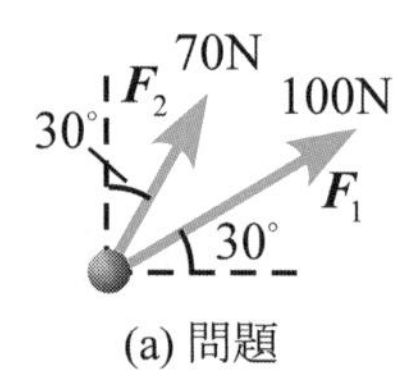

(a) 問題

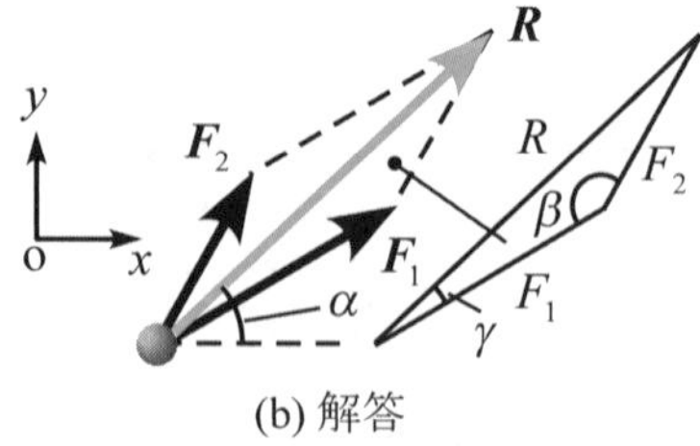

(b) 解答

図 2.17　【例題 2・1】

【解答】 図 2.10 に示した要領で作図すると合力は図 2.17(b)に示すようになる．この合力を，紙面右方向を x 軸とする座標系を設定することで，成分表示することを考える．まず，各力の成分表示は，

$$\boldsymbol{F}_1=(100\cos 30^\circ, 100\sin 30^\circ)=(86.60,\ 50.00)\mathrm{N} \tag{2.13}$$

$$\boldsymbol{F}_2=(70\sin 30^\circ, 70\cos 30^\circ)=(35.00,\ 60.62)\mathrm{N} \tag{2.14}$$

合力 $\boldsymbol{R}=\boldsymbol{F}_1+\boldsymbol{F}_2$ の成分は，各力の成分をたし合わせたものであり，

$$\boldsymbol{R}=\boldsymbol{F}_1+\boldsymbol{F}_2=(86.60+35.00,\ 50.00+60.62)=(121.6,\ 110.6)\mathrm{N} \tag{2.15}$$

合力の大きさは $R=\sqrt{121.6^2+110.6^2}=164.4=164\mathrm{N}$,合力が x 軸正の向きとなす角度は $\alpha=\tan^{-1}(110.6/121.6)=42.3^\circ$ と求まる．なお，$\boldsymbol{F}_1, \boldsymbol{F}_2, \boldsymbol{R}$ を座標軸に沿った単位ベクトル $\boldsymbol{i}, \boldsymbol{j}$（図 2.14）を用いて表すと次式のようになる．

$$\boldsymbol{F}_1 = 86.60\,\boldsymbol{i} + 50.00\,\boldsymbol{j}\ \mathrm{N}\quad,\quad \boldsymbol{F}_2 = 35.00\,\boldsymbol{i} + 60.62\,\boldsymbol{j}\ \mathrm{N}$$
$$\boldsymbol{R} = \boldsymbol{F}_1 + \boldsymbol{F}_2 = (86.60+35.00)\boldsymbol{i} + (50.00+60.62)\boldsymbol{j} = 121.6\,\boldsymbol{i} + 110.6\,\boldsymbol{j}\ \mathrm{N} \tag{2.16}$$

また，別解として，図 2.17(b)に示すように $\boldsymbol{F}_1, \boldsymbol{F}_2, \boldsymbol{R}$ が構成する三角形に注目すると，幾何学的に求めることもできる．角度 β について余弦定理を適用すると，

$$R^2 = F_1{}^2 + F_2{}^2 - 2F_1F_2\cos\beta \tag{2.17}$$

$F_1 = 100\mathrm{N}$, $F_2 = 70\mathrm{N}$, $\beta = 150^\circ$ を代入すると $R = 164.4 = 164\mathrm{N}$ と求まる．今度は，角度 β と γ について正弦定理を適用すると

$$\frac{F_2}{\sin\gamma} = \frac{R}{\sin\beta}\quad,\quad \sin\gamma = \frac{F_2}{R}\sin\beta \tag{2.18}$$

数値を代入すると， $\sin\gamma = 0.2129$ ， $\gamma = \sin^{-1}0.2129 = 12.29^\circ$ ．したがって， $\alpha = 30^\circ + 12.29^\circ = 42.3^\circ$ と求まる．

＊＊＊＊＊＊＊＊＊＊＊＊＊＊＊＊＊＊＊＊＊＊＊＊＊

2・1・4　力の分解 (decomposition of force)

力の合成の逆の操作，つまり，1 つの力を同じ作用を持つ複数の力に分解する操作も可能である．この操作を力の分解(decomposition of force)，分解された個々の力のことを分力(component of force)と呼ぶ．ここでは特に，平面上の力 $\boldsymbol{F}$ を 2 つの力 $\boldsymbol{F}_1$ と $\boldsymbol{F}_2$ に分解することを考える．

このとき，いくつかの場合が考えられる．図 2.18 のように一方の分力 $\boldsymbol{F}_1$ が与えられた場合には，他方の分力 $\boldsymbol{F}_2$ は， $\boldsymbol{F}_1 + \boldsymbol{F}_2 = \boldsymbol{F}$ とならねばならないのであるから， $\boldsymbol{F}_2 = \boldsymbol{F} - \boldsymbol{F}_1$ により求めることができる（図 2.12 参照）．また，図 2.19 のように力 $\boldsymbol{F}_1$ と $\boldsymbol{F}_2$ の作用線が与えられた場合には， $\boldsymbol{F}$ の終点から各作用線の方向と平行に線を引き平行四辺形を構成すればよい．なお，平面上の力の場合，与えられた作用線を持つ 2 つの力には一意に分解することができるが，3 つ以上の力には一意には分解できない（分解の仕方が無数に存在する）．

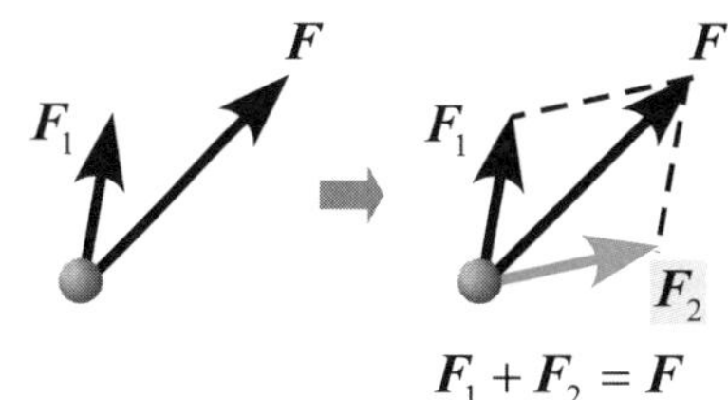

図 2.18　力の分解（一方の力が与えられた場合）

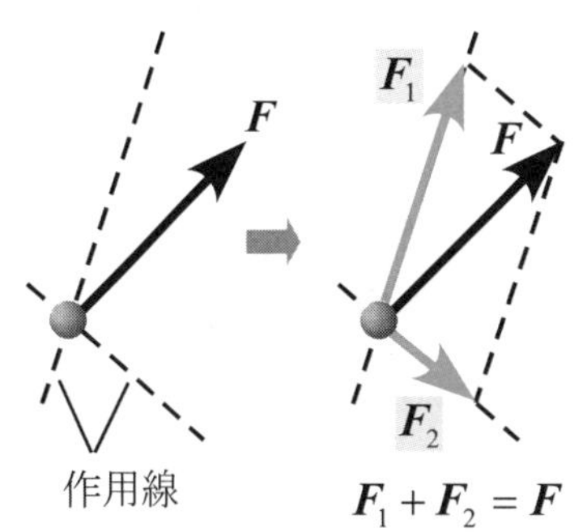

図 2.19　力の分解（各力の作用線が与えられた場合）

【例題 2・2】　＊＊＊＊＊＊＊＊＊＊＊＊＊＊＊＊＊＊＊＊＊＊＊＊＊

図 2.20(a)のように，川の水面に「浮き」が 2 本のワイヤで固定されている．浮きを水面に固定するためには流れに逆らって100N の力で支える必要があるという．各ワイヤの張力 T_1 および T_2 はいくらか．

【解答】　浮きを支えるための力を，各ワイヤの方向へ分解すればよい．

まず，幾何学的に解いてみる．図 2.20(b)に示すように，力ベクトルによって構成される直角三角形に注目すると， $T_1\tan 30^\circ = 100\mathrm{N}$ ， $T_2\cos 60^\circ = 100\mathrm{N}$ という関係式が成り立つことがわかる．したがって，

$$T_1 = 100/\tan 30^\circ = 173\mathrm{N}\ ,\quad T_2 = 100/\cos 60^\circ = 200\mathrm{N} \tag{2.19}$$

別解として，成分表示を用いて解いてみる．図 2.20(c)に示すように座標系を設定し，各張力を表す力ベクトルを $\boldsymbol{T}_1, \boldsymbol{T}_2$ とし，浮きを支える力を表す力

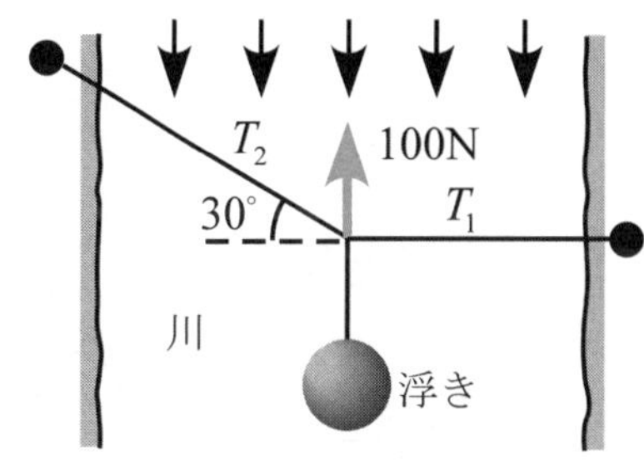

(a) 問題

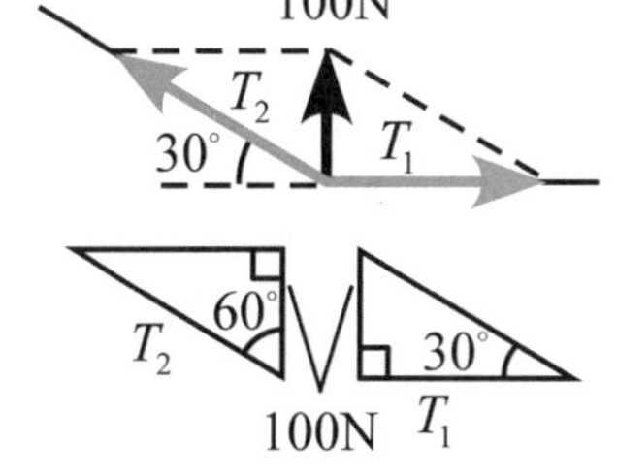

(b) 解答1（幾何学的解法）

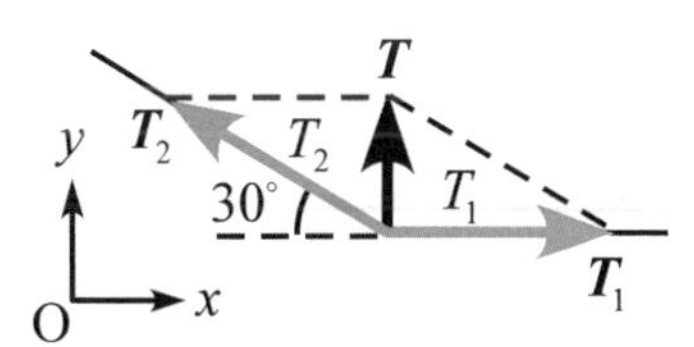

(c) 解答2（成分表示による解法）

図 2.20　【例題 2・2】

ベクトルを $\boldsymbol{T}$ とする．それぞれの力の成分表示は，

$$\boldsymbol{T}_1 = (T_1, 0),\ \boldsymbol{T}_2 = (-T_2\cos 30^\circ, T_2\sin 30^\circ),\ \boldsymbol{T} = (0, 100)\mathrm{N} \tag{2.20}$$

$\boldsymbol{T}_1$ と $\boldsymbol{T}_2$ の合力は $(T_1 - T_2\cos 30^\circ, T_2\sin 30^\circ)$ となるが，これが $\boldsymbol{T}$ に等しくなくてはならないので（各成分が等しくなくてはならないので），

$$T_1 - T_2\cos 30^\circ = 0,\quad T_2\sin 30^\circ = 100 \tag{2.21}$$

という T_1 と T_2 に関する連立一次方程式が得られる．これを T_1 と T_2 について解くと上と同じ結果が得られる．

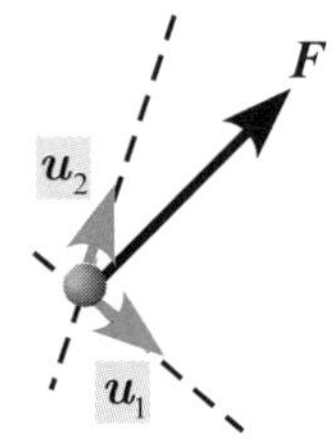

図 2.21　単位ベクトルを用いた力の分解

与えられた方向への力の分解は，より一般的には次のようにして行うことができる．図 2.21 のように，力 $\boldsymbol{F}$ を破線で示した 2 つの直線方向に分解する際，これらの直線に沿った単位ベクトルを $\boldsymbol{u}_1$, $\boldsymbol{u}_2$ として，分力を $\boldsymbol{F}_1 = F_1\boldsymbol{u}_1$, $\boldsymbol{F}_2 = F_2\boldsymbol{u}_2$ と表すことにする（F_1, F_2 が求まれば分力が求まったことになる）．このとき，これらの分力を合成すると $\boldsymbol{F}$ となるのであるから，$F_1\boldsymbol{u}_1 + F_2\boldsymbol{u}_2 = \boldsymbol{F}$ を満たさなくてはならない．この式を成分表示すると，$F_1(u_{1x}, u_{1y}) + F_2(u_{2x}, u_{2y}) = (F_x, F_y)$ となるが，成分ごとに分けて表すと，

$$u_{1x}F_1 + u_{2x}F_2 = F_x,\ \ u_{1y}F_1 + u_{2y}F_2 = F_y \tag{2.22}$$

となる．これは，未知数 F_1, F_2 に関する連立一次方程式であり，その解は，

$$F_1 = (u_{2y}F_x - u_{2x}F_y)/d,\ \ F_2 = (-u_{1y}F_x + u_{1x}F_y)/d \tag{2.23}$$

と表される．ただし，$d = u_{1x}u_{2y} - u_{2x}u_{1y}$ ．このとき，$F_1 > 0$ となったなら分力 $\boldsymbol{F}_1$ は $\boldsymbol{u}_1$ と同じ向き，$F_1 < 0$ となったなら逆向きであることを意味する（$\boldsymbol{F}_2$ についても同様）．また，各分力の大きさは，それぞれ，$|F_1|$，$|F_2|$ となる．なお，$\boldsymbol{u}_1$ と $\boldsymbol{u}_2$ の方向が同じ場合，$d = 0$ となり分解を行うことはできない．

【例題 2・3】 

図 2.22(a)のようなクレーンで荷物を一定速度で持ち上げている．モータが 1000N の力でワイヤを巻き取っているとき，点 C に作用する力が部材 AC および BC の長さ方向に与える力はいくらか．点 C に作用する力を各部材の長さ方向に分解することで求めよ．ただし，部材には力は長さ方向にのみ作用し，点 C に取り付けられたプーリの径は十分に小さいものとする．

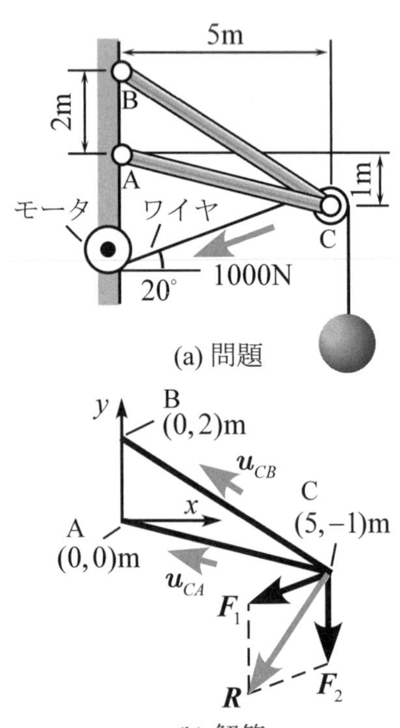

図 2.22　【例題 2・3】

【解答】　図 2.22(b)に示すように，点 A に原点を持つ座標系を設定して考える．点 C にはワイヤに沿って力 $\boldsymbol{F}_1$ と $\boldsymbol{F}_2$ が作用するが，それらの合力 $\boldsymbol{R}$ は以下のように計算できる．

$$\begin{aligned}
\boldsymbol{F}_1 &= (-1000\cos 20^\circ, -1000\sin 20^\circ) = (-939.7, -342.0)\mathrm{N} \\
\boldsymbol{F}_2 &= (0, -1000)\mathrm{N} \\
\boldsymbol{R} &= \boldsymbol{F}_1 + \boldsymbol{F}_2 = (-939.7, -1342)\mathrm{N}
\end{aligned} \tag{2.24}$$

合力 $\boldsymbol{R}$ を各部材の長さ方向に分解する．点 C から A の方を向く単位ベクトル

を $\boldsymbol{u}_{CA}$，点 C から B の方を向く単位ベクトルを $\boldsymbol{u}_{CB}$ とすると，式(2.9)より，

$$\begin{aligned}\boldsymbol{u}_{CA} &= (-5\,,1)/5.099 = (-0.9806\,,0.1961)\\ \boldsymbol{u}_{CB} &= (-5\,,3)/5.831 = (-0.8575\,,0.5145)\end{aligned} \qquad (2.25)$$

となる．これらを用いて，各部材に作用する力を $F_{CA}\boldsymbol{u}_{CA}$，$F_{CB}\boldsymbol{u}_{CB}$ と表すとき，$F_{CA}\boldsymbol{u}_{CA} + F_{CB}\boldsymbol{u}_{CB} = \boldsymbol{R}$ を満足する．したがって，式(2.23)より，

$$\begin{aligned}d &= (-0.9806)\cdot 0.5145 - (-0.8575)\cdot 0.1961 = -0.3364\\ F_{CA} &= (u_{CBy}R_x - u_{CBx}R_y)/d = 4.858\times 10^3\,\mathrm{N}\\ F_{CB} &= (-u_{CAy}R_x + u_{CAx}R_y)/d = -4.460\times 10^3\,\mathrm{N}\end{aligned} \qquad (2.26)$$

となる．すなわち，部材 AC には，F_{CA} の符号が正であることから，$\boldsymbol{u}_{CA}$ と同方向（圧縮方向）に大きさ 4.86×10^3N の力が作用し，部材 BC には，F_{CB} の符号が負であることから，$\boldsymbol{u}_{CB}$ と逆方向（引張方向）に大きさ 4.46×10^3N の力が作用する．

＊＊＊＊＊＊＊＊＊＊＊＊＊＊＊＊＊＊＊＊

2・2　モーメント (moment)

ここまで，点に働く力の合成と分解について考えてきた．点には大きさがないが，大きさを持った物体になると，「回転」という新たな運動が可能になる．本節ではこの回転を引き起こす作用について考える．なお，本節では対象を 2 次元平面上の物体に限定し，3 次元空間内の物体については 2・3 節で扱う．

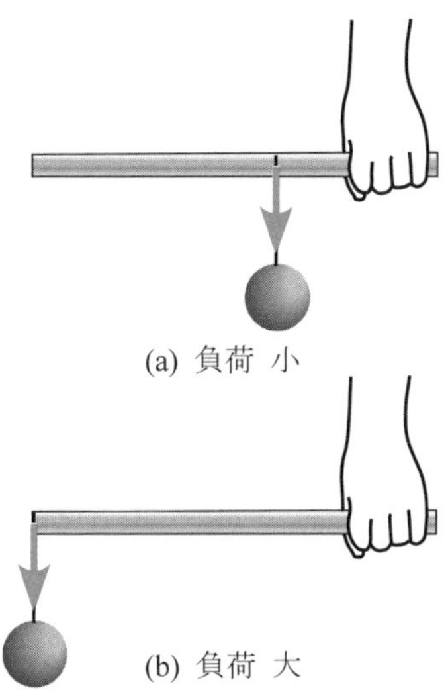

図 2.23　モーメントと負荷

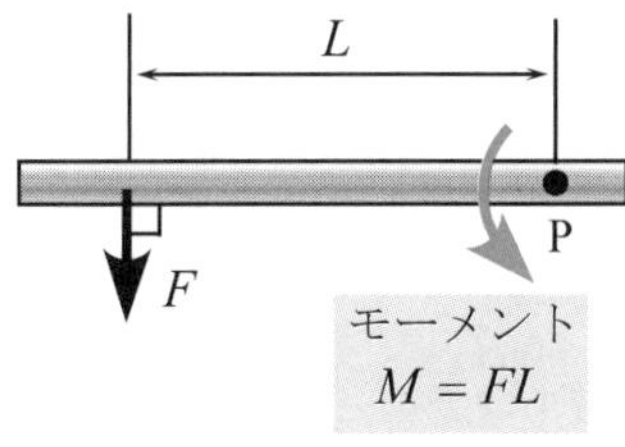

図 2.24　モーメントの大きさ

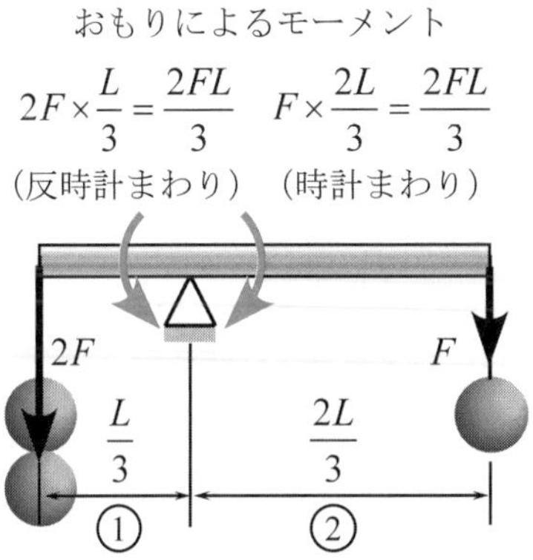

2・2・1　モーメントの基本性質 (fundamentals of moment)

図 2.2 に，作用する個々の力の大きさと向きが同じであるにもかかわらず，それによって引き起こされる運動が異なる例を示した．別の例を図 2.23 に示す．おもりのついた棒を持つ場合，おもりの重さが同じであっても，(b)よりも(a)の方が楽に持つことができる．これらの例は，力の大きさと向きだけでは表現できない作用があることを示している．その作用とは，物体を回転させるという作用で，これを力の**モーメント**(moment)と呼ぶ．また，工学ではモータ軸や車軸など軸のまわりのモーメントのことを特に**トルク**(torque)と呼ぶことが多い．

図 2.24 において，棒に垂直に作用する大きさ F の力が，点 P のまわりに棒を回転させようとするモーメントの大きさは FL によって表される．また，その単位は［N･m］（ニュートンメートル）である．つまり，F が大きくなるほど，また，L が大きくなるほどモーメントは大きくなる．図 2.23 の場合，おもりの重さが棒を手のまわりに回転させようとするモーメントは(b)よりも(a)の方が小さいため，(a)のように持った方がより楽に持つことができる．

モーメントを考えることにより，天秤の釣合いを説明することができる．例えば，図 2.25 のように，天秤棒を左右 1:2 に分ける位置に支点がある場合，おもりの重さが左右 2:1 のときに釣合う．このとき，左のおもりは支点に対して反時計まわりに大きさ $(2F)(L/3) = 2FL/3$ のモーメントを与え，右のおもりは時計まわりに同じ大きさ $F(2L/3) = 2FL/3$ のモーメントを与えることになる．互いに逆まわりに同じ大きさのモーメントが働き回転の作用が打

おもりによるモーメント
$2F\times\dfrac{L}{3}=\dfrac{2FL}{3}$　（反時計まわり）　$F\times\dfrac{2L}{3}=\dfrac{2FL}{3}$　（時計まわり）

2F　F　$\dfrac{L}{3}$　$\dfrac{2L}{3}$　①　②

図 2.25　天秤

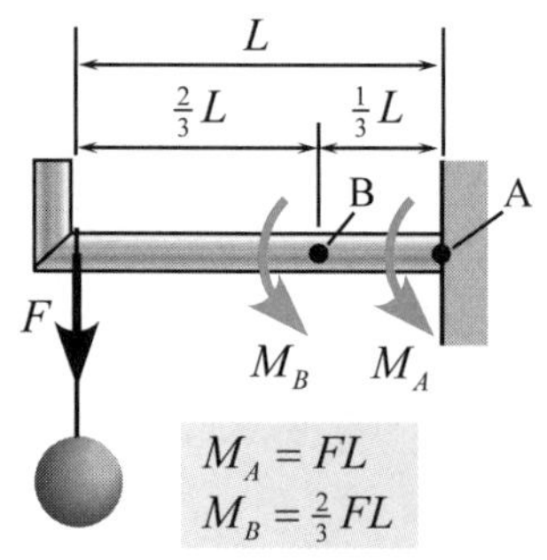

図 2.26　回転運動のないモーメント

ち消されるため天秤棒は回転しないのである．

机に置いた本，手に持った棒，天秤は，実際に回転運動を行える．しかし，回転運動できなくてもモーメントが働くことに注意が必要である．例えば，図 2.26 のように，壁に取り付けられたフックにおもりを吊り下げると，おもりはフック上の点 A には反時計まわりに大きさ FL のモーメントを，点 B には反時計まわりに大きさ $2FL/3$ のモーメントを与える（このときフックが回転しないのは，壁がフックに時計まわりに大きさ FL のモーメントを与えているからである）．

2・2・2　モーメントの計算 (calculation of moment)

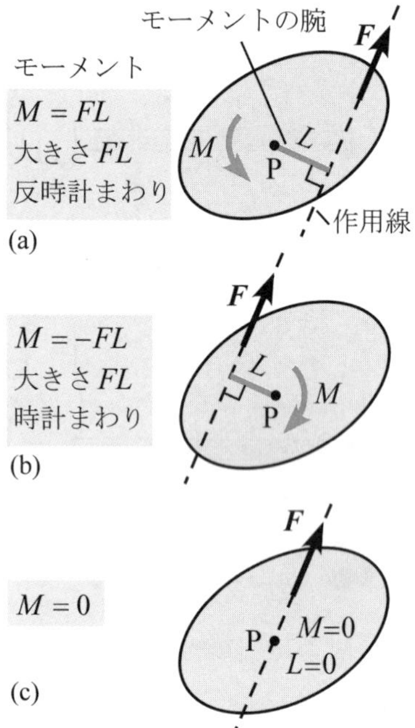

図 2.27　モーメントの計算

2･2･1 に示した例は，力が鉛直方向に作用する特殊な場合であった．図 2.27 に示すように，物体上の任意の点に作用する力ベクトル $\boldsymbol{F}$ （大きさ F）が，点 P のまわりに与えるモーメントを考える場合には，図 2.24 において，棒の向きと力の作用線が互いに直交していることに注目して考えればよい．図 2.27 に示すように，点 P から力の作用線に垂直に引いた線分のことをモーメントの腕(moment arm)と呼ぶ．その長さを L とすると，点 P まわりのモーメントの大きさは FL となる．ここで，(a)のような反時計まわりのモーメントには正，(b)のような時計まわりのモーメントには負の符号をつける．つまり，符号を含めたモーメント M は次式のように表される．

$$M = \begin{cases} FL & \text{（反時計まわりのとき）} \\ -FL & \text{（時計まわりのとき）} \end{cases} \tag{2.27}$$

特に，(c)のように作用線が点 P を通過する場合，$L = 0$ となるのでモーメントは 0 となる．

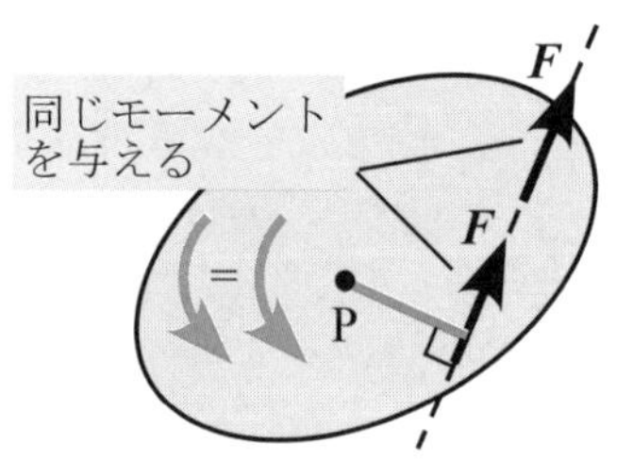

図 2.28　大きさ，向き，作用線が同じ力によるモーメント

一般に同じ力（大きさと向きが同じ）であっても，これらが注目する点のまわりに与えるモーメントは作用点によって異なる．しかし，図 2.28 からわかるように，これらが同じ作用線を持つ場合にはモーメントも等しくなる．また，物体に複数の力が作用する場合，これらが注目する点のまわりに与えるモーメント（合モーメント）は，各力がその点のまわりに与えるモーメントを，符号を含めてたし合わせることにより求まる．

【例題 2・4】　＊＊＊＊＊＊＊＊＊＊＊＊＊＊＊＊＊＊＊＊＊＊＊＊＊

図 2.29 のように，長方形の物体に 2 つの力 $\boldsymbol{F}_1$ と $\boldsymbol{F}_2$ が作用している．これらの力が，点 A まわりに与えるモーメント M_A，および，点 B のまわりに与えるモーメント M_B を求めよ．

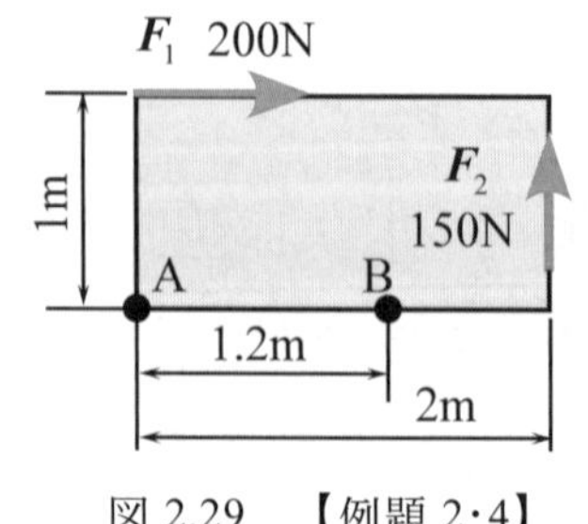

図 2.29　【例題 2･4】

【解答】　力 $\boldsymbol{F}_1$ が点 A まわりに与えるモーメント M_{1A} は時計まわりに大きさ 200N×1m=200N･m （$M_{1A} = -200\text{N}\cdot\text{m}$），力 $\boldsymbol{F}_2$ が点 A まわりに与えるモーメント M_{2A} は反時計まわりに大きさ 150N×2m=300N･m($M_{2A} = 300\text{N}\cdot\text{m}$) である．両方の力によるモーメント M_A は，これらを，符号を含めてたし合わせたものであるので，

$$M_A = M_{1A} + M_{2A} = -200 + 300 = 100\text{N}\cdot\text{m} \tag{2.28}$$

となる．つまり，反時計まわりの大きさ100N·mのモーメントである．点BまわりのモーメントM_Bも同様に考えて，$M_{1B} = -200\text{N}\cdot\text{m}$，$M_{2B} = 120\text{N}\cdot\text{m}$，

$$M_B = M_{1B} + M_{2B} = -200 + 120 = -80\text{N}\cdot\text{m} \tag{2.29}$$

時計まわりの大きさ80N·mのモーメントである．

$M_A \neq M_B$であることからわかるように，一般に，作用する力が同じでも，注目する点によってモーメントは異なる．したがって，モーメントを計算する際には，どの点に注目しているのか意識しなくてはならない．

＊＊＊＊＊＊＊＊＊＊＊＊＊＊＊＊＊＊＊＊＊＊＊＊

図2.30のように，長さLの「はり」の先端に大きさFの力が作用しているとする．図2.30上に示すように，この力が点Pのまわりに与えるモーメントは$FL\sin\theta$となる．一方，図2.30下に示すように，この力の，はりの方向成分F_1，はりに垂直な方向成分F_2は，それぞれ，$F_1 = F\cos\theta$, $F_2 = F\sin\theta$となるが，これらが点Pのまわりに与えるモーメントの和を計算すると，やはり，$F_1 0 + F_2 L = F_2 L = FL\sin\theta$となる．この例が示すように，一般に，1点に複数の力が作用するとき，それらの力が与えるモーメントの和は，それらの力の合力が与えるモーメントに等しい（図2.31）．これを，バリニオンの定理(Varignon's theorem)と呼ぶ．

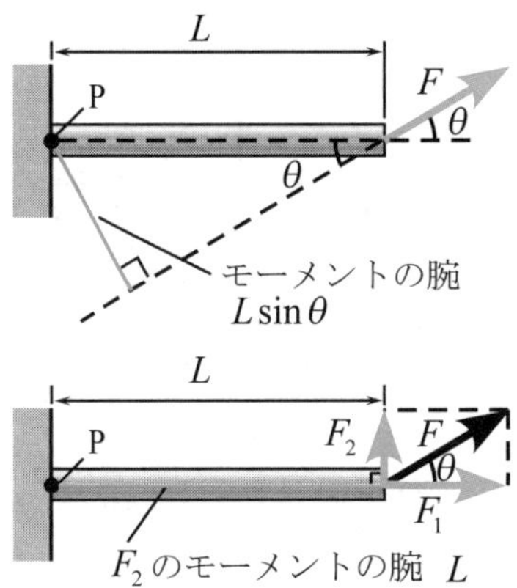

図2.30　力の分解とモーメント

この定理を用いれば，成分表示された力と，その力によるモーメントの関係がわかる．図2.32に示すように，ある座標系が設定されており，点Q (x_Q, y_Q)を作用点として力$\boldsymbol{F} = (F_x, F_y)$が作用しているとする．バリニオンの定理から，この力$\boldsymbol{F}$が点P (x_P, y_P)のまわりに与えるモーメントMは，成分F_x，F_yがそれぞれ点Pのまわりに与えるモーメントの和に等しい．点Pから点Qに至るベクトルを$\boldsymbol{r} = (r_x, r_y)$とすると，成分$F_x$に関するモーメントの腕が$r_y$，$F_y$に関するモーメントの腕が$r_x$にあたることから，$M$は次式のように表される．

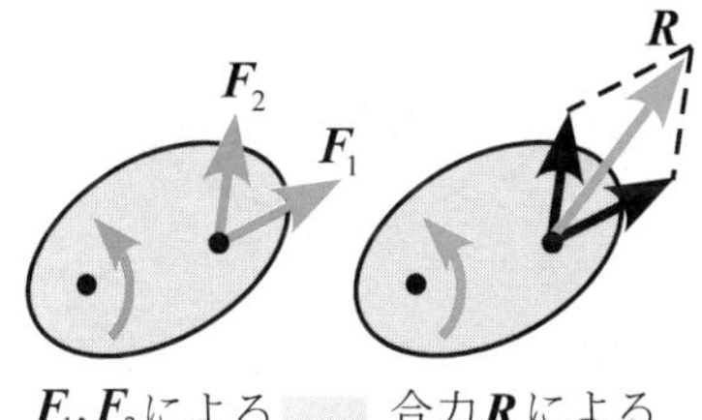

図2.31　バリニオンの定理

$$M = F_y r_x - F_x r_y = F_y(x_Q - x_P) - F_x(y_Q - y_P) \tag{2.30}$$

図2.32はr_x, r_y, F_x, F_yがすべて正である場合を示しているが，これらが負になる場合にも式(2.30)によってモーメントを計算することができる．

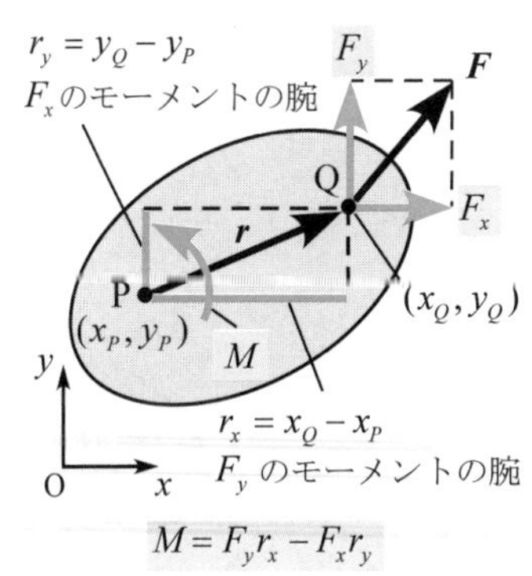

図2.32　成分表示によるモーメントの計算

【例題2・5】　＊＊＊＊＊＊＊＊＊＊＊＊＊＊＊＊＊＊＊＊＊＊＊＊

図2.33(a)のように，円弧状のフックの点Aに，大きさ100Nの力が作用している．この力が，点Bのまわりに与えるモーメントと点Cのまわりに与えるモーメントを求めよ．

【解答】　図2.33(b)に示すように座標系を設定する．点A, B, Cの座標を計算すると，それぞれ，(−0.1414, 0.1414)m, (0.2, 0)m, (0, −0.28)mとなる．また，点Aに作用する力を$\boldsymbol{F}$とすると，

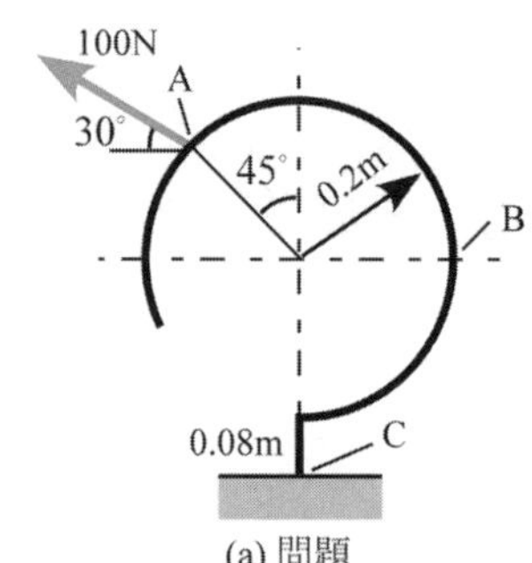

(a) 問題

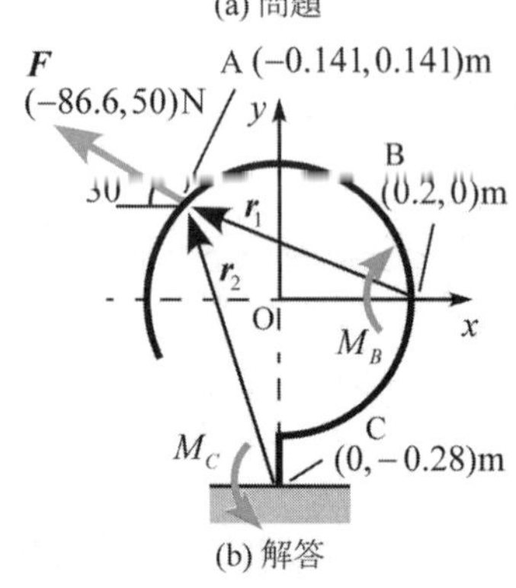

(b) 解答

図 2.33　【例題 2・5】

$$\boldsymbol{F} = (F_x, F_y) = (-100\cos 30^\circ, 100\sin 30^\circ) = (-86.60, 50.00)\text{N} \tag{2.31}$$

点Bから点Aに至るベクトル $\boldsymbol{r}_1$ は，

$$\boldsymbol{r}_1 = (r_{1x}, r_{1y}) = (-0.1414 - 0.2, 0.1414 - 0) = (-0.3414, 0.1414)\text{m} \tag{2.32}$$

点Bまわりのモーメント M_B は，式(2.30)より，

$$\begin{aligned} M_B &= F_y r_{1x} - F_x r_{1y} = 50.00 \cdot (-0.3414) - (-86.60) \cdot 0.1414 \\ &= -4.825\text{N} \cdot \text{m} \end{aligned} \tag{2.33}$$

つまり，大きさ 4.83N·m，時計まわりのモーメントである．

点Cについても同様に，

$$\begin{aligned} \boldsymbol{r}_2 &= (r_{2x}, r_{2y}) \\ &= (-0.1414 - 0,\ 0.1414 - (-0.28)) = (-0.1414,\ 0.4214)\text{m} \end{aligned} \tag{2.34}$$

$$\begin{aligned} M_C &= F_y r_{2x} - F_x r_{2y} \\ &= 50.00 \cdot (-0.1414) - (-86.60) \cdot 0.4214 = 29.42\text{N} \cdot \text{m} \end{aligned} \tag{2.35}$$

つまり，大きさ 29.4N·m，反時計まわりのモーメントである．

なお，異なる位置に座標系を設定しても同じ結果が得られる．

＊＊＊＊＊＊＊＊＊＊＊＊＊＊＊＊＊＊＊＊＊＊＊＊］

2・2・3　偶力 (couple)

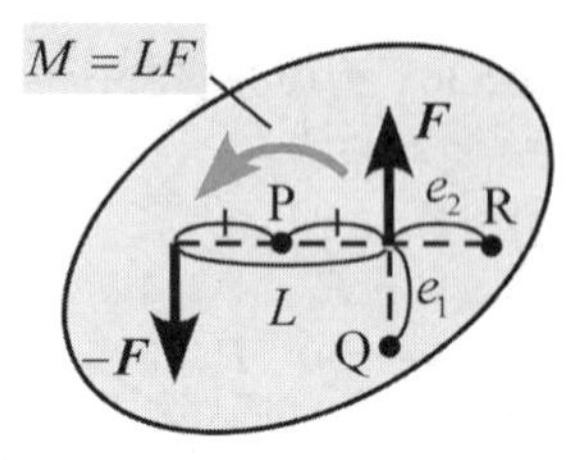

図 2.34　偶力とモーメント 1

図 2.34 のように，物体に大きさが同じで互いに逆向きの 2 つの力 $\boldsymbol{F}$ と $-\boldsymbol{F}$ が作用しているとする．これらの力の合力 $\boldsymbol{R}$ は $\boldsymbol{R} = \boldsymbol{F} - \boldsymbol{F} = \boldsymbol{0}$ である．一方，これらの力が点 P のまわりに与えるモーメント M_P は次式のようになる．

$$M_P = F\frac{L}{2} + F\frac{L}{2} = FL \tag{2.36}$$

大きさが同じで互いに逆向きの一組の力のことを偶力(couple)と呼ぶが，この例が示すように，偶力は力を与えることなくモーメントだけを与える．さらに，図 2.34 の偶力が点 Q，R に与えるモーメント M_Q，M_R は，それぞれ，$M_Q = FL$，$M_R = F(L + e_2) - Fe_2 = FL$ となり，M_P と等しいことがわかる．偶力の与えるモーメントは点 P，Q，R に限らず，どの点についても同じである．図 2.34 においてモーメントは偶力を構成する力の大きさ F と作用線間の距離 L の積となっているが，このことは一般の場合にも成り立つ（図 2.35）．

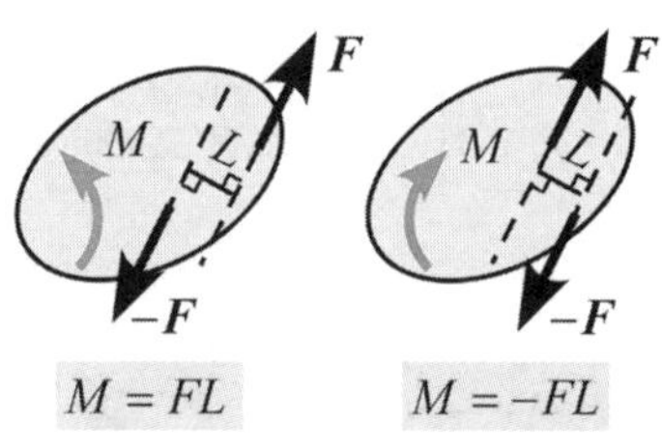

図 2.35　偶力とモーメント 2

機械には，エンジン，モータ等，回転運動を生み出す要素がよく用いられるが，これらは，出力軸のまわりにモーメント（トルク）を発生し，これを物体に伝える．このように，物体に直接的に与えられるモーメントのことを，特に，純粋モーメント(pure moment)と呼ぶことがある．図 2.36 に示すように，物体上の点 A に純粋モーメント M が作用するとき，これを偶力が置き換わったものと考えれば，物体に与えるモーメントも任意の点について M となることがわかる．

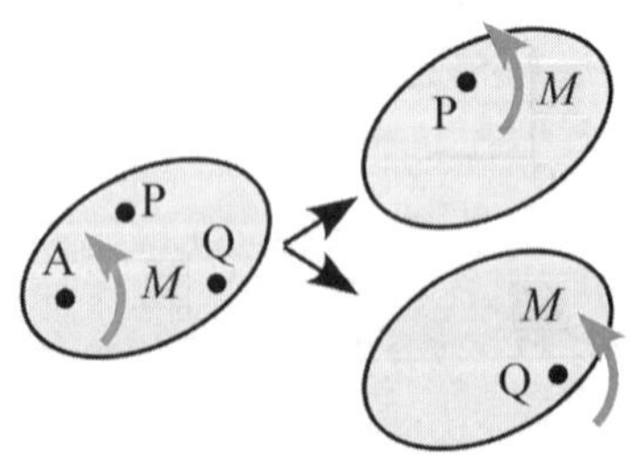

図 2.36　純粋モーメントの作用

2・2・4　物体に働く力とモーメントの合成 (composition of forces and moments)

本節では，これまで物体に作用する力がある点のまわりに与えるモーメントに注目してきたが，同じ点に力も与えていることにも注意しなくてはならない．このことは図 2.37 のようにして理解できる．(a)のように物体上の点 A に力 $\boldsymbol{F}=(F_x,F_y)$ が作用しているとする．ここで，(b)のように点 P に力 $\boldsymbol{F}$ と $-\boldsymbol{F}$ を追加してみる．このとき，追加した 2 つの力は互いに打ち消すため，物体に影響を与えないが，点 A に作用する力 $\boldsymbol{F}$ と点 P に作用する力 $-\boldsymbol{F}$ は偶力を構成することになる．前項で見たように，偶力はモーメントだけを与えるが，そのモーメント M は点 A に作用する力 $\boldsymbol{F}$ が点 P に与えるモーメントに等しく $M=F_y r_x - F_x r_y$ と表される（点 P に働く力は点 P にモーメントを与えない）．(b)の偶力をモーメント M で置き換えれば，(a)と(c)の状態が等しいことがわかる．つまり，「点 A に働く力 $\boldsymbol{F}$」は，「点 A に働く力 $\boldsymbol{F}$ が点 P のまわりに与えるモーメント M と点 P に働く力 $\boldsymbol{F}$」によって置き換え可能である．

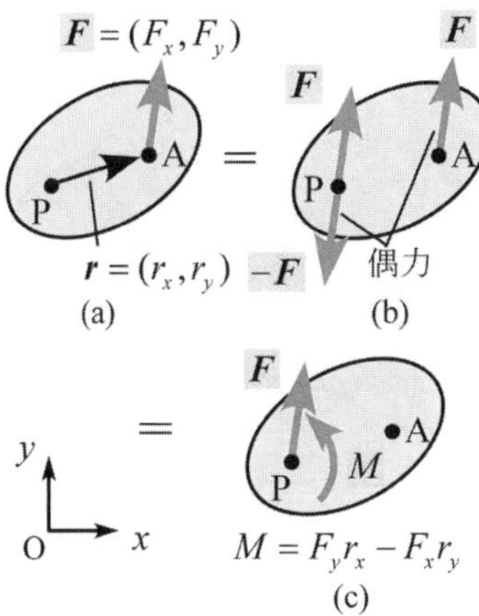

図 2.37　力が物体に与える作用

関連して，同一作用線を持つ同じ力は同じモーメントを与えることを考慮すると（図 2.28），図 2.38 に示すように，力を作用線上で移動させても物体に与える作用は変わらないことがわかる．

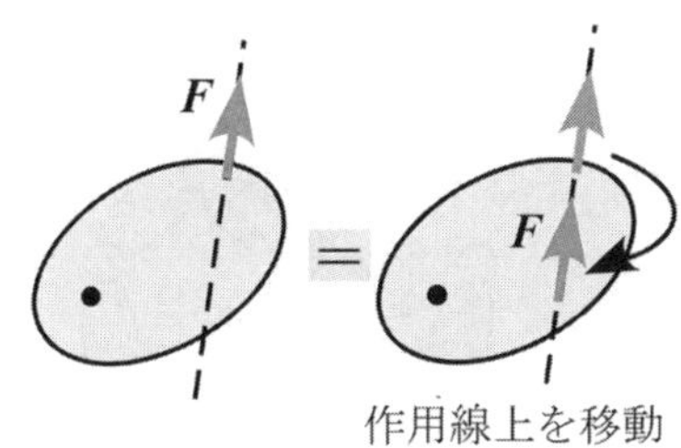

図 2.38　作用線上での力の移動

【例題 2・6】　＊＊＊＊＊＊＊＊＊＊＊＊＊＊＊＊＊＊＊＊＊＊＊＊＊

例題 2･5 において，点 A に作用する力 $\boldsymbol{F}$ が点 B に与える力とモーメントから，それらが点 C に与える力とモーメントを求めよ．

【解答】　点 A に作用する力 $\boldsymbol{F}$ は，点 B にモーメント $M_B=-4.825\mathrm{N\cdot m}$（例題 2･5 参照）を与えると同時に力 $\boldsymbol{F}$ も与える．つまり，図 2.39(a)の状態は(b)の状態に置き換えられる．次に，図 2.39(b)のように作用する力とモーメントが，点 C に与える力とモーメントを求める．力については，点 B に作用する力と同じ力 $\boldsymbol{F}$ となる．一方，モーメント M_C については，M_B と，点 B に作用する力 $\boldsymbol{F}$ が点 C に与えるモーメント M_C' の和となる（純粋モーメントは任意の点に同じモーメントを与えることに注意）．点 C から点 B に至るベクトルを $\boldsymbol{r}_3$ として（図 2.39(c)），M_C は以下のように計算できる．

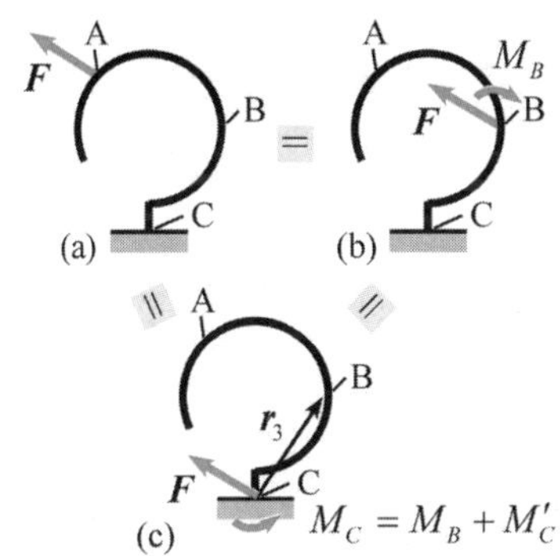

図 2.39　【例題 2･6】

$$\boldsymbol{r}_3=(r_{3x},r_{3y})=(0.2-0,0-(-0.28))=(0.2,0.28)\mathrm{m}$$

$$M_C'=F_y r_{3x}-F_x r_{3y}=50.00\cdot(0.2)-(-86.60)\cdot 0.28=34.25\mathrm{N\cdot m} \quad (2.37)$$

$$M_C=M_B+M_C'=-4.825+34.25=29.43=29.4\mathrm{N\cdot m}$$

このように，例題 2･5 で求めたモーメントと一致することを確認できる．

＊＊＊＊＊＊＊＊＊＊＊＊＊＊＊＊＊＊＊＊＊＊＊

次に，図 2.40 のように，物体上の点 A と点 B に，それぞれ，力 $\boldsymbol{F}_A=(F_{Ax},F_{Ay})$ と $\boldsymbol{F}_B=(F_{Bx},F_{By})$ が作用する場合について，これらの力が点 P に与える力 $\boldsymbol{F}$ とモーメント M について考える．この場合，図 2.37 の要領で，それぞれの力が点 P に与える力とモーメントを求め，それらを合成すればよい．つまり，

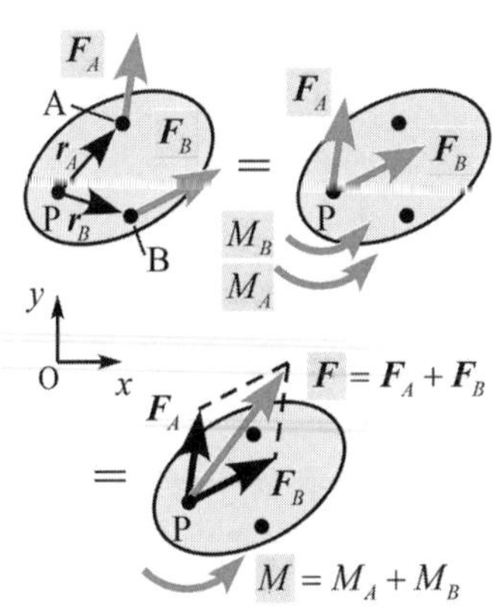

図 2.40　2 つの力が物体に与える作用

$$\boldsymbol{F} = \boldsymbol{F}_A + \boldsymbol{F}_B = (F_{Ax} + F_{Bx}\ , F_{Ay} + F_{By}) \tag{2.38}$$

$$M = M_A + M_B = (F_{Ay}r_{Ax} - F_{Ax}r_{Ay}) + (F_{By}r_{Bx} - F_{Bx}r_{By}) \tag{2.39}$$

より一般的に，図 2.41 のように物体上の n 個の点に力 $\boldsymbol{F}_1, \cdots, \boldsymbol{F}_n$ が作用し，m 個の点に純粋モーメント $M_1 \cdots, M_m$ が作用する場合，こららが点 P に与える力 $\boldsymbol{F}$ とモーメント M は次式によって計算することができる．

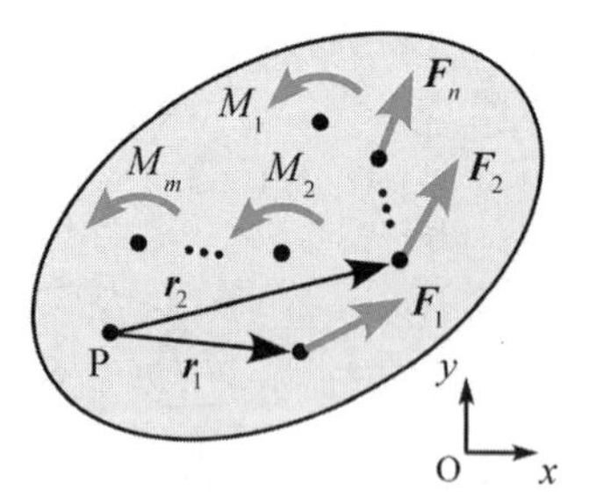

図 2.41　複数の力とモーメントが物体に与える作用

$$\boldsymbol{F} = \sum_{i=1}^{n} \boldsymbol{F}_i = \left(\sum_{i=1}^{n} F_{ix}, \sum_{i=1}^{n} F_{iy} \right) \tag{2.40}$$

$$M = \sum_{i=1}^{n} \left(F_{iy} r_{ix} - F_{ix} r_{iy} \right) + \sum_{j=1}^{m} M_j \tag{2.41}$$

【例題 2・7】　＊＊＊＊＊＊＊＊＊＊＊＊＊＊＊＊＊＊＊＊＊＊＊＊

図 2.42(a)のように T 字型の支柱に 2 台の組立用機械が設置されている．稼動中，設置位置 A と B に対して図のように力とモーメントが作用したとき，これらが点 C に与える力とモーメントはいくらか．

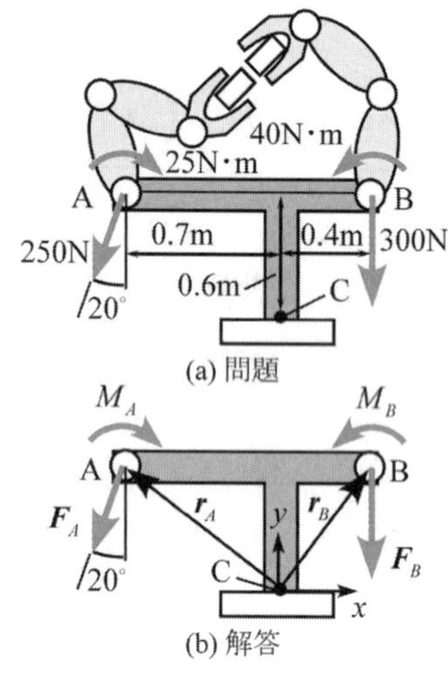

図 2.42　【例題 2・7】

【解答】　図 2.42(b)のように点 C に原点を持つ座標系を設定して考えることにする．点 A，B に作用する力 $\boldsymbol{F}_A$，$\boldsymbol{F}_B$ は，それぞれ，

$$\begin{aligned} \boldsymbol{F}_A &= (F_{Ax}, F_{Ay}) = (-250\sin 20°, -250\cos 20°) \\ &= (-85.51, -234.9)\text{N} \end{aligned} \tag{2.42}$$

$$\boldsymbol{F}_B = (F_{Bx}, F_{By}) = (0, -300)\text{N} \tag{2.43}$$

点 C に与える力 $\boldsymbol{F}_C$ は，これらの合力であるので，式(2.40)より，

$$\boldsymbol{F}_C = \boldsymbol{F}_A + \boldsymbol{F}_B = (-85.51, -534.9) = (-85.5, -535)\text{N} \tag{2.44}$$

次に点 C に与えるモーメント M_C を考える．点 C から A および B に至るベクトル $\boldsymbol{r}_A$，$\boldsymbol{r}_B$ は，それぞれ，

$$\boldsymbol{r}_A = (r_{Ax}, r_{Ay}) = (-0.7, 0.6)\text{m}, \quad \boldsymbol{r}_B = (r_{Bx}, r_{By}) = (0.4, 0.6)\text{m} \tag{2.45}$$

点 A，B に作用している純粋モーメント $M_A = -25\text{N}\cdot\text{m}$，$M_B = 40\text{N}\cdot\text{m}$ を合わせて M_C は式(2.41)を用いて次式のように計算できる．

$$\begin{aligned} M_C &= \left(F_{Ay}r_{Ax} - F_{Ax}r_{Ay} \right) + \left(F_{By}r_{Bx} - F_{Bx}r_{By} \right) + M_A + M_B \\ &= \{-234.9\cdot(-0.7) - (-85.51)\cdot 0.6\} + (-300\cdot 0.4 - 0\cdot 0.6) + (-25) + 40 \\ &= 110.7 = 111\text{N}\cdot\text{m} \end{aligned} \tag{2.46}$$

つまり，大きさ $111\text{N}\cdot\text{m}$，反時計まわりのモーメントである．

＊＊＊＊＊＊＊＊＊＊＊＊＊＊＊＊＊＊＊＊＊＊＊＊＊

> 力学を初めて学ぶ場合，「2・3　3 次元の力とモーメント」は飛ばして読み進めてもよい．

2・3　3次元の力とモーメント (3 dimensional force and moment)

これまで，平面上の物体に限定して力とモーメントの性質や諸計算について考えてきた．これらの内容だけでも，多くの実際的な問題に対応することができるが，より一般的な場合として，本節では3次元空間内の力とモーメントについて考える．なお，平面上に設定する座標系と同様に，3次元空間内に設定する座標系についても右手系と左手系が存在するが，通常，右手系を用いる（図2.43）．

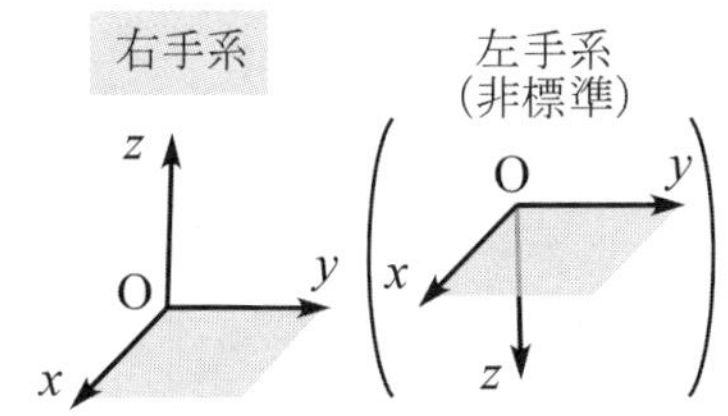

図2.43　右手系と左手系（3次元）

2・3・1　3次元の力 (3 dimensional force)

3次元の力といっても，それを支配する法則は平面上の力と同じである．まず力の合成は力ベクトルの和として表現されるが，図2.44に示すように，2つの力 $\boldsymbol{F}_1=(F_{1x}\,,F_{1y}\,,F_{1z})$，$\boldsymbol{F}_2=(F_{2x}\,,F_{2y}\,,F_{2z})$ の合力 $\boldsymbol{R}=(R_x\,,R_y\,,R_z)$ は，

$$\boldsymbol{R}=(R_x\,,R_y\,,R_z)=(F_{1x}+F_{2x}\,,F_{1y}+F_{2y}\,,F_{1z}+F_{2z}) \tag{2.47}$$

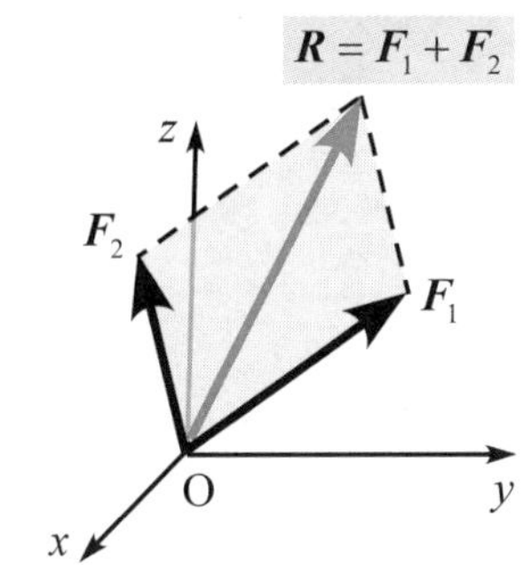

図2.44　3次元の力の合成

また，その大きさ R は次式で計算できる．

$$R=\sqrt{{R_x}^2+{R_y}^2+{R_z}^2} \tag{2.48}$$

次に，3次元の力 $\boldsymbol{F}=(F_x\,,F_y\,,F_z)$ を与えられた方向に分解することを考える．平面上の力の場合には，2つの方向が与えられると一意に分解することができたが（図2.19，2.21），空間内の力の場合は3つの方向が必要となる．図2.45に示すように，分解する方向に沿った単位ベクトルを $\boldsymbol{u}_1$，$\boldsymbol{u}_2$，$\boldsymbol{u}_3$ として，それぞれの方向への力の成分を F_1，F_2，F_3 とする．このとき，各分力は $\boldsymbol{F}_1=F_1\boldsymbol{u}_1$，$\boldsymbol{F}_2=F_2\boldsymbol{u}_2$，$\boldsymbol{F}_3=F_3\boldsymbol{u}_3$ と表されるが，これらを合成すると $\boldsymbol{F}$ になるのであるから次式を満足しなくてはならない．

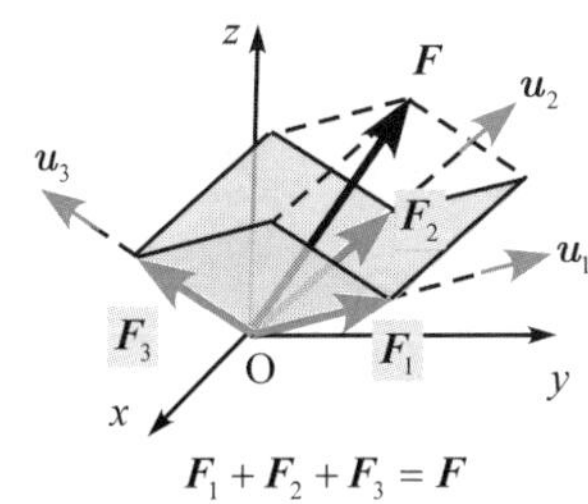

図2.45　3次元の力の分解

$$F_1\boldsymbol{u}_1+F_2\boldsymbol{u}_2+F_3\boldsymbol{u}_3=\boldsymbol{F} \tag{2.49}$$

この式を成分ごとに表すと次式のようになる．

$$\begin{aligned}u_{1x}F_1+u_{2x}F_2+u_{3x}F_3&=F_x\\u_{1y}F_1+u_{2y}F_2+u_{3y}F_3&=F_y\\u_{1z}F_1+u_{2z}F_2+u_{3z}F_3&=F_z\end{aligned} \tag{2.50}$$

これは F_1,F_2,F_3 を未知数とする連立一次方程式でありこれを解けばよい．ただし，$\boldsymbol{u}_1,\boldsymbol{u}_2,\boldsymbol{u}_3$ が同一平面上にある場合のように，条件によっては解が存在しない場合もある．

—連立一次方程式の解—

式(2.50)の連立一次方程式を解く際，行列を用いるのが便利である．この式を，行列を用いて表すと，

$$\begin{pmatrix}u_{1x}&u_{2x}&u_{3x}\\u_{1y}&u_{2y}&u_{3y}\\u_{1z}&u_{2z}&u_{3z}\end{pmatrix}\begin{pmatrix}F_1\\F_2\\F_3\end{pmatrix}=\begin{pmatrix}F_x\\F_y\\F_z\end{pmatrix}$$

このとき，未知数 F_1，F_2，F_3 は，次式によって求めることができる．

$$\begin{pmatrix}F_1\\F_2\\F_3\end{pmatrix}=\begin{pmatrix}u_{1x}&u_{2x}&u_{3x}\\u_{1y}&u_{2y}&u_{3y}\\u_{1z}&u_{2z}&u_{3z}\end{pmatrix}^{-1}\begin{pmatrix}F_x\\F_y\\F_z\end{pmatrix}$$

2・3・2　3次元のモーメント (3 dimensional moment)

平面上の物体の回転は1つの角度によって表すことができるため，これに対応してモーメントもスカラー量として扱うことができた．しかし，図2.46に示すように，3次元空間内の物体の回転を表すには3個の成分が必要であるため，これに対応してモーメントもスカラー量ではなく3個の成分を持つベクトル量として扱わなくてはならない．

3次元のモーメントのベクトル表現を考える際には，図2.47のように，ド

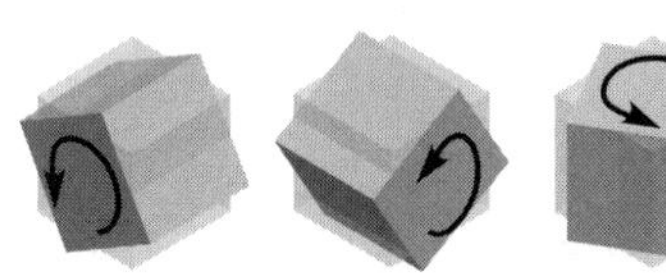

図2.46　3次元の回転

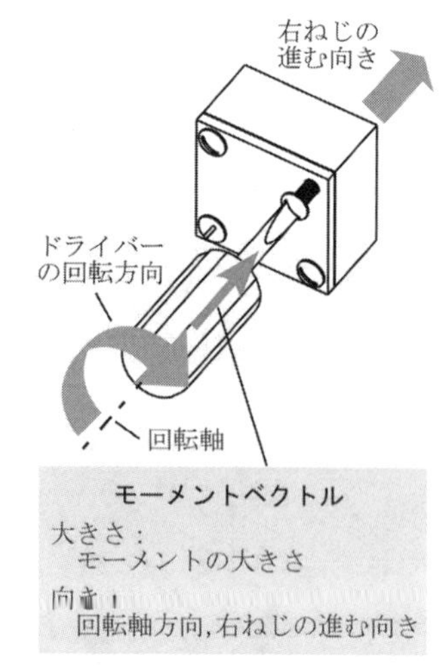

図 2.47　3 次元のモーメント

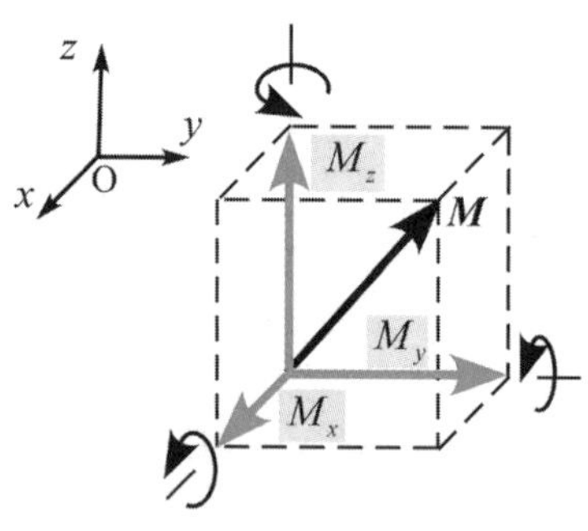

図 2.48　モーメントベクトルの成分

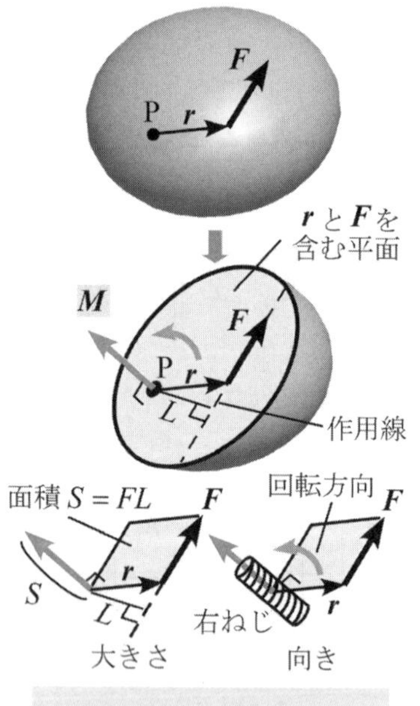

図 2.49　3 次元の力によるモーメント

ライバーで右ねじ（右にまわすと締まるねじ）をまわす状況を考えるとわかりやすい．ドライバーがねじのまわりに与えるモーメントを表すモーメントベクトル $\boldsymbol{M}$ は，その大きさが「モーメントの大きさ」に，向きが「右ねじの進む向き」に対応する．なお，このモーメントベクトル $\boldsymbol{M}$ の向きと回転方向の関係を「右ねじの規則」と呼ぶことにする．

また，成分表示 $\boldsymbol{M}=(M_x\,,M_y\,,M_z)$ における各成分は，図 2.48 に示すように，設定した座標軸に平行な軸のまわりのモーメントに対応する．さらに，モーメントの大きさ M は，次式によって表される．

$$M=\sqrt{M_x^{\,2}+M_y^{\,2}+M_z^{\,2}} \tag{2.51}$$

次に，図 2.49 のように物体上の点に作用する力 $\boldsymbol{F}$ が点 P に与えるモーメントベクトル $\boldsymbol{M}$ について考える．このとき，点 P から力の作用点に至るベクトルを $\boldsymbol{r}$ とし，ベクトル $\boldsymbol{r}$ と $\boldsymbol{F}$ を含む平面に注目すれば，平面上の物体のモーメントと同様に考えることができる．点 P まわりのモーメントの大きさは，点 P から力の作用線に下ろした垂線の長さを L（モーメントの腕）として FL と表されるが，これがモーメントベクトル $\boldsymbol{M}$ の大きさ M である．

$$M=FL \tag{2.52}$$

図 2.49 に示すように，M は $\boldsymbol{r}$ と $\boldsymbol{F}$ を辺とする平行四辺形の面積 S に等しい．また，$\boldsymbol{M}$ はこの平面に垂直な軸のまわりのモーメントであるが，$\boldsymbol{F}$ によって与えられる回転方向を考えることにより，右ねじの規則によって $\boldsymbol{M}$ の向きが決まる．

この $\boldsymbol{r}$ と $\boldsymbol{F}$ から $\boldsymbol{M}$ を決定する過程は，$\boldsymbol{r}$ と $\boldsymbol{F}$ の外積(outer product)と呼ぶ演算に対応しており，通常，次式のように表す（章末のコラム「ベクトルの外積」を参照）．

$$\boldsymbol{M}=\boldsymbol{r}\times\boldsymbol{F} \tag{2.53}$$

実際の計算には成分表示を用いるのが便利な場合が多いが，$\boldsymbol{r}=(r_x,r_y,r_z)$ と $\boldsymbol{F}=(F_x,F_y,F_z)$ の外積の成分表示は次式で表される．

$$\boldsymbol{M}=(M_x,M_y,M_z)=(F_zr_y-F_yr_z\ ,F_xr_z-F_zr_x\ ,F_yr_x-F_xr_y) \tag{2.54}$$

なお，外積演算においては $\boldsymbol{r}\times\boldsymbol{F}$ と $\boldsymbol{F}\times\boldsymbol{r}$ は異なるので注意が必要である．

$$\boldsymbol{r}\times\boldsymbol{F}=-\boldsymbol{F}\times\boldsymbol{r} \tag{2.55}$$

ところで，2･2･2 で，平面問題におけるモーメント計算の基礎式，式(2.30)を導出したが，図 2.32 において，紙面に垂直に z 軸を設定すれば，これを空間問題と考えることができる．このとき，$r_z=0$，$F_z=0$ であり，これらを式(2.54)に代入すると，$M_x=0$，$M_y=0$，$M_z=F_yr_x-F_xr_y$ となり，M_z は式(2.30)の M と一致している．実は，2･2･2 に示した平面問題におけるモーメント計算は，空間問題におけるモーメント計算の特別な場合に他ならない．

【例題 2・8】　＊＊＊＊＊＊＊＊＊＊＊＊＊＊＊＊＊＊＊＊＊＊＊＊＊

旋盤（材料を回転させ刃物により加工を行う工作機械）で材料を切削する際，刃物の先端に図 2.50(a)のように力が作用していた（軸方向 3N，径方向 10N，周方向 100N）．この力が点 A および B に与えるモーメントはいくらか．

【解答】　図 2.50(b)のように座標系を設定して考えることにする．刃物の先端Pに作用する力を$\boldsymbol{F}$，点AおよびBからPに至るベクトルを，$\boldsymbol{r}_1$，$\boldsymbol{r}_2$とする．点Aに与えるモーメント$\boldsymbol{M}_A$は$\boldsymbol{r}_1 \times \boldsymbol{F}$で表され（式(2.53)），$\boldsymbol{F} = (3, -10, -100)\mathrm{N}$，$\boldsymbol{r}_1 = (0, 0.055, 0.03)\mathrm{m}$を式(2.54)に代入すると，

$$\begin{aligned} \boldsymbol{M}_A &= \boldsymbol{r}_1 \times \boldsymbol{F} \\ &= ((-100)\cdot 0.055 - (-10)\cdot 0.03, 3\cdot 0.03 - (-100)\cdot 0, \\ &\quad (-10)\cdot 0 - 3\cdot 0.055) \\ &= (-5.2, 0.09, -0.165)\mathrm{N\cdot m} \end{aligned} \tag{2.56}$$

また，モーメントの大きさM_Aは，式(2.51)より 5.20N·m となる．点Bに与えるモーメント$\boldsymbol{M}_B$についても同様に（$\boldsymbol{r}_2 = (-0.04, 0.055, 0.03)\mathrm{m}$），

$$\boldsymbol{M}_B = \boldsymbol{r}_2 \times \boldsymbol{F} = (-5.2, -3.91, 0.235)\mathrm{N\cdot m}, \quad M_B = 6.51\mathrm{N\cdot m} \tag{2.57}$$

＊＊＊＊＊＊＊＊＊＊＊＊＊＊＊＊＊＊＊＊＊＊＊

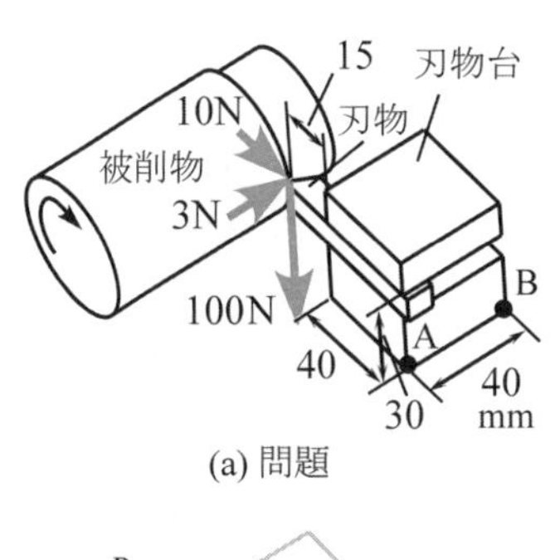

(a) 問題

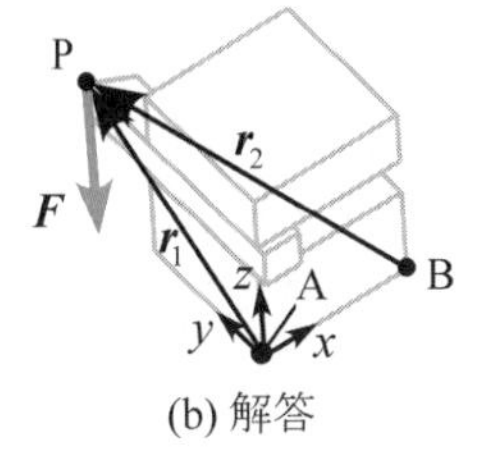

(b) 解答

図 2.50　【例題 2・8】

2・2・4 で説明した物体に働く力の合成規則は，3 次元問題にも同様に適用することができる．図 2.51 のように 3 次元物体上のn個の点に力$\boldsymbol{F}_1, \cdots, \boldsymbol{F}_n$が作用し，$m$個の点に純粋モーメント$\boldsymbol{M}_1, \cdots, \boldsymbol{M}_m$が作用する場合，これらが，点Pに与える力$\boldsymbol{F}$とモーメント$\boldsymbol{M}$は次式によって表される．

$$\boldsymbol{F} = \sum_{i=1}^{n} \boldsymbol{F}_i \tag{2.58}$$

$$\boldsymbol{M} = \sum_{i=1}^{n} \boldsymbol{r}_i \times \boldsymbol{F}_i + \sum_{j=1}^{m} \boldsymbol{M}_j \tag{2.59}$$

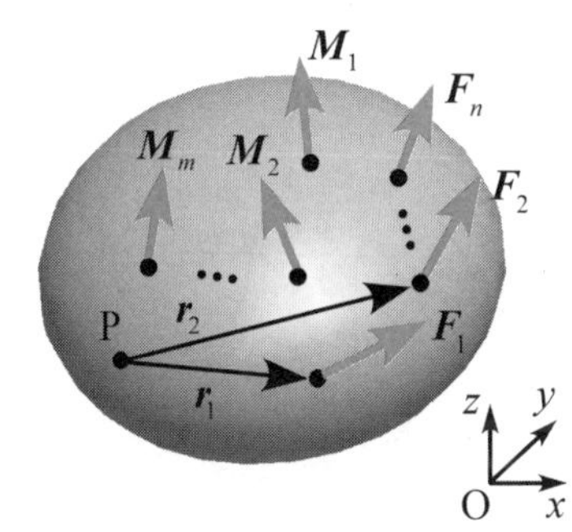

図 2.51　複数の力とモーメントが物体に与える作用

ここまで，物体に作用する力やモーメントが，物体上の点に与えるモーメントを考えてきたが，機械においては図 2.52 のようにモータやエンジン等で駆動される軸について，その軸のまわりに生じるモーメントτ（スカラー量）を考えなければならない場合が多い．この場合，軸上の点（どの点でもよい）に作用するモーメントベクトル$\boldsymbol{M}$を計算した上で，その軸方向の成分を求めればよい．軸の向きを表す単位ベクトルを$\boldsymbol{u}$とすると，τは$\boldsymbol{u}$と$\boldsymbol{M}$の内積により次式のように計算できる（章末のコラム「ベクトルの内積」を参照）．

$$\tau = \boldsymbol{u} \cdot \boldsymbol{M} = u_x M_x + u_y M_y + u_z M_z \tag{2.60}$$

このとき，τが正になれば$\boldsymbol{u}$に対して右ねじの規則によって決まる向きのモーメントを，負になれば逆向きのモーメント（$-\boldsymbol{u}$に対して同規則によって決まる向きのモーメント）を表す．

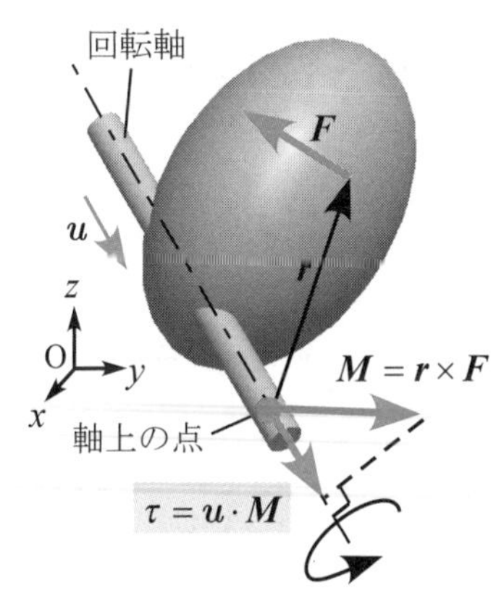

図 2.52　軸まわりのモーメント計算

【例題 2・9】　＊＊＊＊＊＊＊＊＊＊＊＊＊＊＊＊＊＊＊＊＊＊＊

図 2.53 のように椅子の上の点Pに力$\boldsymbol{F}$が作用している．図中に示した座標系で$\boldsymbol{F} = (-8, -5, 7)\mathrm{N}$と表されるとき，力$\boldsymbol{F}$が軸 a，b のまわりに与えるモーメント$\tau_a, \tau_b$は，それぞれいくらか．

【解答】　軸 a 上の点Aに与えるモーメント$\boldsymbol{M}_A$は，

$$\boldsymbol{M}_A = \boldsymbol{r}_a \times \boldsymbol{F}$$
$$= (-0.45, 0.25, 1.1)\text{m} \times (-8, -5, 7)\text{N} = (7.25, -5.65, 4.25)\text{N}\cdot\text{m} \quad (2.61)$$

図のように軸aに沿った単位ベクトル $\boldsymbol{u}_a$ を設定すると，式(2.60)より，

$$\tau_a = \boldsymbol{u}_a \cdot \boldsymbol{M}_A = (0,0,1)\cdot(7.25, -5.65, 4.25)\text{N}\cdot\text{m} = 4.25\text{N}\cdot\text{m} \quad (2.62)$$

となる．τ_a の符号が正であることから，$\boldsymbol{u}_a$ から右ねじの規則で決まる向きの，大きさ4.25N·mのモーメントである．

同様に，軸b上の点Bに与えるモーメント $\boldsymbol{M}_B$ は，

$$\boldsymbol{M}_B = \boldsymbol{r}_b \times \boldsymbol{F}$$
$$= (-0.25, 0.25, 0.6)\text{m} \times (-8, -5, 7)\text{N} = (4.75, -3.05, 3.25)\text{N}\cdot\text{m} \quad (2.63)$$

図のように軸bに沿った単位ベクトル $\boldsymbol{u}_b$ を設定すると，

$$\tau_b = \boldsymbol{u}_b \cdot \boldsymbol{M}_B = (0, 1, 0)\cdot(4.75, -3.05, 3.25)\text{N}\cdot\text{m} = -3.05\text{N}\cdot\text{m} \quad (2.64)$$

となる．τ_b の符号が負であることから，$-\boldsymbol{u}_b$ から右ねじの規則で決まる向きの，大きさ3.05N·mのモーメントである．

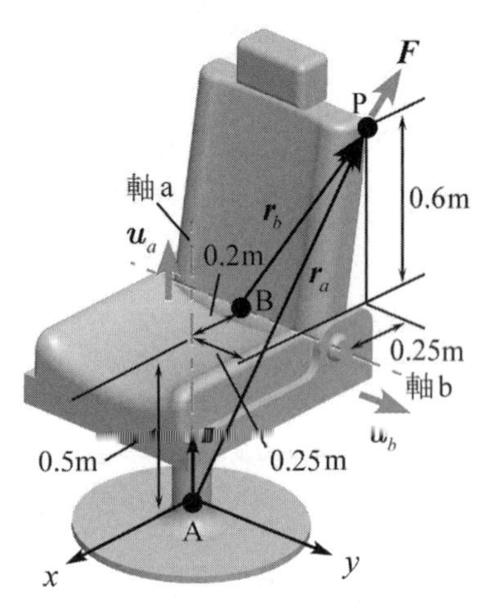

図 2.53　【例題 2·9】

＊＊＊＊＊＊＊＊＊＊＊＊＊＊＊＊＊＊＊＊＊＊

ベクトルの内積（inner product of vectors）

図 2.54 のようにベクトル $\boldsymbol{a}$ と $\boldsymbol{b}$ がなす角度を θ として，$\boldsymbol{a}$ と $\boldsymbol{b}$ に対してスカラー量 $ab\cos\theta$ を対応させる演算を内積(inner product)と呼び $\boldsymbol{a}\cdot\boldsymbol{b}$ と表す（内積のことをスカラー積ともいう）．

$$\boldsymbol{a}\cdot\boldsymbol{b} = ab\cos\theta \quad (2.65)$$

$\boldsymbol{a}$ と $\boldsymbol{b}$ の向きが同じとき $\boldsymbol{a}\cdot\boldsymbol{b} = ab$ （$\theta = 0^\circ$），$\boldsymbol{a}$ と $\boldsymbol{b}$ が直交するとき $\boldsymbol{a}\cdot\boldsymbol{b} = 0$ （$\theta = 90^\circ$）となる．また，$\boldsymbol{a}\cdot\boldsymbol{b} = \boldsymbol{b}\cdot\boldsymbol{a}$，$\sqrt{\boldsymbol{a}\cdot\boldsymbol{a}} = \sqrt{a^2} = a$ が成り立つ．特に，$\boldsymbol{u}$ を単位ベクトルとすると，$\boldsymbol{a}\cdot\boldsymbol{u} = au\cos\theta = a\cos\theta$ となるが，図 2.54(d)からわかるように，これは $\boldsymbol{a}$ の $\boldsymbol{u}$ 方向成分を表している（$\boldsymbol{a}$ を $\boldsymbol{u}$ と $\boldsymbol{u}$ に直交する方向に分解した際の $\boldsymbol{u}$ 方向成分）．

座標軸 x, y, z に沿った単位ベクトル $\boldsymbol{i}, \boldsymbol{j}, \boldsymbol{k}$ について（図 2.55），互いに直交していることに注意すると，次式が成り立つことが確かめられる．

$$\boldsymbol{i}\cdot\boldsymbol{i} = 1,\ \boldsymbol{j}\cdot\boldsymbol{j} = 1,\ \boldsymbol{k}\cdot\boldsymbol{k} = 1,\ \boldsymbol{i}\cdot\boldsymbol{j} = 0,\ \boldsymbol{j}\cdot\boldsymbol{k} = 0,\ \boldsymbol{k}\cdot\boldsymbol{i} = 0 \quad (2.66)$$

$\boldsymbol{a} = a_x\boldsymbol{i} + a_y\boldsymbol{j} + a_z\boldsymbol{k}$，$\boldsymbol{b} = b_x\boldsymbol{i} + b_y\boldsymbol{j} + b_z\boldsymbol{k}$ として，式(2.66)の関係に注意して $\boldsymbol{a}\cdot\boldsymbol{b}$ を計算すると，成分表示 $\boldsymbol{a} = (a_x, a_y, a_z)$，$\boldsymbol{b} = (b_x, b_y, b_z)$ における内積は次式のように表されることがわかる．

$$\begin{aligned}\boldsymbol{a}\cdot\boldsymbol{b} &= (a_x\boldsymbol{i} + a_y\boldsymbol{j} + a_z\boldsymbol{k})\cdot(b_x\boldsymbol{i} + b_y\boldsymbol{j} + b_z\boldsymbol{k}) \\ &= (a_xb_x\boldsymbol{i}\cdot\boldsymbol{i} + a_xb_y\boldsymbol{i}\cdot\boldsymbol{j} + a_xb_z\boldsymbol{i}\cdot\boldsymbol{k}) + (a_yb_x\boldsymbol{j}\cdot\boldsymbol{i} + a_yb_y\boldsymbol{j}\cdot\boldsymbol{j} + a_yb_z\boldsymbol{j}\cdot\boldsymbol{k}) \\ &\quad + (a_zb_x\boldsymbol{k}\cdot\boldsymbol{i} + a_zb_y\boldsymbol{k}\cdot\boldsymbol{j} + a_zb_z\boldsymbol{k}\cdot\boldsymbol{k}) \\ &= a_xb_x + a_yb_y + a_zb_z\end{aligned} \quad (2.67)$$

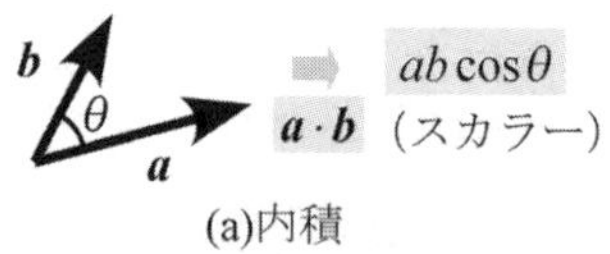

(a)内積

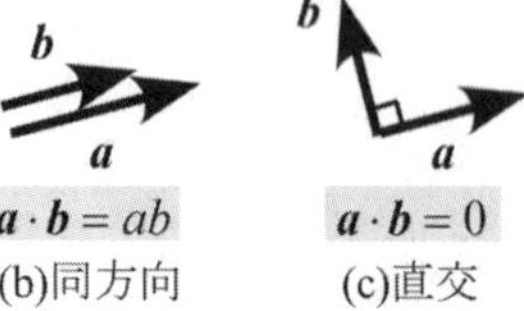

(b)同方向　(c)直交

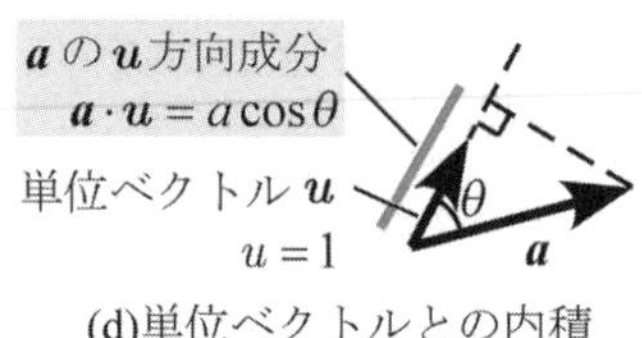

(d)単位ベクトルとの内積

図 2.54　ベクトルの内積

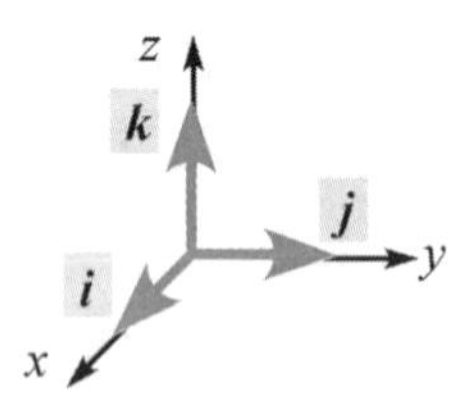

図 2.55　単位ベクトルと座標系

ベクトルの外積 (outer product of vectors)

図 2.56 のように，ベクトル $\boldsymbol{a}$ と $\boldsymbol{b}$ に対して下記のような大きさと向きを持つベクトルを対応させる演算を外積(outer product)と呼び $\boldsymbol{a}\times\boldsymbol{b}$ と表す（外積のことをベクトル積ともいう）. 内積 $\boldsymbol{a}\cdot\boldsymbol{b}$ がスカラーであるのに対し，外積 $\boldsymbol{a}\times\boldsymbol{b}$ はベクトルである点に注意が必要である.

大きさ：$\boldsymbol{a}$ と $\boldsymbol{b}$ を辺とする平行四辺形の面積を大きさに持つ. ベクトル $\boldsymbol{a}$ と $\boldsymbol{b}$ がなす角度を θ（0〜180°）とすると，

$$ab\sin\theta \tag{2.68}$$

向き：$\boldsymbol{a}$ と $\boldsymbol{b}$ を含む平面に垂直であり，$\boldsymbol{a}$ を軸として，$\boldsymbol{a}$ の始点から終点の方を見て右まわり（時計まわり）に $\boldsymbol{b}$ を回転させるとき，$\boldsymbol{b}$ の終点が動く方を向く（図 2.56「向きの決定 1」）. あるいは，$\boldsymbol{a}$ と $\boldsymbol{b}$ を含む平面に垂直に立った右ねじを，$\boldsymbol{a}$ を $\boldsymbol{b}$ に重ねる方へ回転させたとき（より近い側に回転），これが進む方を向くと考えてもよい（図 2.56「向きの決定 2」）.

$\boldsymbol{a}\times\boldsymbol{b}$ の大きさは，$\boldsymbol{a}$ と $\boldsymbol{b}$ の方向が同じ場合 0 となり，$\boldsymbol{a}$ と $\boldsymbol{b}$ が直交するとき ab となる. また，$\boldsymbol{a}\times\boldsymbol{b}$ と $\boldsymbol{b}\times\boldsymbol{a}$ は同じではなく $\boldsymbol{a}\times\boldsymbol{b}=-\boldsymbol{b}\times\boldsymbol{a}$，つまり，互いに逆向きとなる点に注意が必要である.

座標軸 x, y, z に沿った単位ベクトル $\boldsymbol{i}, \boldsymbol{j}, \boldsymbol{k}$ について（図 2.55），次式が成り立つことが確かめられる.

$$\boldsymbol{i}\times\boldsymbol{i}=\boldsymbol{0},\ \boldsymbol{j}\times\boldsymbol{j}=\boldsymbol{0},\ \boldsymbol{k}\times\boldsymbol{k}=\boldsymbol{0},\ \boldsymbol{i}\times\boldsymbol{j}=\boldsymbol{k},\ \boldsymbol{j}\times\boldsymbol{k}=\boldsymbol{i},\ \boldsymbol{k}\times\boldsymbol{i}=\boldsymbol{j} \tag{2.69}$$

$\boldsymbol{a}=a_x\boldsymbol{i}+a_y\boldsymbol{j}+a_z\boldsymbol{k}$，$\boldsymbol{b}=b_x\boldsymbol{i}+b_y\boldsymbol{j}+b_z\boldsymbol{k}$ として，式(2.69)の関係に注意して $\boldsymbol{a}\times\boldsymbol{b}$ を計算すると次式のようになる.

$$\begin{aligned}\boldsymbol{a}\times\boldsymbol{b}&=(a_x\boldsymbol{i}+a_y\boldsymbol{j}+a_z\boldsymbol{k})\times(b_x\boldsymbol{i}+b_y\boldsymbol{j}+b_z\boldsymbol{k})\\&=(a_xb_x\boldsymbol{i}\times\boldsymbol{i}+a_xb_y\boldsymbol{i}\times\boldsymbol{j}+a_xb_z\boldsymbol{i}\times\boldsymbol{k})\\&\quad+(a_yb_x\boldsymbol{j}\times\boldsymbol{i}+a_yb_y\boldsymbol{j}\times\boldsymbol{j}+a_yb_z\boldsymbol{j}\times\boldsymbol{k})\\&\quad+(a_zb_x\boldsymbol{k}\times\boldsymbol{i}+a_zb_y\boldsymbol{k}\times\boldsymbol{j}+a_zb_z\boldsymbol{k}\times\boldsymbol{k})\\&=(a_yb_z-a_zb_y)\boldsymbol{i}+(a_zb_x-a_xb_z)\boldsymbol{j}+(a_xb_y-a_yb_x)\boldsymbol{k}\end{aligned} \tag{2.70}$$

したがって，成分表示 $\boldsymbol{a}=(a_x, a_y, a_z)$，$\boldsymbol{b}=(b_x, b_y, b_z)$ における外積は，次式のように表される.

$$\boldsymbol{a}\times\boldsymbol{b}=(a_yb_z-a_zb_y,\ a_zb_x-a_xb_z,\ a_xb_y-a_yb_x) \tag{2.71}$$

なお，式(2.70)の計算は次の行列式の計算に相当し，実際の計算において便利に用いることができる（右側コラム参照）.

$$\boldsymbol{a}\times\boldsymbol{b}=\begin{vmatrix}\boldsymbol{i}&\boldsymbol{j}&\boldsymbol{k}\\a_x&a_y&a_z\\b_x&b_y&b_z\end{vmatrix} \tag{2.72}$$

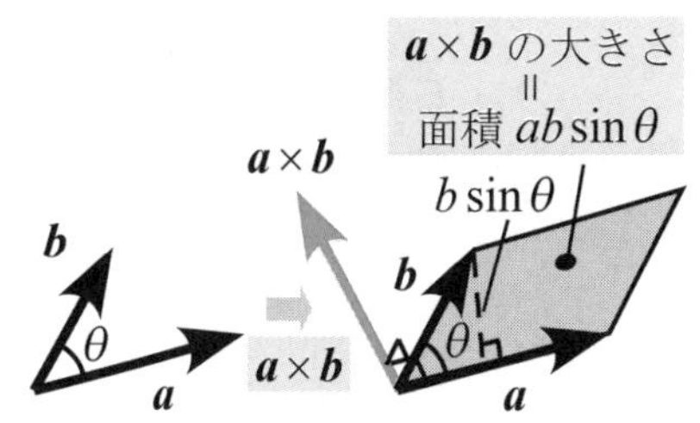

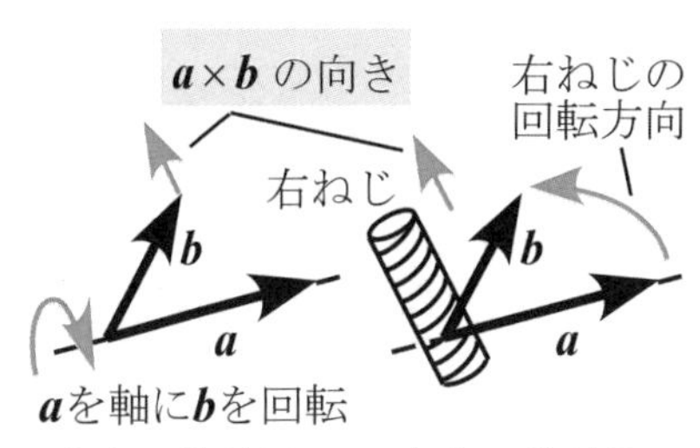

図 2.56　ベクトルの外積

—外積の計算—

行列式 $\begin{vmatrix}\boldsymbol{i}&\boldsymbol{j}&\boldsymbol{k}\\a_x&a_y&a_z\\b_x&b_y&b_z\end{vmatrix}$ の計算

下に示すように，4 行目に $\boldsymbol{i}\,\boldsymbol{j}\,\boldsymbol{k}$，5 行目に $a_x\ a_y\ a_z$ を追加して，図式的に計算できる.

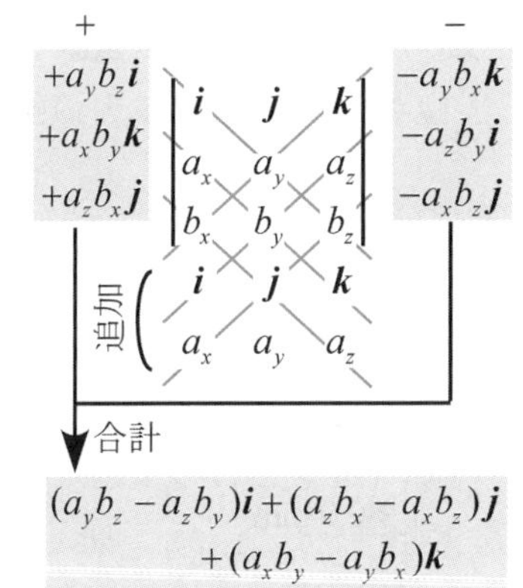

また，$\boldsymbol{a}\times\boldsymbol{b}$ を次式のような行列の積により計算することもできる.

$$\begin{pmatrix}0&-a_z&a_y\\a_z&0&-a_x\\-a_y&a_x&0\end{pmatrix}\begin{pmatrix}b_x\\b_y\\b_z\end{pmatrix}$$

図 2.57　パラシュート

===== 練習問題 ========================

【2・1】　図 2.57 のように質量 65.0kg の人がパラシュートで一定の速度で下降している．人は 8 本のロープでつるされ，各ロープにかかる力は均等で，また各ロープとも鉛直方向となす角度 θ が 20° であるという．ロープ 1 本あたりに働く張力を求めよ．

【2・2】　Find the magnitude and direction of the resultant of forces F_i in Fig.2.58, respectively, where in (b) $F_1 = 140\text{N}$, $\theta_1 = -30^\circ$, $F_2 = 200\text{N}$, $\theta_2 = -50^\circ$, $F_3 = 120\text{N}$, $\theta_3 = -70^\circ$, and in (c) $F_1 = 150\text{N}$, $\theta_1 = 60^\circ$, $F_2 = 50\text{N}$, $F_3 = 200\text{N}$, $F_4 = 40\text{N}$ (θ_i is the counterclockwise angle from x axis).

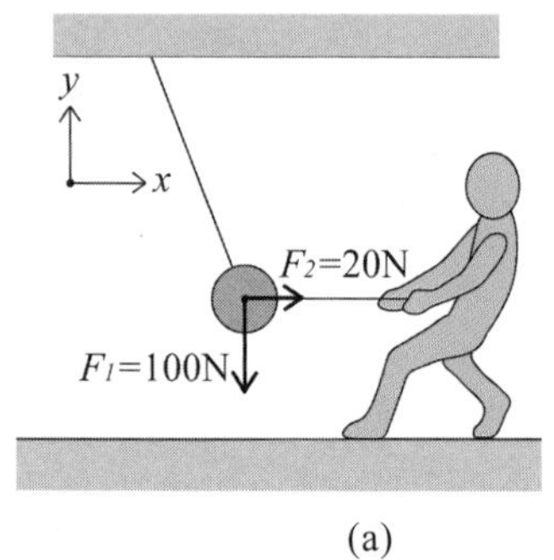

(a)

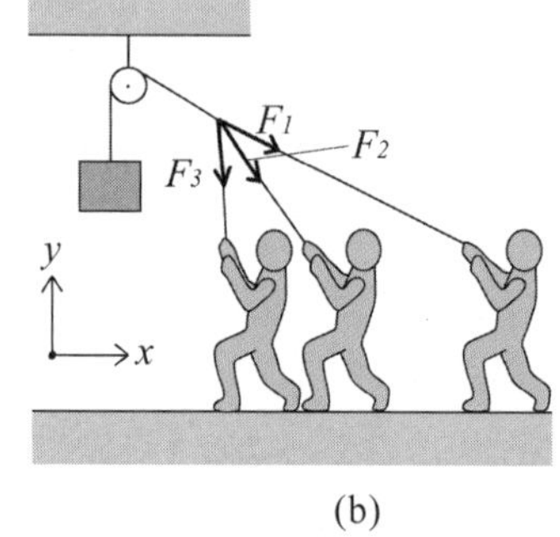

(b)

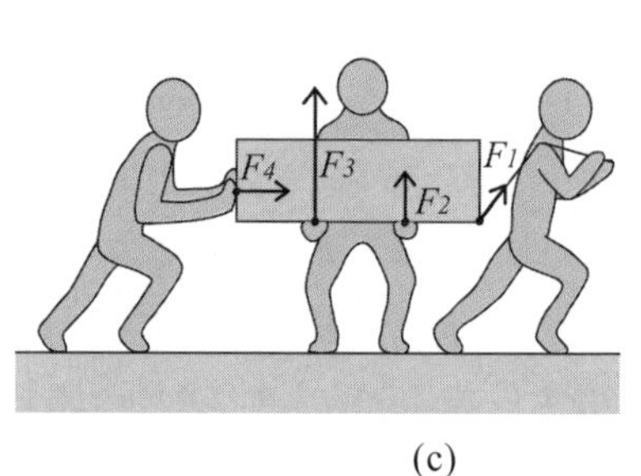

(c)

Fig.2.58　Working persons

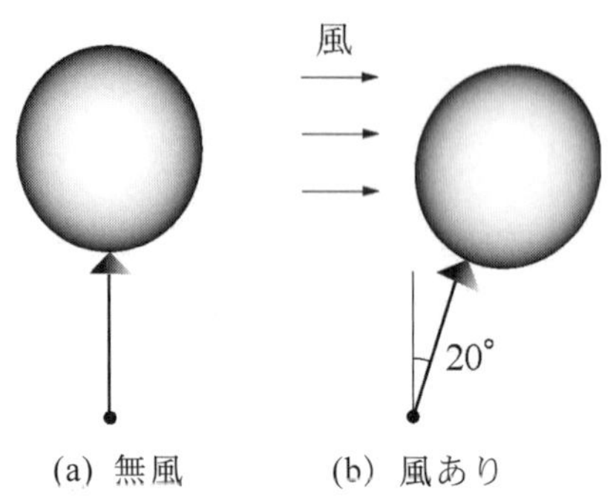

(a) 無風　　(b) 風あり

図 2.59　ヘリウム入りの風船

【2・3】　質量 5.0g の風船にヘリウムガスを入れた．無風状態のとき（図 2.59(a)），糸の張力は 0.30N であった．水平方向に風が吹いているとき（図(b)），糸は鉛直方向と 20° の角度をなした．このとき，風船には風によって下流方向に空気抵抗という力が働いている．糸の質量は無視できるものとする．

(1) 風船に作用する浮力の大きさを求めよ．

(2) 風船に作用する空気抵抗の大きさを求めよ．

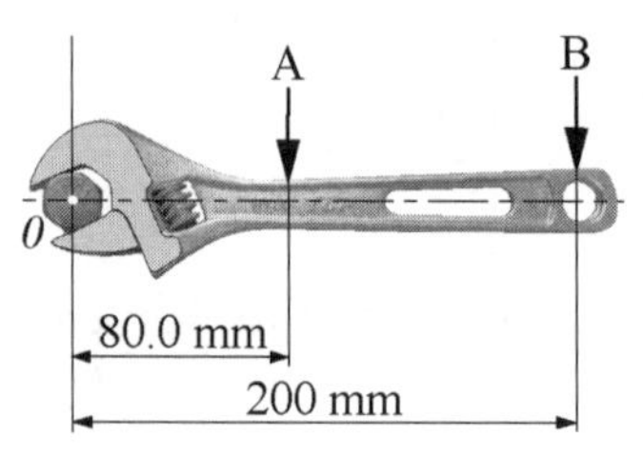

図 2.60　スパナ

【2・4】　図 2.60 のように，スパナを使ってナットを締める．40.0N の力をスパナに加えるものとして，点 A で締める場合と点 B で締める場合についてそれぞれナットに作用する力のモーメントの大きさを求めよ．また，その結果からどのようなことがわかるか考察せよ．

【2・5】　コンビニエンスストアでジュースを買い，袋に入れて持ち帰る．図 2.61 の(a)，(b)，(c)の 3 通りの方法で持つとき，この荷物に働く重力が肩の関節に与える力の大きさと向き，また力のモーメントの大きさと向きを，それぞれの場合について求めよ．なお，ジュースと袋を足した質量は 2.0kg である．

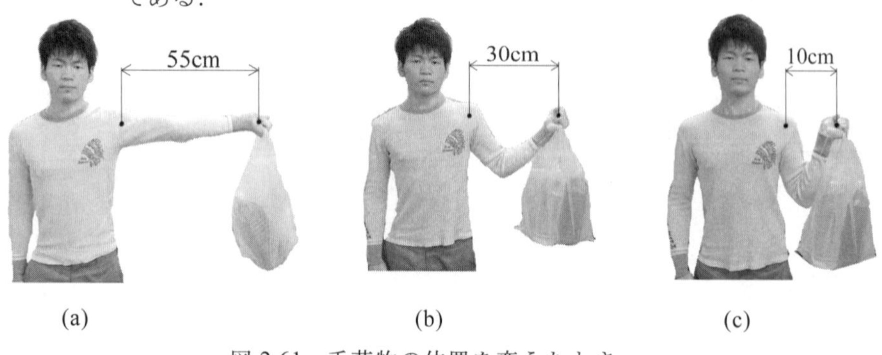

(a)　　(b)　　(c)

図 2.61　手荷物の位置を変えたとき

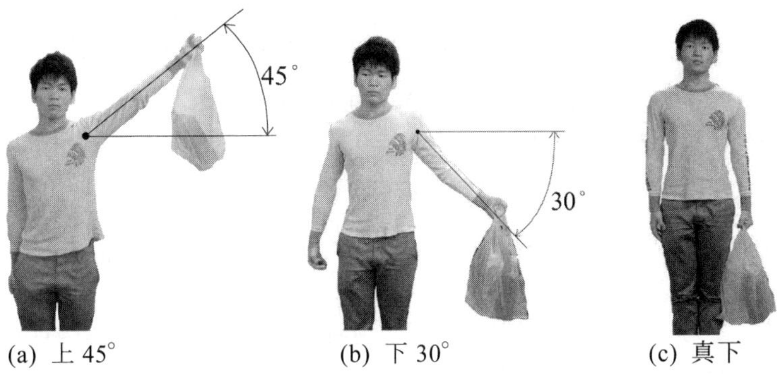

図 2.62　手荷物の持つ腕の角度を変えたとき

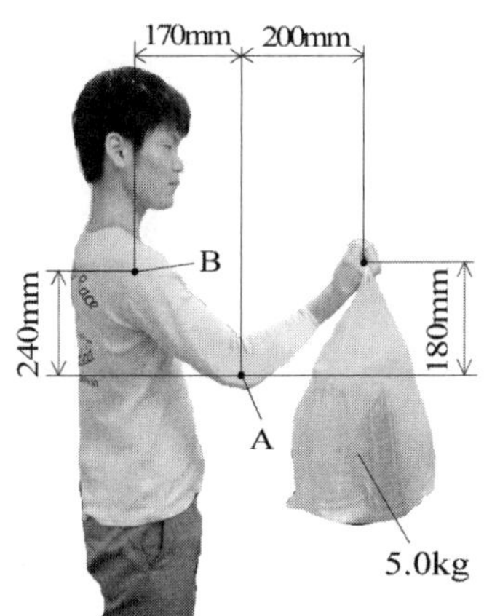

Fig.2.63　shopping bag

【2・6】図 2.62 のように，ジュースの入った袋を 3 通りの方法で持つとき，この荷物に働く重力が肩の関節に与える力の大きさと向き，また力のモーメントの大きさを，(a)，(b)，(c)のそれぞれの場合について求めよ．なお，ジュースと袋を足した質量は 2.0kg，腕の長さを 55cm とする．

【2・7】A person has a shopping bag(mass 5.0kg) as shown in Fig.2.63. Calculate the forces and the moments about his joints of elbow A and of shoulder B, respectively.

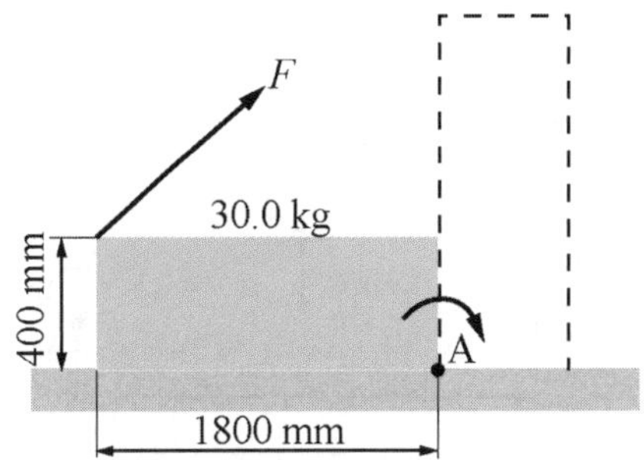

図 2.64　倒れたロッカー

【2・8】図 2.64 のように倒れたロッカー（質量 30.0kg）にロープを結び，引いて起き上がらせたい．ロッカーはすべることなく点 A を中心に回転するものとし，ロッカーの重心はロッカーの中央の位置にあるものとする．起こし初めのとき，ロープを引く力の大きさ F を最小にするためにはロープをどの方向に引くのがよいか．また，そのときに最低限必要な力の大きさを求めよ．

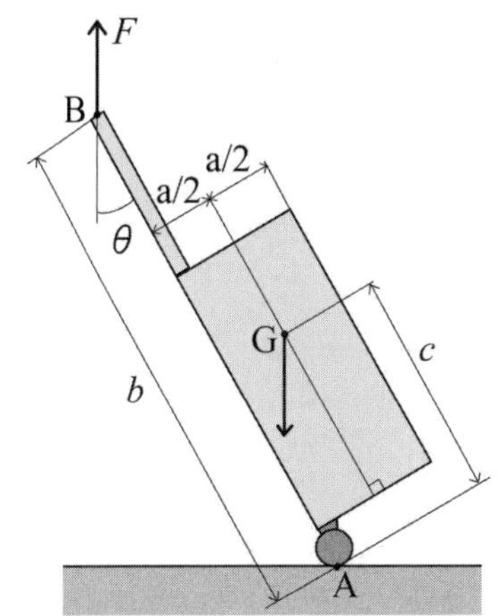

Fig.2.65　suitcase

【2・9】A person carries a suitcase. The mass of the suitcase is 14.0kg, and the distance from the bottom to its center of gravity G is c (Fig.2.65). Find the moment by the gravity force about the grounding point A, when $a = 25.0$ cm, $b = 80.0$ cm, $c = 35.0$ cm and $\theta = 25.0^\circ$. Also, find the vertical force acted on the point B when the moment of this force has the same magnitude as that of gravity force.

【2・10】A person pulls a rope linked to the edge of door A at (0m, 2.4m, 0.9m) as shown in Fig.2.66. The coordinates of the other end of the rope B are (3.0m, 1.2m, 1.5m). Find the moment by the force with respect to the hinge of door (y axis). The magnitude of tension acting on the rope is 20.0N.

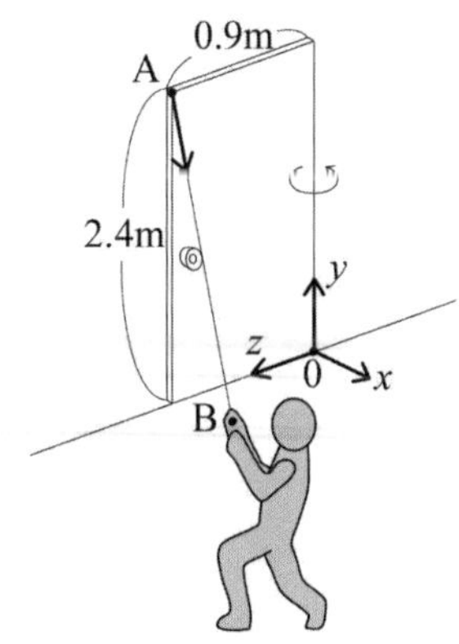

Fig.2.66　pulled door

【解答】

2・1　ロープ 1 本あたりに働く張力を T とすると，

$8T\cos 20^\circ = 65.0 \times 9.81$　よって　$T = 84.8$ N

2・2　(a) $F = 102$ N，$\theta = \tan^{-1}(F_y/F_x) = -78.7^\circ$.

(b) From $F_x = 290.8$ N and $F_y = -336.0$ N，$F = 444$ N，$\theta = -49.1^\circ$.

(c) From $F_x = 115.0$ N and $F_y = 379.9$ N，$F = 396.9 = 397$ N，$\theta = 73.2^\circ$.

2・3　(1)浮力をF_B，重力をmg（mは質量），糸の張力をTとおく．

$$F_B = mg + T = 5.0\times10^{-3}\times9.81 + 0.30 = 0.349\ \mathrm{N}$$

(2) 糸の付け根に働く力は鉛直上方に$T = 0.30\ \mathrm{N}$，水平方向に空気抵抗F_Dが働き，これらの合力が糸の方向になるので，

$$\frac{F_D}{T} = \tan 20^\circ \quad よって，\quad F_D = T\tan 20^\circ = 0.30\tan 20^\circ = 0.109\ \mathrm{N}$$

2・4　点Aに力を加える場合のモーメントは，3.20 N·m．点Bの場合，8.00 N·mとなる．よって，同じ大きさの力でも外側の方に力を加えるほど強く締められることが確認できる．

2・5　荷物に働く重力の大きさは，$2.0\times9.81 = 19.62 = 19.6\ \mathrm{N}$．これによって肩の関節に働く力はいずれの場合も，大きさは19.6 N，向きは鉛直下向きである．力のモーメントの向きはいずれも時計まわり，大きさはモーメントの腕の長さをかけ，(a) 11 N·m，(b) 5.9 N·m，(c) 2.0 N·m．

2・6　肩の関節に働く力はいずれの場合も，大きさは19.6 N，向きは鉛直下向きである．モーメントに関しては，荷物に働く重力の作用線と肩の関節を通る水平線との交点を求め、この点と肩の関節との距離がモーメントの腕の長さになる．(a) $0.55\times19.6\cos45^\circ = 7.62 = 7.6\ \mathrm{N\cdot m}$，時計まわり，(b) 9.3 N·m，時計まわり，(c) 0 N·m．

2・7　Force on A; $F_A = 49\ \mathrm{N}$,downward, moment; $M_A = 9.8\ \mathrm{N\cdot m}$, clockwise. Force on B; $F_B = F_A = 49\ \mathrm{N}$,downward, moment; $M_B = 18\ \mathrm{N\cdot m}$, clockwise.

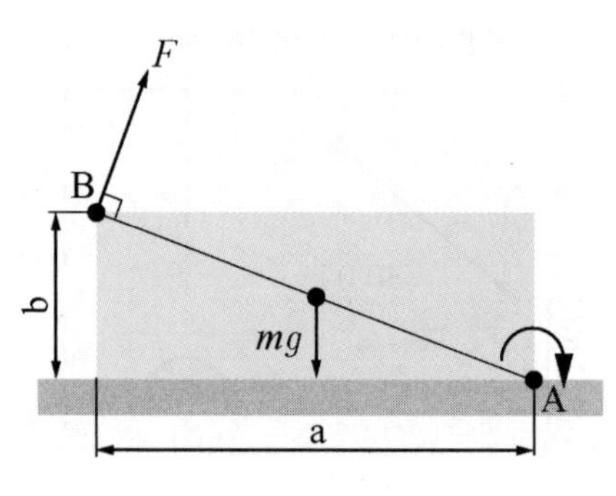

図 2.67　解答 2·8

2·8　図 2.67 のように，ロープを引く方向は AB と垂直な方向にすればよい．重力mgによる点 A まわりのモーメントは反時計まわりに$mga/2$なので，これ以上のモーメントを時計まわりに加えればよいので，144N 以上．

2・9　The moment of gravity force; $M = mg(c\sin\theta - \frac{a}{2}\cos\theta) = 4.76\ \mathrm{N\cdot m}$.
The force on B; $F = M/b\sin\theta = 14.1\ \mathrm{N}$.

2・10　From $\boldsymbol{M} = \begin{vmatrix} \boldsymbol{i} & \boldsymbol{j} & \boldsymbol{k} \\ r_x & r_y & r_z \\ F_x & F_y & F_z \end{vmatrix}$, $M_y = r_zF_x - r_xF_z = 0.9F_x - 0\times F_z = 0.9F_x$,

where $\boldsymbol{r} = (r_x, r_y, r_z)$ is the vector from O to A, $\boldsymbol{F} = (F_x, F_y, F_z)$ is the force on A and $\boldsymbol{M}$ is the moment around O, respectively.

On the other hand, $F_x = \dfrac{3}{\sqrt{(3-0)^2 + (1.2-2.4)^2 + (1.5-0.9)^2}}\times20.0 = 18.26\ \mathrm{N}$.

Hence, $M_y = 0.9\times18.26 = 16.4\ \mathrm{N\cdot m}$.

第 2 章の文献

(1) F. P. ベアー，E. R. ジョンストン，（長谷川節 訳），工学のための力学 上（原著改訂第 3 版），(1995)，ブレイン図書出版．
(2) 入江敏博，詳解 工業力学，(1983)，理工学社．
(3) 奥村敦史，メカニックス入門，(1984)，共立出版．
(4) 高木隆司，キーポイント ベクトル解析，(1993)，岩波書店．
(5) 薩摩順吉，四ツ谷晶二，キーポイント 線形代数，(1992)，岩波書店．

第 3 章

力とモーメントの釣合い

Equilibrium of Forces and Moments

- 釣合いとは？ どういうときに釣合う？
- 重心とは？ 重心はどのように求める？
- 摩擦力などが作用する場合の釣合い問題はどのように解く？
- トラスの静解析はどのように行う？

3・1 釣合い（equilibrium）

いくつかの力が物体に作用する場合にその物体が静止しているとき，これらの力は釣合い(equilibrium)の状態にある，あるいは力は釣合っているという．物体に注目する場合は，物体は釣合いの状態にあるという．ここでは力が釣合うための条件について考える．これを釣合い条件(condition of equilibrium)という．

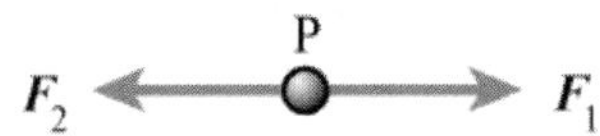

図 3.1 質点に一直線上に力が作用する場合

3・1・1 1点に作用する力の釣合い（equilibrium of concurrent forces）

まず物体上の 1 点に力が作用する場合を考える．この場合の最も簡単な例として，図 3.1 に示すように，質点 P に対して一直線上に右向きの力 $\boldsymbol{F}_1$ と左向きの力 $\boldsymbol{F}_2$ が作用する場合を取り上げる．$\boldsymbol{F}_1$ と $\boldsymbol{F}_2$ の大きさは同じであるとする．このとき $\boldsymbol{F}_1$ と $\boldsymbol{F}_2$ は

$$\boldsymbol{F}_2 = -\boldsymbol{F}_1 \tag{3.1}$$

の関係にある．質点 P に作用する合力を $\boldsymbol{R}$ とすると

$$\boldsymbol{R} = \boldsymbol{F}_1 + \boldsymbol{F}_2 = \boldsymbol{F}_1 + (-\boldsymbol{F}_1) = \boldsymbol{0} \tag{3.2}$$

となる．ここで上式最右辺の $\boldsymbol{0}$ は零ベクトルを表す．式(3.2)は，質点 P には力が作用していないのと等価であることを示している．1・1 節で述べたように，ニュートンの第一法則によれば質点に力が作用しない場合に質点は静止を保つ．したがって式(3.2)が成り立てば，すなわち合力が $\boldsymbol{0}$ であれば力は釣合う．

次に，図 3.2 に示すように，物体上の点に対して空間内で n 個の力 $\boldsymbol{F}_i\ (i=1,2,\cdots,n)$ が作用する場合を考える．この場合も図 3.1 に示した場合と同様，点 P に作用する合力が零ベクトルとなるとき，すなわち式

$$\boldsymbol{F}_1 + \boldsymbol{F}_2 + \cdots + \boldsymbol{F}_n = \sum_{i=1}^{n} \boldsymbol{F}_i = \boldsymbol{0} \tag{3.3}$$

―釣合い―

1・1 節で述べたように，ニュートンの第一法則によれば，力が作用しない場合には質点は静止しているかまたは一定速度の運動をする．このようなとき質点は釣合い状態にあるといわれる．ただし，ここでは静力学の立場から質点が静止しているとき，釣合い状態にあるとする．

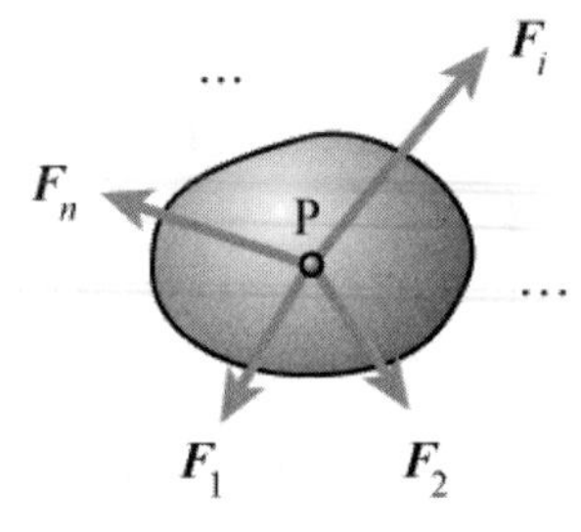

図 3.2 物体上の 1 点に n 個の力

が成り立つとき，これらの力は釣合う．式(3.3)を，成分を用いて表すことを考える．力 $\boldsymbol{F}_i$ の x 軸方向，y 軸方向，z 軸方向の成分をそれぞれ F_{ix}，F_{iy}，F_{iz} とすれば

$$\boldsymbol{F}_i = F_{ix}\boldsymbol{i} + F_{iy}\boldsymbol{j} + F_{iz}\boldsymbol{k} \tag{3.4}$$

と書ける．ここで $\boldsymbol{i}$，$\boldsymbol{j}$，$\boldsymbol{k}$ は x 軸方向，y 軸方向，z 軸方向の単位ベクトルである．式(3.4)を式(3.3)に代入すれば

$$\begin{aligned}\sum_{i=1}^{n}\boldsymbol{F}_i &= \sum_{i=1}^{n}\left(F_{ix}\boldsymbol{i} + F_{iy}\boldsymbol{j} + F_{iz}\boldsymbol{k}\right)\\ &= \left(\sum_{i=1}^{n}F_{ix}\right)\boldsymbol{i} + \left(\sum_{i=1}^{n}F_{iy}\right)\boldsymbol{j} + \left(\sum_{i=1}^{n}F_{iz}\right)\boldsymbol{k} = \boldsymbol{0}\end{aligned} \tag{3.5}$$

となる．上式が成り立つためには

$$\sum_{i=1}^{n}F_{ix} = 0,\quad \sum_{i=1}^{n}F_{iy} = 0,\quad \sum_{i=1}^{n}F_{iz} = 0 \tag{3.6}$$

でなければならない．したがって一般の場合の釣合い条件は式(3.3)あるいはそれを成分で表した式(3.6)となる．

上記では力は1点に作用するとしたが，図3.3に示すように，力の作用線が1点で交わる場合には，作用点が異なっても釣合い条件は式(3.3)あるいは式(3.6)となる．これは，前章でみたように，力は作用線に沿って移動させてもその働きは変わらないからである．

図3.3　力の作用線が1点で交わる場合

物体に作用する力がすべて既知であり，それらの力が釣合うかどうかを釣合い条件式(3.3)，(3.6)により確認するという問題は実際には比較的少なく，むしろ物体を釣合い状態とするために必要な力を式(3.3)あるいは(3.6)より求める問題が多い．この場合には式(3.3)や(3.6)は，釣合い方程式(equilibrium equation)と呼ばれる．

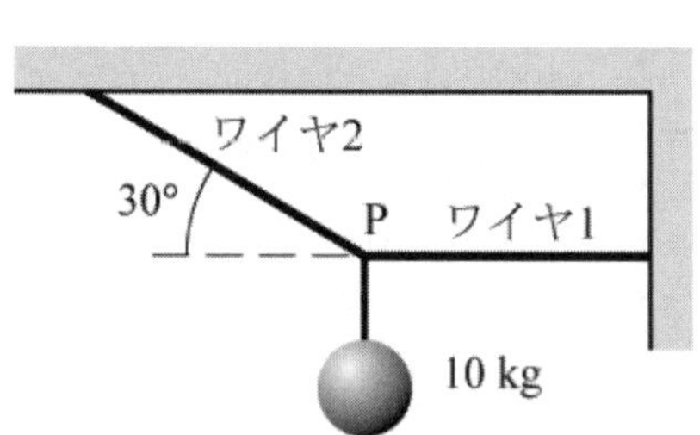

(a)　2本のワイヤで支持された質点

【例題3・1】　＊＊＊＊＊＊＊＊＊＊＊＊＊＊＊＊＊＊＊＊＊＊＊＊

図3.4(a)のように，質量10 kgのおもりが鉛直面内で，一端が壁に固定されたワイヤ1および天井に固定されたワイヤ2の2本のワイヤにより支持されて静止している．各ワイヤに生じる張力の大きさはいくらか．ただし重力加速度を9.81 m/s^2 とする．

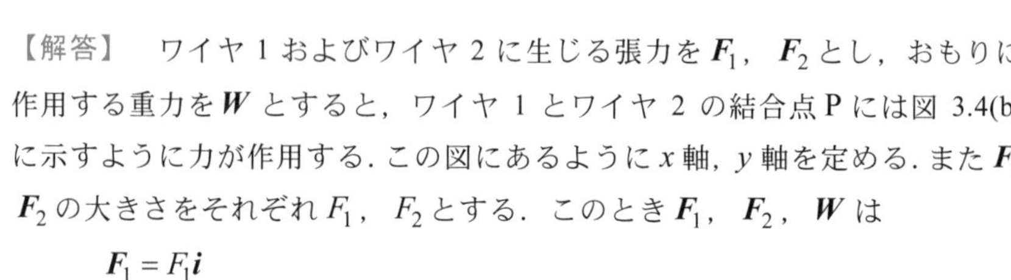

【解答】　ワイヤ1およびワイヤ2に生じる張力を $\boldsymbol{F}_1$，$\boldsymbol{F}_2$ とし，おもりに作用する重力を $\boldsymbol{W}$ とすると，ワイヤ1とワイヤ2の結合点Pには図3.4(b)に示すように力が作用する．この図にあるように x 軸，y 軸を定める．また $\boldsymbol{F}_1$，$\boldsymbol{F}_2$ の大きさをそれぞれ F_1，F_2 とする．このとき $\boldsymbol{F}_1$，$\boldsymbol{F}_2$，$\boldsymbol{W}$ は

$$\begin{aligned}\boldsymbol{F}_1 &= F_1\boldsymbol{i}\\ \boldsymbol{F}_2 &= -F_2\cos 30°\boldsymbol{i} + F_2\sin 30°\boldsymbol{j}\\ \boldsymbol{W} &= -98.1\boldsymbol{j}\end{aligned} \tag{3.7}$$

と書ける．上式を釣合い方程式(3.3)に代入すれば

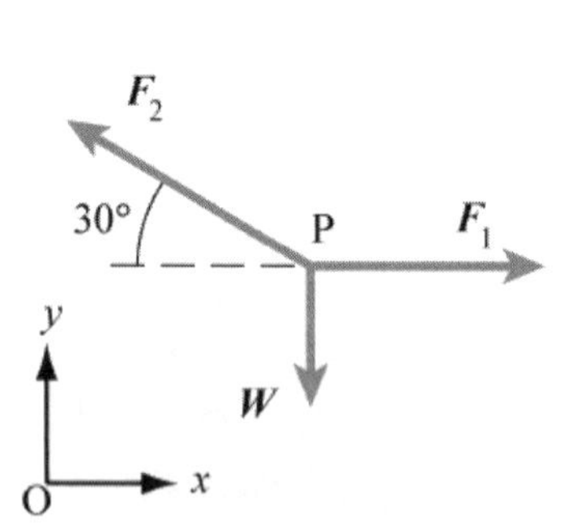

(b) 質点Pに作用する力

図3.4　【例題3・1】

$$\begin{aligned}\boldsymbol{F}_1 + \boldsymbol{F}_2 + \boldsymbol{W} &= F_1\boldsymbol{i} + \left(-F_2\cos 30°\boldsymbol{i} + F_2\sin 30°\boldsymbol{j}\right) + \left(-98.1\boldsymbol{j}\right)\\ &= \left(F_1 - F_2\cos 30°\right)\boldsymbol{i} + \left(F_2\sin 30° - 98.1\right)\boldsymbol{j}\\ &= \boldsymbol{0}\end{aligned} \tag{3.8}$$

を得る．上式が成り立つためには

$$\begin{aligned} &F_1 - F_2\cos 30° = 0 \\ &F_2 \sin 30° - 98.1 = 0 \end{aligned} \tag{3.9}$$

でなければならない．これを F_1，F_2 に関して解けば以下のようになる．

$$F_1 = 170\ \mathrm{N},\quad F_2 = 196\ \mathrm{N} \tag{3.10}$$

＊＊＊＊＊＊＊＊＊＊＊＊＊＊＊＊＊＊＊＊＊＊＊＊＊

【例題 3・2】　＊＊＊＊＊＊＊＊＊＊＊＊＊＊＊＊＊＊＊＊＊＊＊＊＊

図 3.5(a)のように質量100 kg のおもりが 3 次元空間内で，一端が壁に固定された 3 本のワイヤにより支持されて静止している．各ワイヤの張力の大きさはいくらか．ただし重力加速度を9.81 m/s^2 とする．なお，図中の z 軸の正方向は鉛直上向きである．

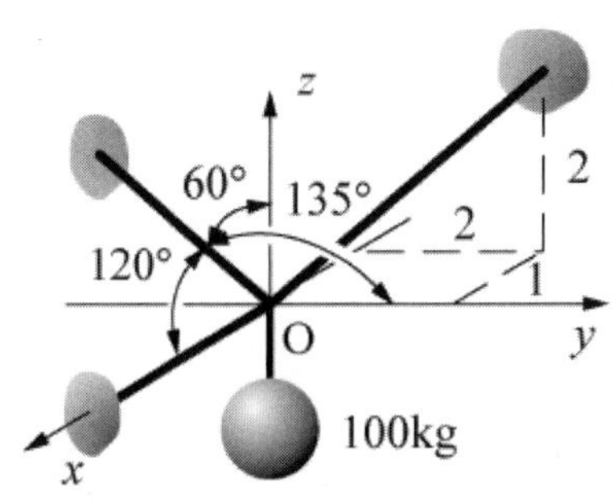

(a)　3 本のワイヤで支持されたおもり

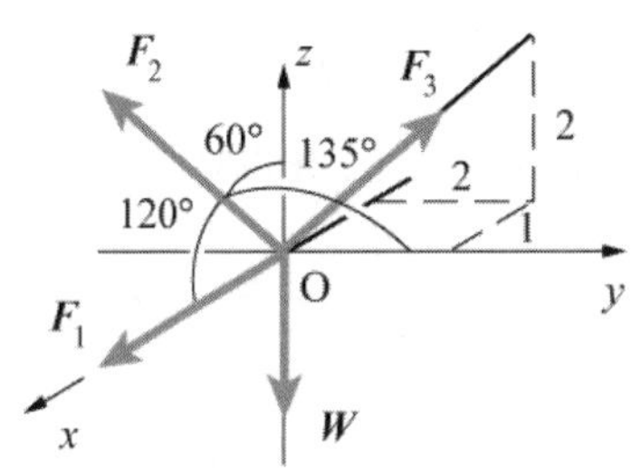

(b) おもりに作用する力

図 3.5　【例題 3・2】

【解答】　各ワイヤの張力を $\boldsymbol{F}_1$，$\boldsymbol{F}_2$，$\boldsymbol{F}_3$とし，おもりに働く重力を $\boldsymbol{W}$ とする．ワイヤの結合点O には図 3.5(b)に示すような力が作用する．まず $\boldsymbol{F}_3$ の方向の単位ベクトルを求める．これを $\boldsymbol{e}_3$ とすれば

$$\boldsymbol{e}_3 = \frac{-\boldsymbol{i}+2\boldsymbol{j}+2\boldsymbol{k}}{\sqrt{(-1)^2+2^2+2^2}} = -\frac{1}{3}\boldsymbol{i}+\frac{2}{3}\boldsymbol{j}+\frac{2}{3}\boldsymbol{k} \tag{3.11}$$

となる．$\boldsymbol{F}_1$，$\boldsymbol{F}_2$，$\boldsymbol{F}_3$ の大きさをそれぞれ F_1，F_2，F_3 とする．このとき $\boldsymbol{F}_1$，$\boldsymbol{F}_2$，$\boldsymbol{F}_3$，$\boldsymbol{W}$ は

$$\begin{aligned} &\boldsymbol{F}_1 = F_1\boldsymbol{i} \\ &\boldsymbol{F}_2 = F_2\cos 120°\boldsymbol{i} + F_2\cos 135°\boldsymbol{j} + F_2\cos 60°\boldsymbol{k} \\ &\boldsymbol{F}_3 = F_3\boldsymbol{e}_3 = -\frac{1}{3}F_3\boldsymbol{i}+\frac{2}{3}F_3\boldsymbol{j}+\frac{2}{3}F_3\boldsymbol{k} \\ &\boldsymbol{W} = -981\boldsymbol{k} \end{aligned} \tag{3.12}$$

と書ける．上式を釣合い方程式(3.3)に代入すれば

$$\begin{aligned} &\boldsymbol{F}_1+\boldsymbol{F}_2+\boldsymbol{F}_3+\boldsymbol{W} \\ &= F_1\boldsymbol{i} + \left(F_2\cos 120°\boldsymbol{i} + F_2\cos 135°\boldsymbol{j} + F_2\cos 60°\boldsymbol{k}\right) \\ &+\left(-\frac{1}{3}F_3\boldsymbol{i}+\frac{2}{3}F_3\boldsymbol{j}+\frac{2}{3}F_3\boldsymbol{k}\right)+\left(-981\boldsymbol{k}\right) \\ &=\left(F_1+F_2\cos 120°-\frac{1}{3}F_3\right)\boldsymbol{i}+\left(F_2\cos 135°+\frac{2}{3}F_3\right)\boldsymbol{j} \\ &+\left(F_2\cos 60°+\frac{2}{3}F_3-981\right)\boldsymbol{k} \\ &=\boldsymbol{0} \end{aligned} \tag{3.13}$$

を得る．上式が成り立つためには

$$F_1 + F_2\cos 120° - \frac{1}{3}F_3 = 0$$
$$F_2\cos 135° + \frac{2}{3}F_3 = 0 \qquad (3.14)$$
$$F_2\cos 60° + \frac{2}{3}F_3 - 981 = 0$$

でなければならない．これを F_1，F_2，F_3 に関して解けば以下のようになる．

$$F_1 = 694\ \text{N},\quad F_2 = 813\ \text{N},\quad F_3 = 862\ \text{N} \qquad (3.15)$$

＊＊＊＊＊＊＊＊＊＊＊＊＊＊＊＊＊＊＊＊＊＊＊

(a) 3 つの力が作用する棒

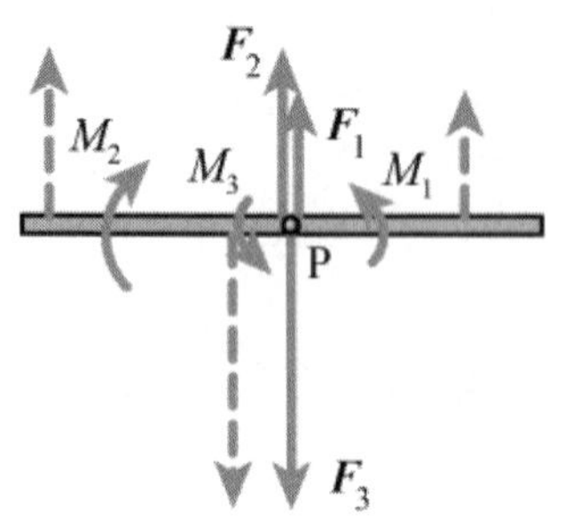

(b) 点 P に作用する力と点 P まわりのモーメントへの力の置き換え

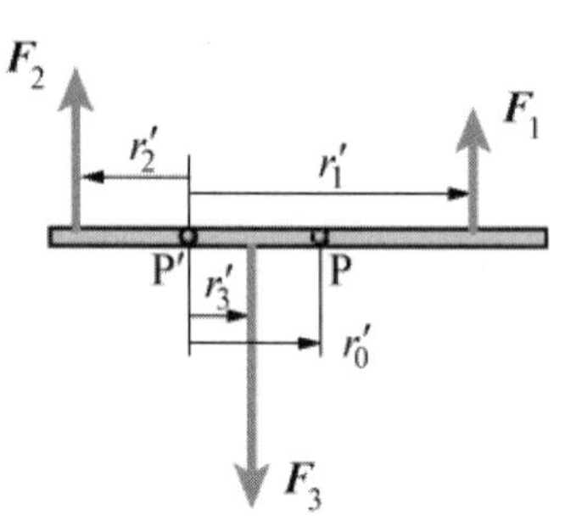

(c) 点 P′ に作用する力と点 P′ まわりのモーメントへの力の置き換え

図 3.6　平行な力が剛体棒に作用する場合

3・1・2　複数の点に作用する力の釣合い（equilibrium of non-concurrent forces）

これまでは 1 点に力が働く場合あるいは力の作用線が 1 点で交わる場合を考えてきたが，以下では物体上の複数の点に力が働き，作用線は 1 点で交わらない場合を考える．

まず図 3.6(a)に示すように，平面内で 3 つの平行な力 $\boldsymbol{F}_1$，$\boldsymbol{F}_2$，$\boldsymbol{F}_3$ が棒に作用する場合を考える．力は棒に対して垂直であるとし，上向きを正とする．$\boldsymbol{F}_1$，$\boldsymbol{F}_2$，$\boldsymbol{F}_3$ の符号を含めた大きさを F_1，F_2，F_3 とすると，$F_1>0$，$F_2>0$，$F_3<0$ である．棒上に点 P を定め，点 P から力 $\boldsymbol{F}_1$，$\boldsymbol{F}_2$，$\boldsymbol{F}_3$ の作用点までの符号を含めた距離を r_1，r_2，r_3 とする．右向きを正とすると $r_1>0$，$r_2<0$，$r_3<0$ である．前章で学んだように，力 $\boldsymbol{F}_1$，$\boldsymbol{F}_2$，$\boldsymbol{F}_3$ を点 P に作用する力と点 P まわりのモーメントに置き換えれば，図 3.6(a)の状態は図 3.6(b)に示すように点 P に合力

$$\boldsymbol{F} = \sum_{i=1}^{3}\boldsymbol{F}_i \qquad (3.16)$$

が作用し，また点 P まわりに合モーメント

$$M = \sum_{i=1}^{3}F_i r_i \qquad (3.17)$$

が働いている状態と等価である．2・2 節で学んだように，モーメントは対象とする物体を回転させる作用であるので，棒が釣合い状態となるすなわち並進も回転もせずに静止するためには合力に加えて合モーメントが 0 とならねばならない．したがっていま考えている問題の場合，釣合い条件は

$$\boldsymbol{F} = \sum_{i=1}^{3}\boldsymbol{F}_i = \boldsymbol{0}\ ,\quad M = \sum_{i=1}^{3}F_i r_i = 0 \qquad (3.18)$$

となる．

上記では点 P に注目して議論を行ったが，別の点 P′ に注目して考えても同じ結論が導かれる．図 3.6(c)に示すように，点 P′ から $\boldsymbol{F}_i$ の作用点までの距離を r_i' とすれば，点 P′ に作用する合力 $\boldsymbol{F}'$ と点 P′ まわりの合モーメント M' は

$$\boldsymbol{F}' = \sum_{i=1}^{3}\boldsymbol{F}_i\ ,\quad M' = \sum_{i=1}^{3}F_i r_i' \qquad (3.19)$$

と書ける．棒が釣合いの状態にあり，式(3.18)が成り立つとすると，式(3.19)の第 1 式は $\boldsymbol{0}$ となる．次に式(3.19)の第 2 式について考える．点 P′ から点 P ま

での距離を r_0' とすれば r_i' は

$$r_i' = r_0' + r_i \tag{3.20}$$

と表すことができる．式(3.20)を式(3.19)の第 2 式に代入すれば

$$\begin{aligned} M' &= \sum_{i=1}^{3} F_i r_i' = \sum_{i=1}^{3} F_i \left(r_0' + r_i \right) = \left(\sum_{i=1}^{3} F_i \right) r_0' + \sum_{i=1}^{3} F_i r_i \\ &= F r_0' + M \end{aligned} \tag{3.21}$$

となる．棒が釣合いの状態にあるとすれば，式(3.18)より式(3.21)の M' は 0 となる．したがって点 P′ に注目した場合にも式(3.18)と同じ形の釣合い条件

$$\boldsymbol{F}' = \sum_{i=1}^{3} \boldsymbol{F}_i = \boldsymbol{0} \quad , \quad M' = \sum_{i=1}^{3} F_i r_i' = 0 \tag{3.22}$$

を得る．

上記の議論を一般化する．図 3.7(a)に示すように，平面内で平行とは限らない n 個の力 $\boldsymbol{F}_i$ ($i = 1, 2, \cdots, n$)が 1 つの剛体に作用する場合を考える．この場合も上の場合と同様にある点 P に注目し，図 3.7(b)に示すように，剛体に作用する力を点 P に作用する力と点 P まわりのモーメントに置き換える．力については釣合い条件は式(3.3)と同じである．モーメントについては，点 P から力の作用点に向かうベクトルを $\boldsymbol{r}_i$ とし，$\boldsymbol{F}_i$ と $\boldsymbol{r}_i$ を以下のように成分表示して考える．

$$\boldsymbol{F}_i = \left(F_{ix}, F_{iy} \right), \quad \boldsymbol{r}_i = \left(r_{ix}, r_{iy} \right) \tag{3.23}$$

式(3.23)を用いれば $\boldsymbol{F}_i$ による点 P まわりのモーメント M_i は式(2.30)より

$$M_i = F_{iy} r_{ix} - F_{ix} r_{iy} \tag{3.24}$$

で与えられる．これを用いれば，いま考えている場合の釣合い条件は

$$\begin{aligned} &\sum_{i=1}^{n} \boldsymbol{F}_i = \boldsymbol{0} \\ &\sum_{i=1}^{n} M_i = \sum_{i=1}^{n} \left(F_{iy} r_{ix} - F_{ix} r_{iy} \right) = 0 \end{aligned} \tag{3.25}$$

と書ける．

力だけでなく純粋モーメント(pure moment)が剛体に作用する場合は，モーメントの釣合い条件に純粋モーメントを加えればよい．例えば，図 3.7(a)において n 個の力に加えて，m 個の純粋モーメント M_j' ($j = 1, 2, \cdots, m$) が作用する場合，釣合い条件は式(3.25)の第 2 式に M_j' の合モーメントを加えた

$$\begin{aligned} &\sum_{i=1}^{n} \boldsymbol{F}_i = \boldsymbol{0} \\ &\sum_{i=1}^{n} M_i + \sum_{j=1}^{m} M_j' = \sum_{i=1}^{n} \left(F_{iy} r_{ix} - F_{ix} r_{iy} \right) + \sum_{j=1}^{m} M_j' = 0 \end{aligned} \tag{3.26}$$

となる．

上記の議論をさらに一般化して，空間内で n 個の力 $\boldsymbol{F}_i$ ($i = 1, 2, \cdots, n$)および m 個の純粋モーメント $\boldsymbol{M}_j'$ ($j = 1, 2, \cdots, m$) が 1 つの剛体に作用する場合を考える．2・3・2 項で述べたように力のモーメントは注目する点から力の作用点

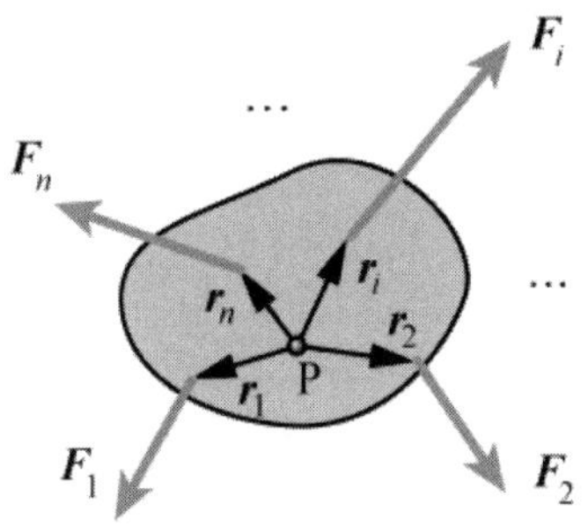

(a)　n 個の力が作用する剛体

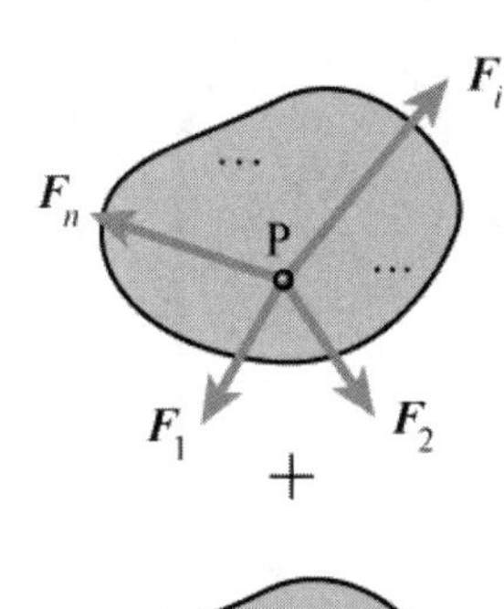

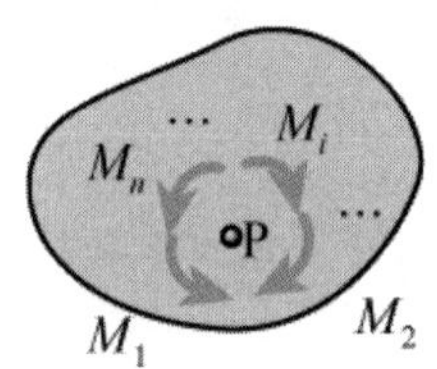

(b)　図(a)の状態の力の置き換え

図 3.7　平行とは限らない平面内の力が剛体に作用する場合の釣合い

に向かうベクトルと力ベクトルの外積で与えられる．したがって力 $\boldsymbol{F}_i$ による点 P まわりのモーメント $\boldsymbol{M}_i$ は $\boldsymbol{r}_i$ と $\boldsymbol{F}_i$ の外積を用いて

$$\boldsymbol{M}_i = \boldsymbol{r}_i \times \boldsymbol{F}_i \tag{3.27}$$

と書ける．この表現を用いれば平面の場合の式(3.26)の釣合い条件は空間の場合は以下のようになる．

$$\begin{aligned} &\sum_{i=1}^{n} \boldsymbol{F}_i = \boldsymbol{0} \\ &\sum_{i=1}^{n} \boldsymbol{M}_i + \sum_{j=1}^{m} \boldsymbol{M}_j = \sum_{i=1}^{n} \boldsymbol{r}_i \times \boldsymbol{F}_i + \sum_{j=1}^{m} \boldsymbol{M}'_j = \boldsymbol{0} \end{aligned} \tag{3.28}$$

上式第 2 式を x 軸，y 軸，z 軸まわりのモーメントで示せば，式(2.54)より

$$\begin{aligned} &\sum_{i=1}^{n} \left(F_{iz} r_{iy} - F_{iy} r_{iz} \right) + \sum_{j=1}^{m} M'_{jx} = 0 \\ &\sum_{i=1}^{n} \left(F_{ix} r_{iz} - F_{iz} r_{ix} \right) + \sum_{j=1}^{m} M'_{jy} = 0 \\ &\sum_{i=1}^{n} \left(F_{iy} r_{ix} - F_{ix} r_{iy} \right) + \sum_{j=1}^{m} M'_{jz} = 0 \end{aligned} \tag{3.29}$$

となる．ここで M'_{jx} , M'_{jy} , M'_{jz} は純粋モーメント $\boldsymbol{M}'_j$ の x 軸，y 軸，z 軸まわりの成分である．

ここで本章の以下の部分における力の表現について注意をしておく．力はベクトル量であるが，力の方向が明確な場合は符号を含めた大きさのみで議論する．このため図中の力も方向を矢印で表し，符号を含めた大きさを細字の記号あるいは数値で表す．

【例題 3・3】　

図 3.8(a)に示すように，半径 0.1 m のプーリにロープがかけられ，そのロープには 500 N の荷重が作用している．壁側のロープに生じる張力とプーリの支点 P に作用する支持力の水平方向および鉛直方向成分の力はいくらか．なおプーリは滑らかに回転し，ロープの質量は無視できるとする．

【解答】　壁側のロープに生じる張力の大きさを T，支点 P に作用する支持力の水平方向および鉛直方向成分をそれぞれ R_x，R_y とすると，プーリに作用する力は図 3.8(b)に示すようになる．この図をもとに水平方向および鉛直方向の力の釣合い方程式および点 P まわりのモーメントの釣合い方程式を立てると

$$\begin{aligned} &R_x - T\sin 30^\circ = 0 \\ &R_y - T\cos 30^\circ - 500 = 0 \\ &T \times 0.1 - 500 \times 0.1 = 0 \end{aligned} \tag{3.30}$$

を得る．これを T，R_x，R_y に関して解けば以下を得る．

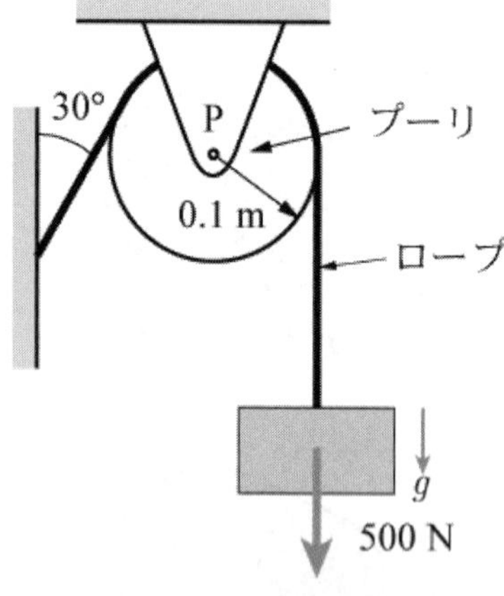

(a) 500N の荷重が作用するプーリ

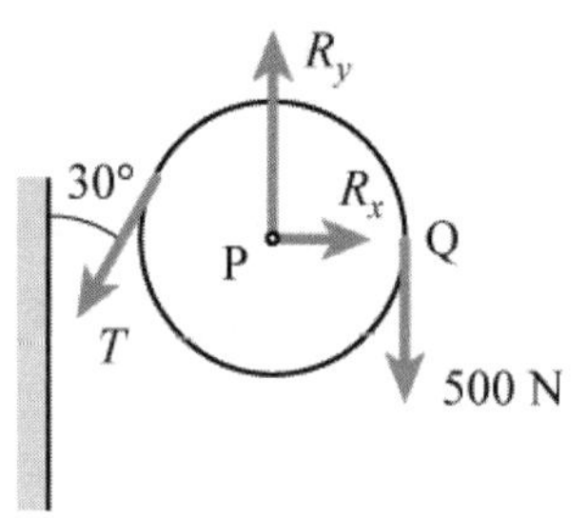

(b) プーリに作用する力

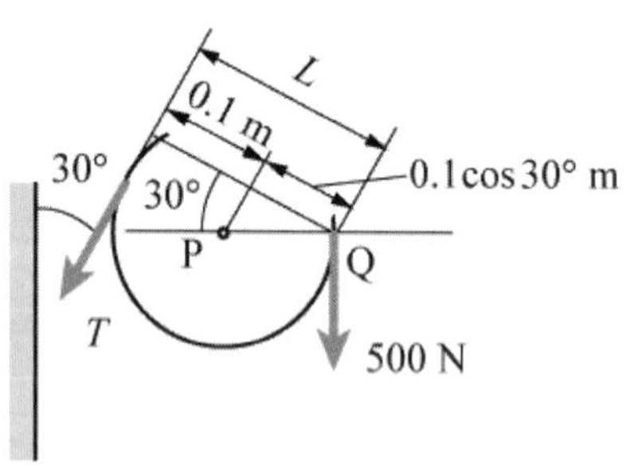

(c) 点 Q から T の作用線までの距離

図 3.8　【例題 3・3】

$$T = 500\text{ N},\quad R_x = 250\text{ N},\quad R_y = 933\text{ N} \tag{3.31}$$

別解法として，モーメントの釣合い方程式を立てるときに，図 3.8(b)に示された点Q（500 N の力の作用点）まわりのモーメントに注目して考えてみる．この場合，モーメントの釣合い方程式は

$$TL - R_y \times 0.1 = 0 \tag{3.32}$$

となる．ここで L は点Q からロープの張力 T の作用線までの距離で，図 3.8(c)からわかるように

$$L = 0.1 \times (1 + \cos 30°) \tag{3.33}$$

で与えられる．式(3.32)および式(3.30)のはじめの 2 つの式を用いて T，R_x，R_y を求めれば，式(3.31)と同じ結果を得る．このように，モーメントの釣合い方程式を立てるときにどの点に注目しても同じ結果は得られるが，解を求めるまでの計算量は異なったものとなる．未知の力の作用線上の点に注目すれば，モーメントの釣合い方程式中にはその未知の力が現れず，計算が容易になることが多い．

【例題 3・4】　＊＊＊＊＊＊＊＊＊＊＊＊＊＊＊＊＊＊＊＊＊＊＊＊＊

図 3.9(a)に示すように，質量の無視できるL字型の棒が点A，Bでそれぞれローラおよびピンで支持されている．棒には図中の点P に下向きで大きさが 450 N の荷重が作用し，さらに 600 N·m の純粋モーメントが作用する．支点A，Bにおける支持力を求めよ．

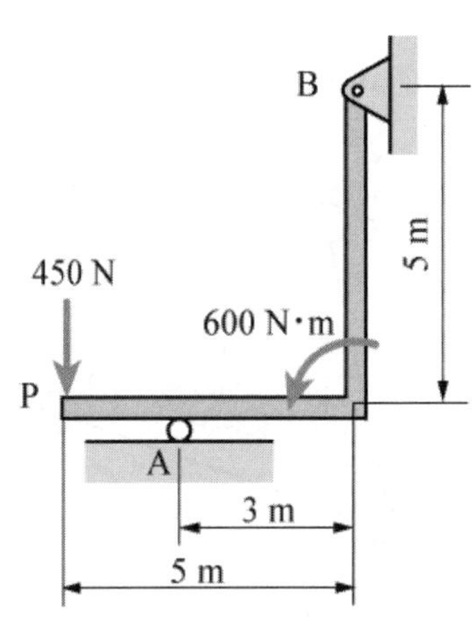

(a) 荷重および純粋モーメントを受けるL字型棒

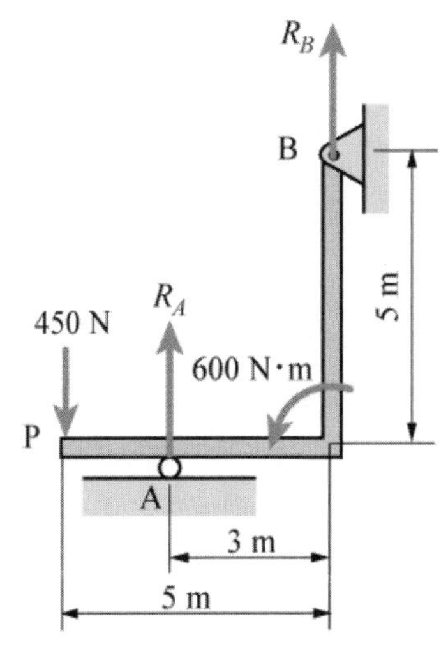

(b) 棒に作用する力

図 3.9　【例題 3・4】

【解答】　支点Aはローラ支持であるので，図の左右方向には力は生じない．したがって支点Bにおいても左右方向の力は生じない．このため支点A，Bにおける上下方向の支持力のみを考えればよい．図 3.9(b)に示すようにこれらの力は上向きに生じるとし，大きさをそれぞれ R_A，R_B とする．このとき，棒に作用する上下方向の力の釣合い方程式および点Bまわりのモーメントの釣合い方程式は

$$\begin{aligned} &R_A + R_B - 450 = 0 \\ &600 + 450 \times 5 - R_A \times 3 = 0 \end{aligned} \tag{3.34}$$

となる．上式を解いて R_A，R_B を求めれば

$$R_A = 950\text{ N},\ R_B = -500\text{ N} \tag{3.35}$$

を得る．ここで R_B が負であることに注意されたい．これは支点Bにおける支持力の向きは図 3.9(b)に示すのとは異なり，実際には下向きであったことを意味する．したがって各支点における支持力は，支点Aでは上向きに 950 N，支点Bでは下向きに 500 N となる．

＊＊＊＊＊＊＊＊＊＊＊＊＊＊＊＊＊＊＊＊＊＊＊＊＊

3・1・3　釣合いにおける内力（internal forces in equilibrium）

3･1･2 項では剛体全体としての釣合いを考えたが，ここで剛体を構成する各点の釣合いという立場で考えてみる．説明の簡単のため，図 3.10(a)に示すよ

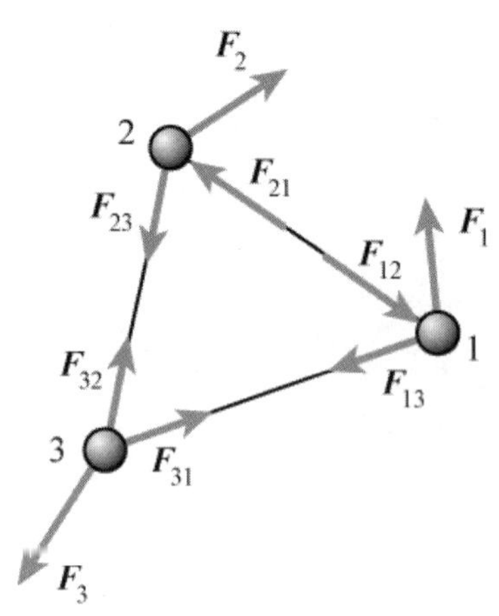

(a) 3 質点系に作用する力

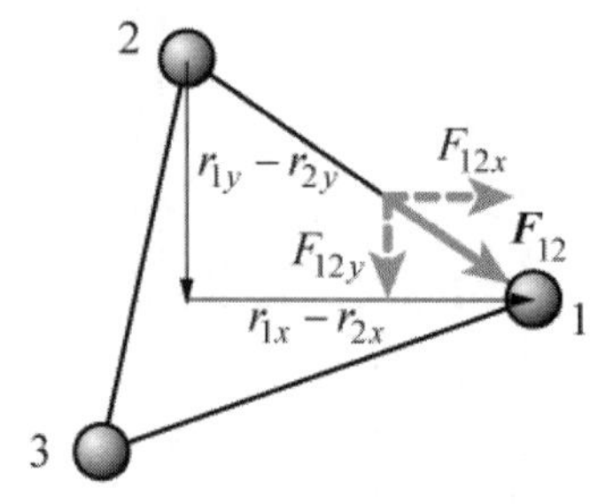

(b) 内力の方向と質点間の方向の関係

図 3.10　3 質点系の釣合いにおける外力と内力

うに 3 つの質点からなる系を考える．この 3 つの質点は相対的な位置関係を変えることはない，すなわち系全体としては変形しないとする．いま i 番目 ($i=1,2,3$)の質点に外部から力 $\boldsymbol{F}_i$ が系と同じ平面内で作用して釣合っている場合を考える．質点が相対的な位置関係を保つためには質点間に力が作用しなければならない．このように系の内部で生じる力を内力(internal force)という．いま i 番目の質点が j 番目の質点から受ける内力を $\boldsymbol{F}_{ij}$ とすると，各質点に作用する力の釣合い条件は

$$\boldsymbol{F}_i + \sum_{j=1,\, j\neq i}^{3} \boldsymbol{F}_{ij} = \boldsymbol{0} \ (i=1,2,3) \tag{3.36}$$

となる．ここでニュートンの第三法則を思い出そう．2 つの物体間に作用する力は大きさが等しく向きが逆である．これは内力 $\boldsymbol{F}_{ij}$ と $\boldsymbol{F}_{ji}$ は大きさが等しく向きが逆であることを意味する．さらにそれらは同一作用線上にあり，質点間の方向と同じ方向に作用する．これを考慮して，3 つの質点について式(3.36)の総和をとれば

$$\begin{aligned}&(\boldsymbol{F}_1+\boldsymbol{F}_{12}+\boldsymbol{F}_{13})+(\boldsymbol{F}_2+\boldsymbol{F}_{21}+\boldsymbol{F}_{23})+(\boldsymbol{F}_3+\boldsymbol{F}_{31}+\boldsymbol{F}_{32})\\&=\sum_{i=1}^{3}\boldsymbol{F}_i+(\boldsymbol{F}_{12}+\boldsymbol{F}_{21})+(\boldsymbol{F}_{13}+\boldsymbol{F}_{31})+(\boldsymbol{F}_{23}+\boldsymbol{F}_{32})\\&=\sum_{i=1}^{3}\boldsymbol{F}_i=\boldsymbol{0}\end{aligned} \tag{3.37}$$

を得る．これは式(3.25)の第 1 式と同じである．

次に，ある点 P に注目し，外力および内力による点 P まわりのモーメントについて考える．点 P から i 番目の質点に向かうベクトルを $\boldsymbol{r}_i$ とする．力 $\boldsymbol{F}_i$，$\boldsymbol{F}_{ij}$ およびベクトル $\boldsymbol{r}_i$ の成分を

$$\boldsymbol{F}_i=(F_{ix},F_{iy}),\quad \boldsymbol{F}_{ij}=(F_{ijx},F_{ijy}),\quad \boldsymbol{r}_i=(r_{ix},r_{iy}) \tag{3.38}$$

とする．上式を用いて i 番目の質点に作用する力 $\boldsymbol{F}_i$ および $\boldsymbol{F}_{ij}$ による点 P まわりのモーメントを求め，式(3.36)が成り立つことすなわち x 軸方向，y 軸方で合力が 0 となることを考慮すれば

$$\begin{aligned}&\left(F_{iy}+\sum_{j=1,\,j\neq i}^{3}F_{ijy}\right)r_{ix}-\left(F_{ix}+\sum_{j=1,\,j\neq i}^{3}F_{ijx}\right)r_{iy}\\&=F_{iy}r_{ix}-F_{ix}r_{iy}+\sum_{j=1,\,j\neq i}^{3}\left(F_{ijy}r_{ix}-F_{ijx}r_{iy}\right)\\&=0 \quad (i=1,2,3)\end{aligned} \tag{3.39}$$

を得る．3 つの質点について式(3.39)の総和をとる．このとき，内力は大きさが同じで向きが逆であることを考慮すると

$$\sum_{i=1}^{3}\left(F_{iy}r_{ix}-F_{ix}r_{iy}\right)+\sum_{i=1}^{3}\sum_{j>i}^{3}\left\{F_{ijy}\left(r_{ix}-r_{jx}\right)-F_{ijx}\left(r_{iy}-r_{jy}\right)\right\}=0 \tag{3.40}$$

を得る．ここで上式左辺第 2 項について考える．説明のため図 3.10(b)に示すように質点 1 と 2 に注目して考える．図 3.10(b)より $r_{1x}-r_{2x}$，$r_{1y}-r_{2y}$，F_{12x}，

F_{12y}の間には

$$\frac{r_{1y}-r_{2y}}{r_{1x}-r_{2x}}=\frac{F_{12y}}{F_{12x}} \tag{3.41}$$

の関係が成り立つことがわかる．同様の関係は他の質点間にも成り立つ．これらの関係に注意すると，式(3.40)の左辺第 2 項は 0 となり，

$$\sum_{i=1}^{3}\left(F_{iy}r_{ix}-F_{ix}r_{iy}\right)=0 \tag{3.42}$$

を得る．これは式(3.25)の第 2 式と同じである．したがって系全体の釣合い条件には内力は現れない．

上記では説明の簡単のため 3 個の質点からなる系を考えたが，上記の議論は質点の数によらない．一般の物体は無数の質点からなると考えることができるため，上の結論は一般の物体に対して当てはまる．なお，内力は釣合い条件には現れないが，実際に生じていることに注意されたい．現実の材料はある大きさを超えた内力が生じると破壊に至る．

—外積によるモーメントの釣合い—

モーメントの釣合いは外積を用いるとシンプルに表すことができる．図 3.10 の場合，モーメントはベクトル $\boldsymbol{r}_i$ と式(3.36)の左辺で与えられる力との外積となる．これを計算すれば

$$\boldsymbol{r}_i\times\left(\boldsymbol{F}_i+\sum_{j=1,j\neq i}^{3}\boldsymbol{F}_{ij}\right)=\boldsymbol{0}$$

を得る．3 つの質点について上式の総和をとり，内力は大きさが同じで向きが逆であることを考えると

$$\sum_{i=1}^{3}\boldsymbol{r}_i\times\boldsymbol{F}_i+\sum_{i=1}^{3}\sum_{j>i}^{3}\left(\boldsymbol{r}_i-\boldsymbol{r}_j\right)\times\boldsymbol{F}_{ij}=\boldsymbol{0}$$

を得る．$\boldsymbol{F}_{ij}$ は質点間の方向と同じ方向，すなわち $\boldsymbol{r}_i-\boldsymbol{r}_j$ と平行であるため，上式の左辺第 2 項の $\left(\boldsymbol{r}_i-\boldsymbol{r}_j\right)\times\boldsymbol{F}_{ij}$ は零ベクトルとなる．したがって上式は

$$\sum_{i=1}^{3}\boldsymbol{r}_i\times\boldsymbol{F}_i=\boldsymbol{0}$$

となる．

3・2 重心（center of gravity）

3・2・1 質点系の重心（center of gravity for a system of particles）

両端に質量が m_1，m_2 の質点が取り付けられた長さ l の棒を考える．図 3.11(a)に示すように，棒の一点を支えて釣合わせることができることは誰しも経験的に理解できると思われる．このときに必要な力と支える場所を求める問題を考える．次ページのコラム欄に述べるように，釣合い状態では棒は水平とは限らないが，ここでは棒は水平となって静止しているとする．また棒自身は十分細く，質量は無視できるとする．図 3.11(b)に示すように棒の左端から距離 l_G だけ離れた点 G において，大きさ F_G の力で棒を支えるものとする．重力は図の下向きに作用するとする．この状態で棒が釣合うための条件は，式(3.18)より

$$\begin{aligned}&F_G-m_1g-m_2g=0\\&m_1gl_G-m_2g\left(l-l_G\right)=0\end{aligned} \tag{3.43}$$

となる．なお上式では式(3.18)を導くときに考えた点 P を点 G としている．式(3.43)の第 1 式より

$$F_G=\left(m_1+m_2\right)g \tag{3.44}$$

を得る．また第 2 式より

$$l_G=\frac{m_2}{m_1+m_2}l \tag{3.45}$$

を得る．したがって今考えている棒の場合，式(3.45)で与えられる l_G だけ左端から離れた点 G に，大きさが式(3.44)で与えられる F_G の力すなわち全質量に作用する重力と等しい力を作用させれば棒は釣合うことがわかる．これは見方を変えれば，釣合いに関して，今考えている棒は点 G に全質量が集まった質点と等価であることを意味している．このような位置を重心(center of

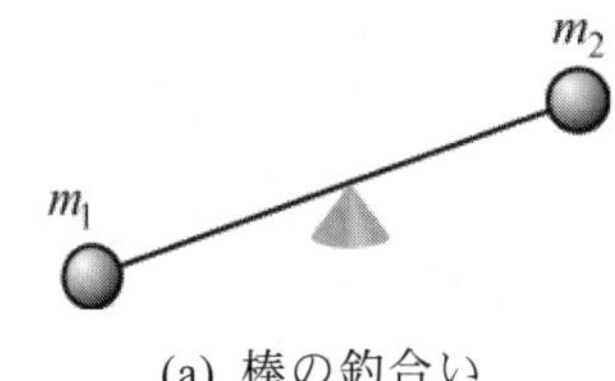

(a) 棒の釣合い

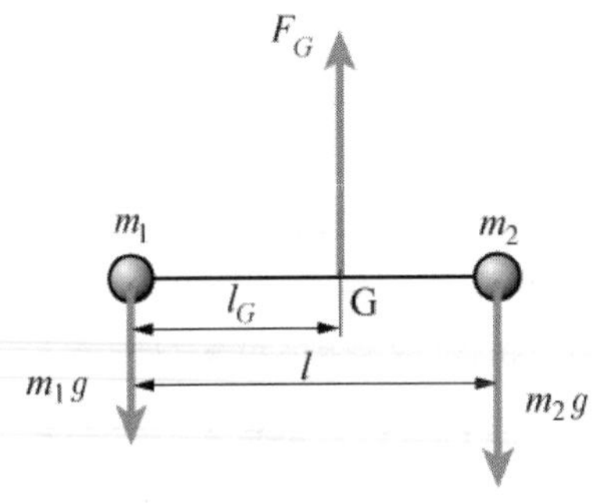

(b) 棒に作用する力

図 3.11 2 つの質点を持つ棒の釣合い

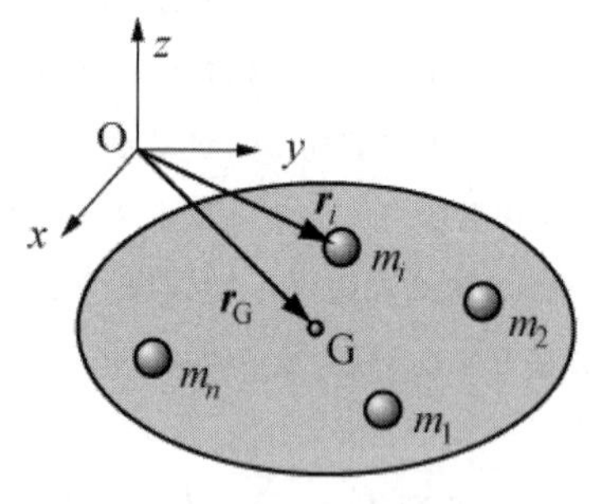

図 3.12　n 質点系の重心

―傾いた棒の釣合い―

下図に示すように棒が θ だけ傾いた状態で釣合ったとする．この場合の釣合い条件は

$$F_G - m_1 g - m_2 g = 0$$
$$l_G m_1 g \cos\theta - (l - l_G) m_2 g \cos\theta = 0$$

である．これより F_G，l_G を求めれば式(3.44)，(3.45)の結果を得る．したがって式(3.44)，(3.45)で与えられる l_G の位置に力 F_G を作用させれば棒は傾いた状態でも静止する．

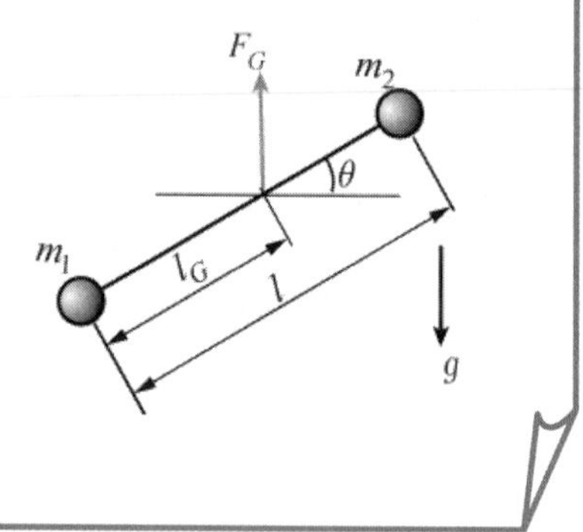

第 6 章でみるように，物体の回転運動まで含めて考える場合には，重心に全質量が集まった質点として扱うことは不適切である．

gravity)と呼ぶ．なお上記の議論は重力が作用する場でないと成り立たないが，式(3.45)で与えられる l_G には重力加速度 g が含まれていない．したがって重心の位置は重力の大きさにはよらない．この意味で重心のことを質量中心(center of mass)とも呼ぶ．

次に，1 つの平面内に配置された n 個の質点からなる系を取り上げ，この系の重心 G を求める問題を考える．なお質点は相対的な位置関係を変えることはないとする．各質点の質量を m_i ($i=1,2,\cdots,n$)とする．棒の場合と同様，この系は重心 G の位置に力 $\boldsymbol{F}_G$ を受けて水平面内で釣合っているとする（この場合も傾いた状態でも釣合うが，説明の簡単のため水平面内で釣合っているとする）．図 3.12 に示すように，質点系が釣合っている水平面上の適当な点を原点として直交座標系 $\mathrm{O}-xyz$ を取る．このとき xy 平面を質点系が釣合っている水平面と一致させ，z 軸を鉛直上向きに取る．原点から各質点までの位置ベクトルを $\boldsymbol{r}_i=(x_i, y_i, 0)$ ($i=1,2,\cdots,n$)とし，重心 G の位置ベクトルを $\boldsymbol{r}_G=(x_G, y_G, 0)$ とする．このときの釣合い条件は

$$\begin{gathered}\boldsymbol{F}_G+\sum_{i=1}^{n}\left(-m_i g\boldsymbol{k}\right)=\boldsymbol{0}\\ -\sum_{i=1}^{n}\left(-m_i g\right)\left(x_i-x_G\right)=0 \quad , \quad \sum_{i=1}^{n}\left(-m_i g\right)\left(y_i-y_G\right)=0\end{gathered} \tag{3.46}$$

と書ける．上式の第 2 式は，重心を通って y 軸に平行な軸まわりのモーメントに関する式であり，第 3 式は，重心を通って x 軸に平行な軸まわりのモーメントに関する式である．モーメントの符号は右ねじの規則にしたがって定めてある．式(3.46)より $\boldsymbol{F}_G$，x_G，y_G として

$$\boldsymbol{F}_G=\sum_{i=1}^{n} m_i g\boldsymbol{k} \quad , \quad x_G=\frac{\sum_{i=1}^{n} x_i m_i}{\sum_{i=1}^{n} m_i} \quad , \quad y_G=\frac{\sum_{i=1}^{n} y_i m_i}{\sum_{i=1}^{n} m_i} \tag{3.47}$$

を得る．上式の第 2, 3 式の分母は質点系の全質量である．式(3.47)の x_G，y_G で定められる点が重心である．重心位置をベクトルの成分表記で表せば

$$\boldsymbol{r}_G=(x_G\,,\,y_G\,,\,0)=\left(\frac{\sum_{i=1}^{n} x_i m_i}{\sum_{i=1}^{n} m_i}\;,\;\frac{\sum_{i=1}^{n} y_i m_i}{\sum_{i=1}^{n} m_i}\;,\;0\right) \tag{3.48}$$

となる．式(3.48)からわかるように，重心位置は各質点の位置にその質点の質量を重みとして付けて平均したものである．

これまでの議論からわかるように，重心位置はモーメントの釣合いから求めることができる．したがって重心位置を求めるだけならば力の釣合いは考慮する必要はない．また上記では釣合い状態は水平であるとしたが，左のコラムで述べたと同様に，傾いた状態でも式(3.47)，(3.48)の結論は成り立つ．

さて，いま静力学の問題を考えているので，座標系は任意に選ぶことができる（後の章で見るように動力学を含めて正確に言えば，慣性系と呼ばれる座標系ならば任意に選ぶことができる）ことに注意しよう．そこで 1 番目の質点の位置を原点に取り，質点系に固定された座標系を用いることにする．

このようにすれば i 番目の質点の位置 $\boldsymbol{r}_i=(x_i, y_i, 0)$ は 1 番目の質点に対する相対的な位置を表す．質点の相対的な位置関係は変わらないとしているため，$\boldsymbol{r}_i$ は系の姿勢によらない定ベクトルである．これは式(3.48)で与えられる重心位置は，系に固定された座標系から見ればその系に固有であることを意味している．

3 次元空間内に配置された質点からなる系の重心も上と同様にして求められ，以下のようになる．

$$\boldsymbol{r}_G=(x_G\ ,y_G\ ,z_G)=\left(\frac{\sum_{i=1}^{n}x_i m_i}{\sum_{i=1}^{n}m_i}\ ,\ \frac{\sum_{i=1}^{n}y_i m_i}{\sum_{i=1}^{n}m_i}\ ,\ \frac{\sum_{i=1}^{n}z_i m_i}{\sum_{i=1}^{n}m_i}\right) \tag{3.49}$$

これをベクトル表記すれば以下のようになる．

$$\boldsymbol{r}_G=\frac{\sum_{i=1}^{n}m_i\boldsymbol{r}_i}{\sum_{i=1}^{n}m_i} \tag{3.50}$$

3・2・2　連続体の重心（center of gravity for a continuous system）

物体には質点系として扱うのが適当なものと，質点が無数に集まっており質量が連続して分布しているとして扱うのが適当なものがある．後者を連続体(continuous system)という．この項では連続体の重心を求める問題を考える．質点系の場合と同様に連続体の重心もモーメントの釣合いを考えることにより求めることができる．

はじめに，単位長さ当たりの質量（線密度）ρ，長さ l の一様な棒を取り上げ，この棒の重心を求めることを考える．まず，図 3.13 に示すように，棒の左端を原点とし，棒の軸方向に沿って x 軸を定める．次にこの棒を n 個の長さ Δx の微小要素に分け，それぞれの微小要素を質点とみなす．棒の左端から i 番目の微小要素の位置を x_i とすれば，この系の重心は式(3.47)の第 2 式において m_i を $\rho\Delta x$ で置き換えた

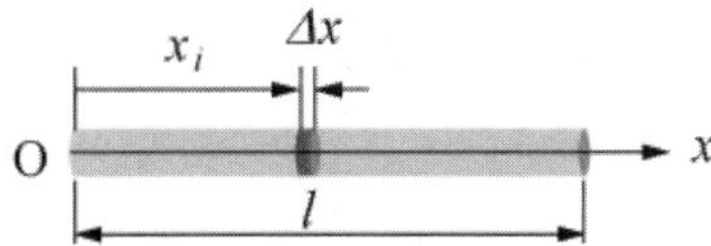

図 3.13　棒の重心の求め方

$$x_G=\frac{\sum_{i=1}^{n}x_i\rho\Delta x}{\sum_{i=1}^{n}\rho\Delta x} \tag{3.51}$$

により与えられる．上式において $\Delta x\to 0$ の極限を取れば棒の左端から見た重心は

$$x_G=\frac{\lim_{\Delta x\to 0}\sum_{i=1}^{n}x_i\rho\Delta x}{\lim_{\Delta x\to 0}\sum_{i=1}^{n}\rho\Delta x}=\frac{\int_0^l \rho x dx}{\int_0^l \rho dx} \tag{3.52}$$

で与えられる．上式を計算すれば以下のようになる．

$$x_G = \frac{\int_0^l \rho x dx}{\int_0^l \rho dx} = \frac{[\frac{\rho x^2}{2}]_0^l}{[\rho x]_0^l} = \frac{l}{2} \tag{3.53}$$

なお，棒が一様ではなく，ρ が x の関数でも重心は式(3.52)で与えられる．

次に，図 3.14 に示すような単位面積当たりの質量（面密度）ρ の板を取り上げる．板の領域を S とする．この板の重心も棒と同様にして求めることができる．まず板に沿って xy 平面を定める．次にこの物体を n 個の面積が ΔS の微小要素に分け，それぞれの微小要素を質点とみなす．各微小要素の x 座標および y 座標をそれぞれ x_i， y_i とすれば，重心の x 座標 x_G および y 座標 y_G は式(3.47)の第 2，3 式において m_i を $\rho\Delta S$ で置き換えた

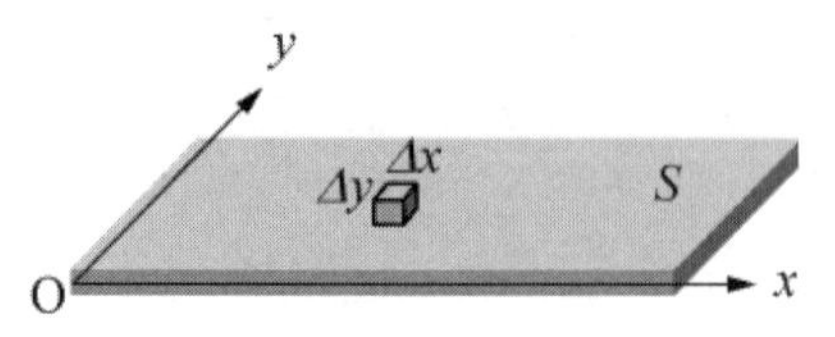

図 3.14　板の重心の求め方

$$x_G = \frac{\sum_{i=1}^{n} x_i \rho \Delta S}{\sum_{i=1}^{n} \rho \Delta S} \quad , \quad y_G = \frac{\sum_{i=1}^{n} y_i \rho \Delta S}{\sum_{i=1}^{n} \rho \Delta S} \tag{3.54}$$

により与えられる．上式において $\Delta S \to 0$ の極限を取れば，いま考えている板の重心は

$$x_G = \frac{\lim_{\Delta S \to 0} \sum_{i=1}^{n} x_i \rho \Delta S}{\lim_{\Delta S \to 0} \sum_{i=1}^{n} \rho \Delta S} = \frac{\int_S \rho x dS}{\int_S \rho dS} \quad , \quad y_G = \frac{\lim_{\Delta S \to 0} \sum_{i=1}^{n} y_i \rho \Delta S}{\lim_{\Delta S \to 0} \sum_{i=1}^{n} \rho \Delta S} = \frac{\int_S \rho y dS}{\int_S \rho dS} \tag{3.55}$$

で与えられる．重心位置をベクトルの成分表記で表せば以下のようになる．

$$\boldsymbol{r}_G = (x_G \,, y_G \,, 0) = \left(\frac{\int_S \rho x dS}{\int_S \rho dS} \quad , \quad \frac{\int_S \rho y dS}{\int_S \rho dS} \quad , \quad 0 \right) \tag{3.56}$$

3 次元の一般の物体の場合も同様である．物体の密度を ρ，物体の領域を V とする．適当な点を原点 O として座標系 $\mathrm{O}-xyz$ を定める．次にこの物体を n 個の体積が ΔV の微小要素に分け，それぞれの微小要素を質点とみなす．各微小要素の x 座標， y 座標， z 座標をそれぞれ $x_i \,, y_i \,, z_i$ とし，この微小要素の位置をベクトル $\boldsymbol{r}_i = (x_i \,, y_i \,, z_i)$ とする．また重心位置のベクトルを $\boldsymbol{r}_G = (x_G \,, y_G \,, z_G)$ とすれば，この系の重心は式(3.50)において m_i を $\rho\Delta V$ で置き換えた

$$\boldsymbol{r}_G = \frac{\sum_{i=1}^{n} \rho \Delta V \boldsymbol{r}_i}{\sum_{i=1}^{n} \rho \Delta V} \tag{3.57}$$

により与えられる．上式において $\Delta V \to 0$ の極限を取れば，いま考えている物体の重心は以下のようになる．

$$\boldsymbol{r}_G = \frac{\lim_{\Delta V \to 0} \sum_{i=1}^{n} \rho \Delta V \boldsymbol{r}_i}{\lim_{\Delta V \to 0} \sum_{i=1}^{n} \rho \Delta V} = \frac{\int_V \rho \boldsymbol{r} dV}{\int_V \rho dV} \tag{3.58}$$

—面積分・体積積分—

式(3.55)に現れる積分

$$\int_S \rho dS$$

は，対象とする板の面領域 S にわたって ρ を積分することを意味している．このような積分を面積分という．同様に式(3.58)に現れる積分

$$\int_V \rho dV$$

は，対象とする物体の体積領域 V にわたって ρ を積分することを意味している．このような積分を体積積分という．

【例題 3・5】　＊＊＊＊＊＊＊＊＊＊＊＊＊＊＊＊＊＊＊＊＊＊＊＊

図 3.15 に示す折れ曲がった棒の重心を求めよ．ただし棒は一様で，線密度は一定であるとする．

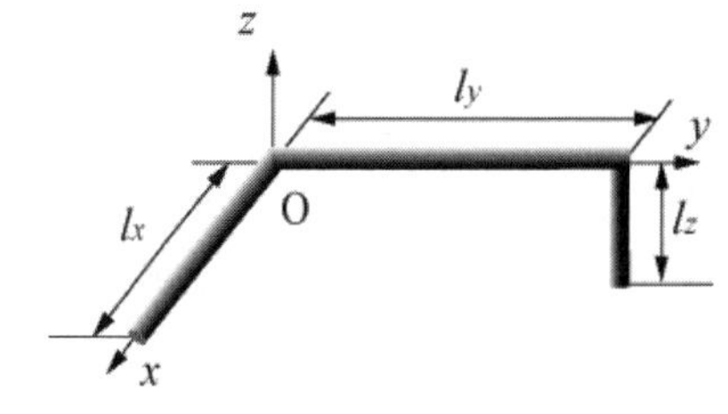

図 3.15　【例題 3・5】

【解答】　x 軸，y 軸，z 軸に平行な 3 つの部分に分けて考える．それぞれの部分の重心 $\boldsymbol{r}_{xG}$，$\boldsymbol{r}_{yG}$，$\boldsymbol{r}_{zG}$ および質量 m_x，m_y，m_z は，棒の線密度を ρ とすると以下のようになる．

$$x \text{ 軸に平行な部分：} \boldsymbol{r}_{xG} = \left(l_x/2, 0, 0\right), \quad m_x = \rho l_x \tag{3.59}$$

$$y \text{ 軸に平行な部分：} \boldsymbol{r}_{yG} = \left(0, l_y/2, 0\right), \quad m_y = \rho l_y \tag{3.60}$$

$$z \text{ 軸に平行な部分：} \boldsymbol{r}_{zG} = \left(0, l_y, -l_z/2\right), \quad m_z = \rho l_z \tag{3.61}$$

したがって折れ曲がった棒全体の重心は次のようになる．

$$\boldsymbol{r}_G = \frac{m_x\boldsymbol{r}_{xG} + m_y\boldsymbol{r}_{yG} + m_z\boldsymbol{r}_{zG}}{m_x + m_y + m_z} = \frac{1}{l_x + l_y + l_z}\left(\frac{l_x^2}{2}, \frac{l_y^2}{2} + l_y l_z, -\frac{l_z^2}{2}\right) \tag{3.62}$$

＊＊＊＊＊＊＊＊＊＊＊＊＊＊＊＊＊＊＊＊＊＊＊＊

3・3　摩擦力（friction force）

接触している 2 つの物体があるとき，一方を他方に対して接触面に沿って滑らせようとすると，その動きを妨げる方向に力が作用する．この力を摩擦力(friction force)という．この節では摩擦力が作用する場合の釣合い問題について考える．

3・3・1　固体摩擦（solid friction）

固体同士が接触している場合に生じる摩擦を固体摩擦(solid friction)あるいは乾燥摩擦(dry friction)と呼ぶ．単に摩擦というと固体摩擦を指すことが多い．

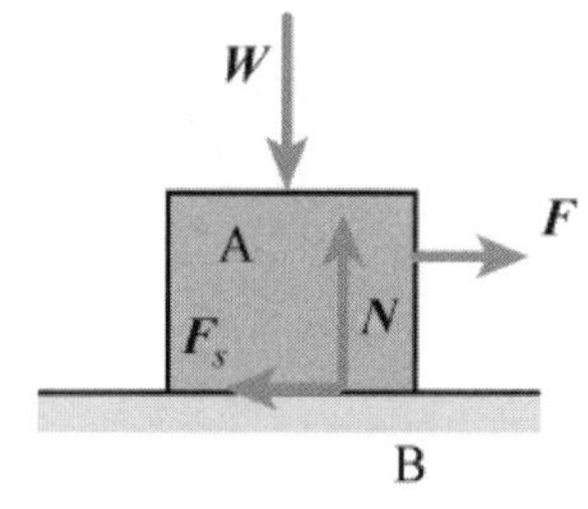

図 3.16　摩擦力

図 3.16 に示すように，物体 A が床などの固定された物体 B に対して重力などにより接触面に垂直に力 $\boldsymbol{W}$ で押しつけられている場合を考える．このとき物体 A と物体 B の接触面には $\boldsymbol{W}$ と大きさが同じで向きが逆の垂直抗力と呼ばれる力 $\boldsymbol{N}$ が作用する．この場合に物体 A に，接触面に平行な力 $\boldsymbol{F}$ を作用させることを考える．物体 A と物体 B の間には固体摩擦が作用するとする．力 $\boldsymbol{F}$ が小さいとき，物体 A は動かない．これは接触面の接線方向に，力 $\boldsymbol{F}$ を打ち消すように摩擦力が生じるためである．このときに生じる摩擦力 $\boldsymbol{F}_s$ を静摩擦力(static friction force)という．静摩擦力 $\boldsymbol{F}_s$ は物体 A に作用させる力 $\boldsymbol{F}$ に応じて大きさや向きが変わることに注意する．力 $\boldsymbol{F}$ を大きくしていくとやがて物体 A は動き始める．これは静摩擦力には上限があり，それ以上の力を出すことができないためである．静摩擦力の上限を最大静摩擦力(maximum static friction force)という．物体 A を押しつける力 $\boldsymbol{W}$ が大きくなり，これに伴って垂直抗力 $\boldsymbol{N}$ が大きくなると．最大静摩擦力も大きくなる．最大静摩擦力の大きさを $F_{s\max}$ で表せば，$F_{s\max}$ は垂直抗力 $\boldsymbol{N}$ の大きさ N に比例し

$$F_{s\max} = \mu_s N \tag{3.63}$$

で表されることが知られている．ここで μ_s は静摩擦係数(coefficient of static

—鉄との静摩擦係数の例—

炭素	0.15
アルミニウム	0.82
鉄	0.52
銅	0.46
銀	0.32
すず	0.29
金	0.54

friction)と呼ばれ，接触面の材質や状態によって定まる定数である．鉄と純物質の静摩擦係数の例をコラムに示す．

力 $\boldsymbol{F}$ の大きさが最大静摩擦力を越え，物体Aが動き始めた後も摩擦力は作用する．この摩擦は動摩擦(kinetic friction)と呼ばれる．動摩擦力を $\boldsymbol{F}_k$ とすると，$\boldsymbol{F}_k$ は一般に最大静摩擦力より小さなものとなるが，最大静摩擦力と同様に物体Aに対して作用する垂直抗力 $\boldsymbol{N}$ の大きさ N に比例し

$$F_k = \mu_k N \tag{3.64}$$

の形の式で表される．ここで μ_k は動摩擦係数(coefficient of kinetic friction)と呼ばれる．

＊＊＊＊＊＊＊＊＊＊＊＊＊＊＊＊＊＊＊＊＊＊＊

【例題3・6】　＊＊＊＊＊＊＊＊＊＊＊＊＊＊＊＊＊＊＊＊＊＊＊

図3.17に示すように，斜面上に質量 m の物体が置かれている．物体と斜面の間には摩擦力が作用する．水平状態から斜面の角度 θ を少しずつ大きくしていったところ，$\theta = \theta_0$ になったときに物体が滑りはじめた．このときの静摩擦係数はいくらか．

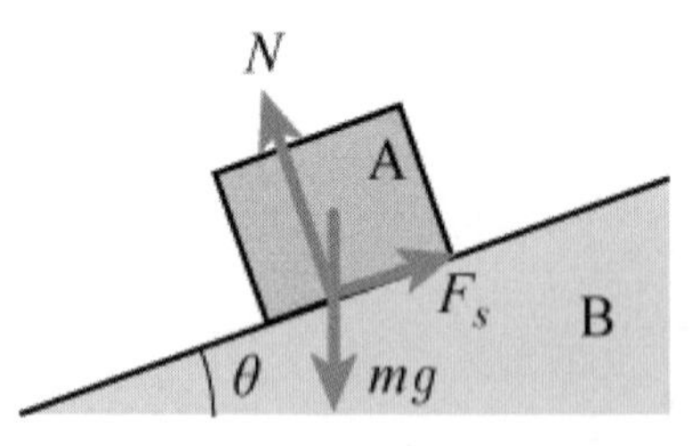

図3.17　【例題3・6】

【解答】　斜面の角度が浅く，物体が斜面上で静止しているときを考える．物体が斜面から受ける垂直抗力および静摩擦力の大きさをそれぞれ N，F_s とすると，斜面に垂直な方向および斜面に平行な方向の力の釣合い条件は

$$\begin{aligned} N - mg\cos\theta = 0 \\ F_s - mg\sin\theta = 0 \end{aligned} \tag{3.65}$$

で与えられる．滑り始めるのは $\theta = \theta_0$ となり，摩擦力の大きさ F_s が最大静摩擦力 $F_{s\max}$ に等しくなったときである．したがって上式の F_s を式(3.63)で与えられる $F_{s\max}$ に置き換え，さらに上式の第1式を考慮すると第2式は

$$\mu_s mg\cos\theta_0 - mg\sin\theta_0 = 0 \tag{3.66}$$

となる．これより静摩擦係数は次式となる．

$$\mu_s = \tan\theta_0 \tag{3.67}$$

＊＊＊＊＊＊＊＊＊＊＊＊＊＊＊＊＊＊＊＊＊＊＊

3・3・2　固体摩擦が作用する場合の釣合い（equilibrium involving solid friction）

固体摩擦が作用する場合の釣合い問題について考える．上で述べたように静摩擦力の大きさは，それが最大静摩擦力を越えない限り物体を静止させておくために必要な値となる．したがってこの場合には通常の釣合い問題となり，摩擦力を含めた未知量が釣合い方程式の数と同じならば解くことができる．ただし，摩擦力が最大静摩擦力以下であるかどうかは問題を解いてみなければ分からないので，実際に解く場合には，まず摩擦力が最大静摩擦力以下であると仮定して摩擦力を求め，得られた値が最大静摩擦力以下であるかどう

かを確認する．もし得られた値が最大静摩擦力以上であればその問題は釣合い問題とはなり得ず，物体は運動することを意味している．作用する摩擦力の大きさが最大静摩擦力と等しいときは物体が静止を保つ限界である．この限界の状態を求める場合には，釣合い方程式と式(3.63)を組み合わせて問題を解けばよい．

【例題 3・7】　＊＊＊＊＊＊＊＊＊＊＊＊＊＊＊＊＊＊＊＊＊＊＊

図 3.18(a)に示すように，長さ l，質量 m の棒を壁に立てかける．床と棒の間には摩擦力が作用し，その静摩擦係数 μ_s は 0.5 である．また壁は滑らかであり摩擦力は作用しないとする．棒の角度 θ が 60° のとき，棒は滑るか．

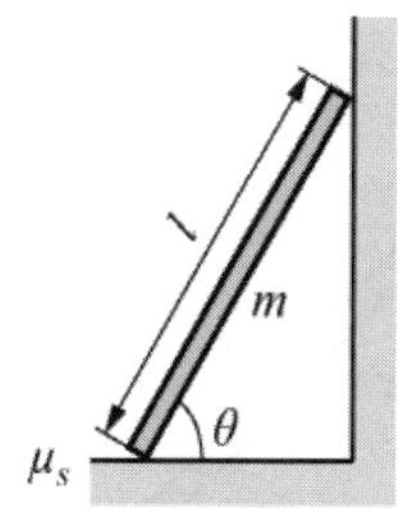

(a) 壁に立てかけられた棒

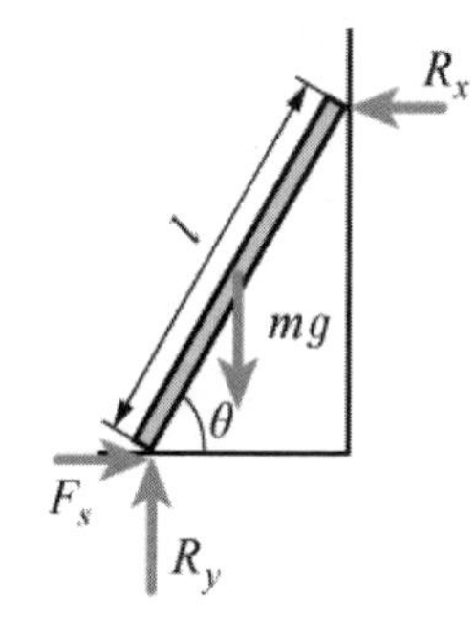

(b) 棒に作用する力

図 3.18　【例題 3・7】

【解答】　棒が壁から左向きに受ける反力の大きさを R_x，床から受ける上向きの反力および摩擦力の大きさをそれぞれ R_y，F_s とする．棒が滑るとき，その向きは左であるので摩擦力は右向きである．したがって棒には図 3.18(b)に示したように力が作用する．棒の角度 θ が 60° のとき，摩擦力 F_s は最大静摩擦力以下であり，棒は釣合っているとする．このときの釣合い条件は式(3.25)より

$$\begin{aligned} &F_s - R_x = 0 \\ &R_y - mg = 0 \\ &R_x l \sin 60^\circ - \frac{mgl}{2}\cos 60^\circ = 0 \end{aligned} \tag{3.68}$$

となる．上式第 3 式は棒が床と接している点まわりのモーメントの釣合い式である．上式より棒が釣合うために必要な摩擦力を求めれば

$$F_s = R_x = \frac{mg\cos 60^\circ}{2\sin 60^\circ} = \frac{mg}{2\sqrt{3}} \tag{3.69}$$

となる．この摩擦力が最大静摩擦力以下であれば棒は実際に釣合い状態となる．最大静摩擦力は

$$F_{s\max} = \mu_s R_y = \frac{mg}{2} \tag{3.70}$$

で与えられる．これより摩擦力 F_s は最大静摩擦力 $F_{s\max}$ よりも小さく，棒は滑らずに釣合い状態となる．

＊＊＊＊＊＊＊＊＊＊＊＊＊＊＊＊＊＊＊＊＊＊＊

3・4　平面トラスの静解析（static analysis of planar trusses）

橋梁やタワー，屋根の支持構造として，多数の細長い部材を結合したものがよく用いられる．このような構造のうち，図 3.19 に示すように三角形を基本とし，相対運動ができないように回転自由なピンによって結合されてできた構造をトラス(truss)という．ここでは平面内におかれたトラスに静荷重が作用する場合に，トラスを構成する部材に生じる内力を求める問題を考える．なお以下では部材の結合点を節点(joint)と呼ぶ．

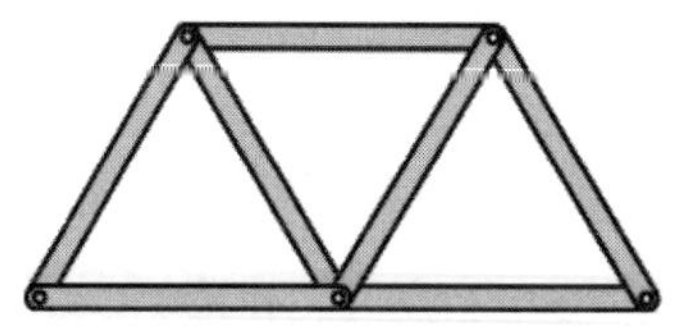

図 3.19　トラスの例

部材に生じる内力を求めるための考え方として 3･1･1 項で議論した 1 点に作用する力の釣合いに基づく節点法(method of joints)と呼ばれる方法と，3･1･

2 項で議論した複数の点に作用する力の釣合いに基づく切断法(method of sections)と呼ばれる方法がある．以下，これらを順に述べる．なお，解析にあたって以下の仮定をおく：

(1) *部材は剛体で，変形することはない．*

(2) *すべての荷重は節点に作用する．*

部材全体にわたって作用する重力のような分布荷重は無視する．無視できない場合には節点に作用する等価な荷重で置き換える．

(3) *結合は滑らかなピンによるものである．*

部材に生じる力はその部材の長手方向に作用し，節点には力のモーメントが作用することはないとする．実際の結合はボルトで締めつけられていたり，溶接などで結合されていたりすることが多く，この仮定を厳密に満たすことは少ない。しかし部材に作用する力の作用線が一点で交わるように結合されていれば節点には力のモーメントが作用せず，この仮定は十分満たされる．

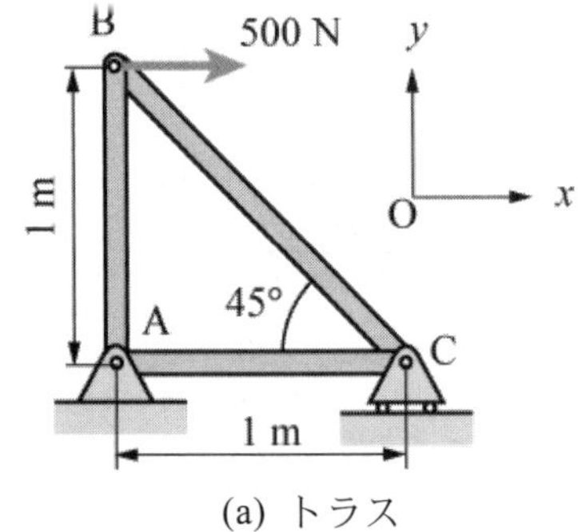

(a) トラス

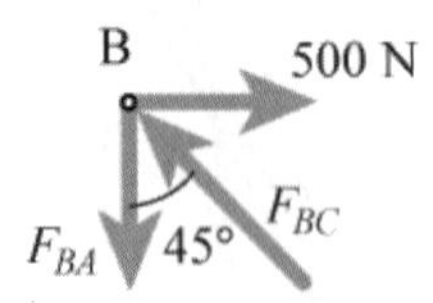

(b) 節点 B に作用する力

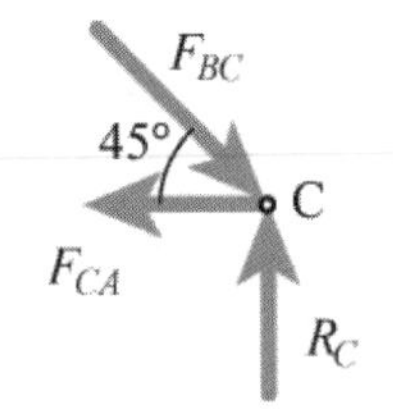

(c) 節点 C に作用する力

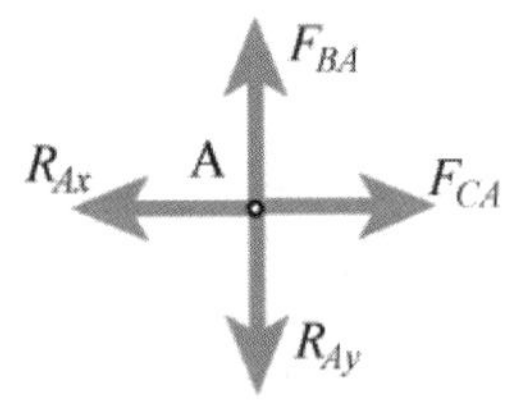

(d) 節点 A に作用する力

図 3.20　節点法によるトラスの静解析

3・4・1　節点法（method of joints）

節点法は各節点における力の釣合いを考えて部材に生じる力を求める方法である．図 3.20(a)に示すトラスを考える．このトラスは点 B に右向きに 500 N の力を受けるとする．すべての部材に生じる力および支点 A，C における支持力を求める問題を考える．なお，支点 C にはローラが取り付けられており，図の左右方向に自由に動くことができるとする．

解析にあたって図 3.20(a)に示すように座標系 O − xy を定める．まず節点 B に注目する．点 B に作用する外力の方向から，部材 BC は圧縮されると予想される．部材 BC は圧縮に抗し，節点 B に対して左上の方向に力を及ぼす．同様に部材 BA は引張られ，これに抗して節点 B に対して下向きに力を及ぼす．部材 BC，BA からの力の大きさを F_{BC}，F_{BA} とすれば，節点 B に作用する力は図 3.20(b)のようになる．これらの力が釣合うための条件は，x 軸方向および y 軸方向でそれぞれ

$$\begin{aligned} 500 - F_{BC}\sin 45^\circ = 0 \\ F_{BC}\cos 45^\circ - F_{BA} = 0 \end{aligned} \tag{3.71}$$

が成り立つことである．これより

$$F_{BC} = 707.1\ \mathrm{N},\quad F_{BA} = 500\ \mathrm{N} \tag{3.72}$$

を得る．次に節点 C に注目する．部材 BC は圧縮されているので，節点 C に対しては右下の方向に力を及ぼす．また部材 CA は部材 BC からの力によって引張られ，節点 C に対しては左向きに力を及ぼす．また節点 C は支持部より上向きに力を受ける．部材 CA および支持部からの力の大きさを F_{CA}，R_C とすれば，節点 C に作用する力は図 3.20(c)のようになる．これらの力が釣合うための条件は x 軸方向および y 軸方向で

$$F_{BC}\cos 45^\circ - F_{CA} = 0\quad ,\quad R_C - F_{BC}\sin 45^\circ = 0 \tag{3.73}$$

が成り立つことである．上式に式(3.72)の結果を代入すれば以下を得る，

$$F_{CA} = 500\text{N} \quad , \quad R_C = 500\text{N} \tag{3.74}$$

最後に節点 A における支持力を求める．節点 A には部材 BA から上向きの力が作用し，部材 CA から右向きの力が作用する．さらに支持部から力が作用する．支持部からの力は x 軸方向，y 軸方向の負の向きに作用すると考えられる．これらの方向の力の大きさをそれぞれ R_{Ax}，R_{Ay} とすると，節点 A に作用する力は図 3.20(d)のようになる．節点 A に作用する力が釣合うための条件は

$$F_{CA} - R_{Ax} = 0 \quad , \quad F_{BA} - R_{Ay} = 0 \tag{3.75}$$

で与えられる．上式に式(3.72), (3.74)の結果を代入すれば以下のようになる．

$$R_{Ax} = 500\ \text{N}, \quad R_{Ay} = 500\ \text{N} \tag{3.76}$$

平面トラスの場合，節点法では上記のように各節点に対して 2 つの釣合い方程式が導かれる．したがって未知量が 2 つの節点に対する方程式から順に解くことができる．上の例では、この節点は B である．

上記では部材が圧縮の状態にあるか引張りの状態にあるかを予想して力の向きを定め，解析を行った．この予想が間違っていた場合には，【例題 3・4】と同様に，得られた力が負の値となる．例えば，部材 BA は圧縮されていると予想したとする．このとき $F_{BA} = -500$ N という結果を得る．読者はこれを確かめてみよ．

—三角形以外のトラス—

トラスは必ずしも三角形だけから作られるとは限らない．下図の構造は，各結合はピン結合であっても部材間で相対的な運動をしない．下図の構造もトラスである．

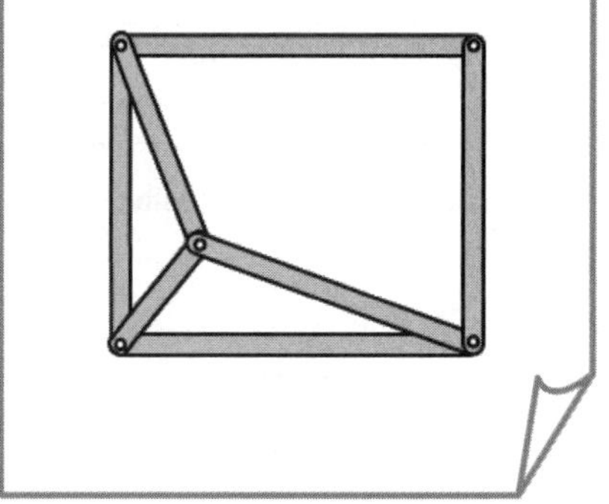

3・4・2 切断法 (method of sections)

切断法はトラスを仮想的に切断し，切断面に作用する力の釣合いを考えて部材に生じる力を求める方法である．

例として，図 3.21(a)に示すトラスを考える．このトラスは点 A に下向きに 1000 N の力を受けるとする．部材 BC，EC，ED に生じる力を求める問題を考える．なお部材 EC は部材 BE，ED と 45° の角度を成している．解析にあたって図 3.21(a)に示すように座標系 $O-xy$ を定める．まずトラスを図 3.21(b)に示すように仮想的に切断し，切断面における力すなわち部材 BC，EC，ED に生じる力の大きさををそれぞれ F_{BC}，F_{EC}，F_{ED} とする．図 3.21(b)では部材 BC，EC は引張り状態にあり，部材 ED は圧縮状態にあるとしているが，この予想が間違っていた場合には，節点法と同じく求めた力が負となる．いまトラス全体が釣合っており，静止しているので，仮想的に切断したトラスも静止しており，釣合い状態にある．したがって仮想的に切断したトラスに作用する x 軸方向および y 軸方向の力と，これらの力によるモーメントは釣合っていなければならない．力のモーメントの釣合いに関しては点 C まわりのモーメントを考えることにすると，釣合い方程式は

$$\begin{aligned} &F_{BC} + F_{EC}\cos 45° - F_{ED} = 0 \\ &F_{EC}\sin 45° - 1000 = 0 \\ &2\times 1000 - 1\times F_{ED} = 0 \end{aligned} \tag{3.77}$$

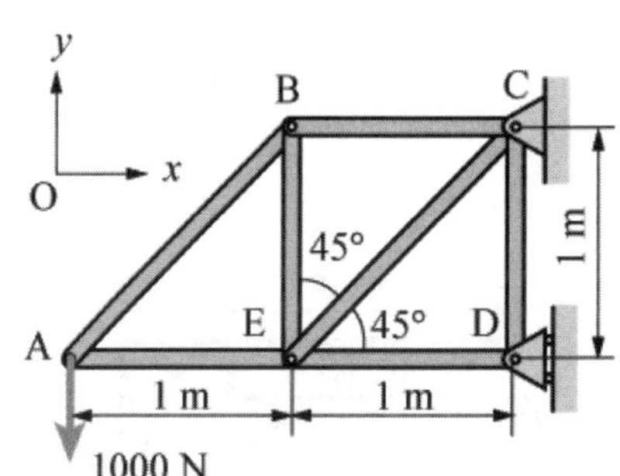

(a) トラス

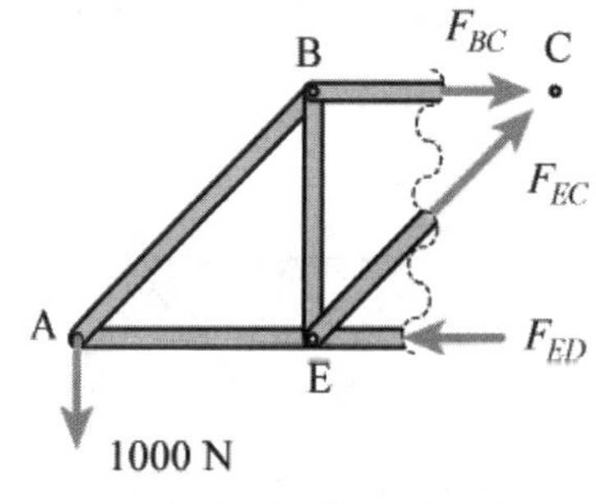

(b) 切断面に作用する力

図 3.21 切断法によるトラスの静解析

となる．これを解けば以下を得る，

$$F_{BC} = 1000\ \mathrm{N},\quad F_{EC} = 1414\ \mathrm{N},\quad F_{ED} = 2000\ \mathrm{N} \tag{3.78}$$

平面トラスの場合，切断法では上記のように3つの釣合い方程式が導かれる．したがって未知量が3つとなるように切断すれば問題を解くことができる．また節点法では力を知りたい部材の数が少なくても一般には多数の方程式を解く必要があるが，切断法ではそのようなことはない．

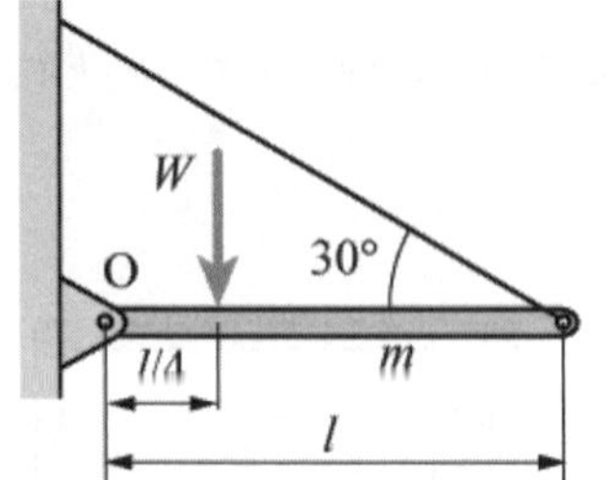

Fig. 3.22　Bar supported by a rope

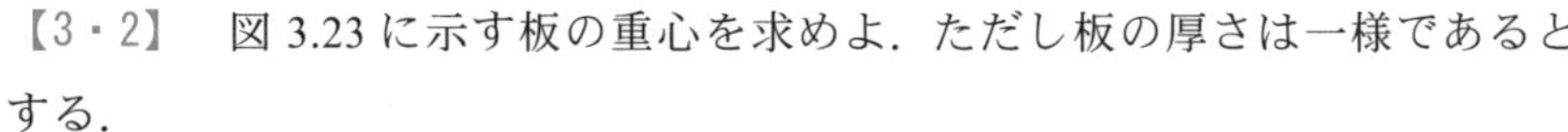

＝＝＝＝＝　練習問題　＝＝＝＝＝＝＝＝＝＝＝＝＝＝＝＝＝＝＝＝＝＝＝＝

【3・1】　A horizontal bar of mass m and length l is pivoted at one end O and carries a load W at quarter length as shown in Fig.3.22. The bar is held in place by a rope at the end, inclined at 30 degree with respect to the bar. Find the tensile force in the rope and reaction force at the pivot.

【3・2】　図3.23に示す板の重心を求めよ．ただし板の厚さは一様であるとする．

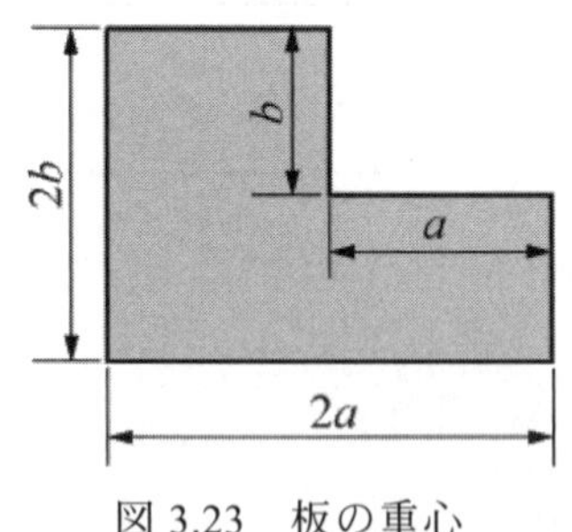

図3.23　板の重心

【3・3】　一様な分布荷重 w（単位長さ当たりの荷重が w）を受けるはりABがある．このはりは図3.24に示すように質量が無視できる支柱BCにより点Bで支えられている．同図に示すように支柱BCに力 P を加えて，この支柱を引き抜きたい．必要な力 P はいくらか．ただし点Bおよび点Cには静摩擦係数が $\mu_B = 0.2$，$\mu_C = 0.3$ の摩擦力が作用する．

【3・4】　図3.25に示すトラスの部材AB，AEおよび支点Dに作用する力を求めよ．トラスの部材はすべて同じ長さで L とする．

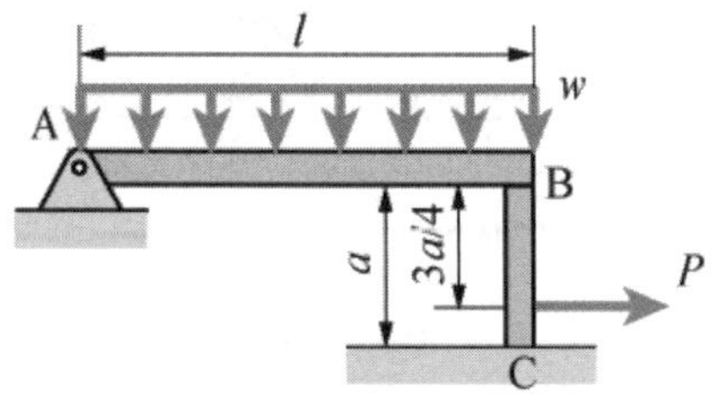

図3.24　支柱BCの引き抜き

【解答】

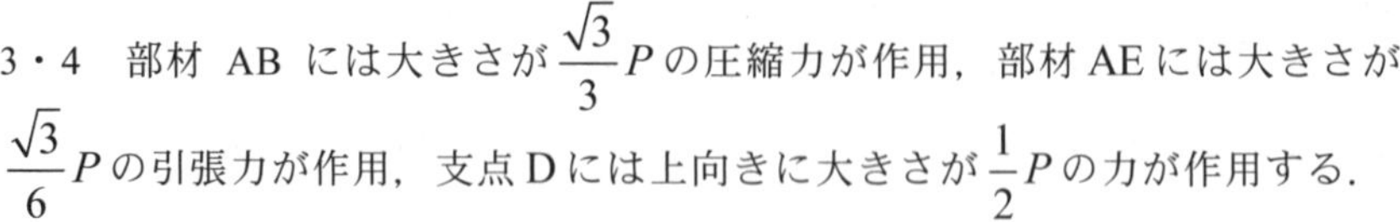

3・1　tensile force $\dfrac{W}{2} + mg$, reaction force in horizontal direction $\dfrac{\sqrt{3}}{4}W + \dfrac{\sqrt{3}}{2}mg$, reaction force in vertical direction $\dfrac{3}{4}W + \dfrac{1}{2}mg$.

3・2　板の左下の角を原点とする座標系 $O-xy$ において $\left(\dfrac{5a}{6}, \dfrac{5b}{6}\right)$

3・3　$P = 0.2wl$（棒を引き抜くときに，端Cですべりが生じる）

3・4　部材AB には大きさが $\dfrac{\sqrt{3}}{3}P$ の圧縮力が作用，部材AEには大きさが $\dfrac{\sqrt{3}}{6}P$ の引張力が作用，支点Dには上向きに大きさが $\dfrac{1}{2}P$ の力が作用する．

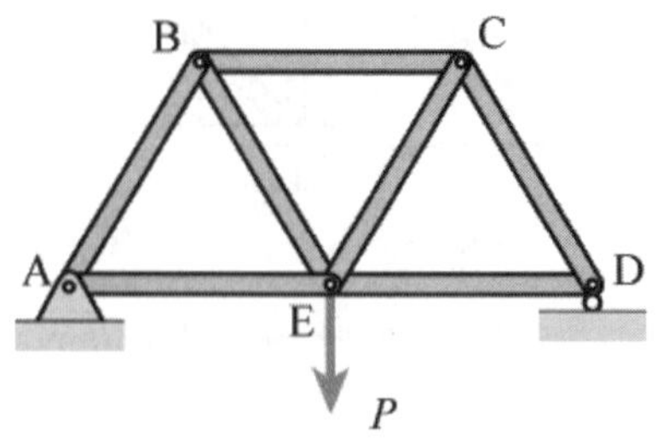

図3.25　トラス

第3章の文献

(1) 安田仁彦，機械の基礎力学，(2009)，コロナ社．

(2) 日本機械学会編，機械工学便覧 α2 機械力学，(2004)，日本機械学会．

(3) R.C.Hibbeler, Engineering Mechanics Statics & Dynamics Ninth edition, (2001), Prentice-Hall.

(4) ベアー・ジョンストン，工学のための力学<上>，(1998)，ブレイン図書出版．

(5) J.P. Den Hartog, Mechanics, (1961), Dover Publications.

第 4 章

質点の力学

Dynamics of Particle

- 点とみなした物体の運動を考えよう.
- 力と運動の関係はニュートンの運動の法則.
- いろいろな座標系で運動を考えよう. 慣性力とは何か?

—質点とは—

質点とは, 空間的な大きさが無視でき, 質量だけを持つ物体として定義される. 現実の物体は必ず空間的な大きさ (体積) を持つが, その運動範囲に比べて物体の大きさが極めて小さい場合には物体を質点として近似することができる. 本章では, 質点とみなせる物体の運動を取り扱う.

4・1 速度と加速度 (velocity and acceleration)

4・1・1 直線運動 (rectilinear motion)

図 4.1 のように 1 方向に走行する自動車の運動は, 回転や自動車自身の変形を伴わないため, 直線に沿って移動する質点(particle)の運動 (直線運動) と考えることができる. 質点の運動を考えるには, まず, 質点が運動を行う場においてどこにあるかを示す必要がある. 直線運動の場合, これは直線上に設定した原点 O からの位置(position) s によって定量的に表される. 図 4.1 では原点から右向きを位置の正方向と定義しており, 図の s は正の位置を表している. 位置は原点左側の負の値をとることもできる. 質点の位置は時々刻々と変化するので s は時間 t の関数である. 図 4.1 に示すように, 時刻 t で s の位置にあった質点が, 時刻 $t+\Delta t$ では $s+\Delta s$ に移動したとする. この位置の変化量 Δs を変位(displacement)と呼ぶ. 時間間隔 Δt 中における位置の平均的な変化割合は $\Delta s/\Delta t$ で表され, 平均速度と呼ばれる. 通常, 質点の運動は連続的であり $\Delta t \to 0$ に対して $\Delta s/\Delta t$ の極限が存在する. このとき, 以下で定義される v を時刻 t での瞬間速度と呼ぶ.

$$v = \lim_{\Delta t \to 0} \frac{\Delta s}{\Delta t} = \frac{ds}{dt} = \dot{s} \tag{4.1}$$

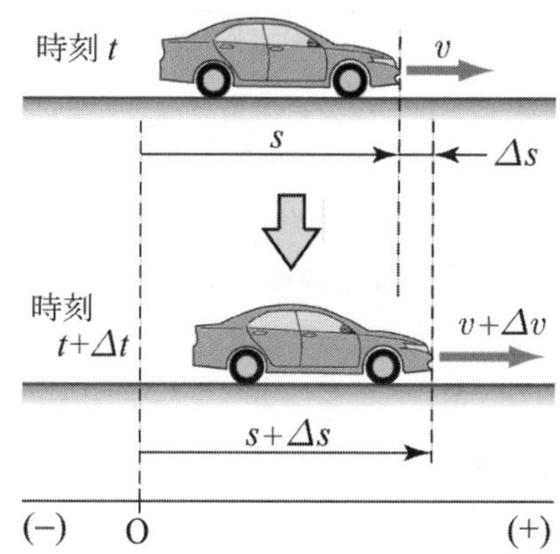

図 4.1 直線運動の例

単に速度(velocity)というときは瞬間速度を指す. 式(4.1)からわかるように, 速度は位置の時間微分として求められる. 図 4.2(a)に示す時刻 t に対する位置 s のプロット図では, 速度 v は位置 s の t に対する傾きで表される. 傾きは右下がりになることもあり, このときの速度は負である. 図 4.1 の運動では, v の正の値は右向き速度, 負の値は左向きの速度となる. 速度の大きさ $|v|$ は, 移動の向きを考えず位置の瞬間的な変化割合の大きさを表す物理量であり, 速さ(speed)と呼ばれる. 図 4.2(a)の位置変化に対する速度を図 4.2(b)に示す. 速度 v も位置 s と同様に時刻 t とともに変化する.

—微分の表し方—

時刻 t を変数とする任意の関数 $f(t)$ の 1 階微分 : $df(t)/dt$ は $\dot{f}$, 2 階微分: $d^2 f(t)/dt^2$ は $\ddot{f}$ と表すことがある.

次に, 図 4.1 に示すように, 時刻 t において v であった速度が時刻 $t+\Delta t$ では $v+\Delta v$ に変わったとする. 時間間隔 Δt 中での速度の平均的な変化率は $\Delta v/\Delta t$ であり, これを平均加速度と呼ぶ. 速度の定義と同様に, $\Delta t \to 0$ の

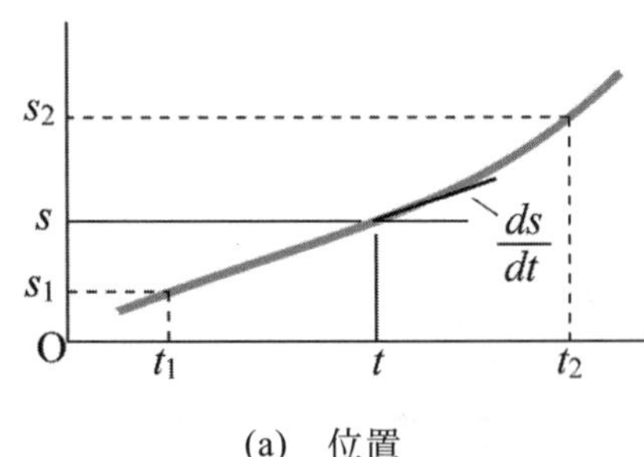

(a)　位置

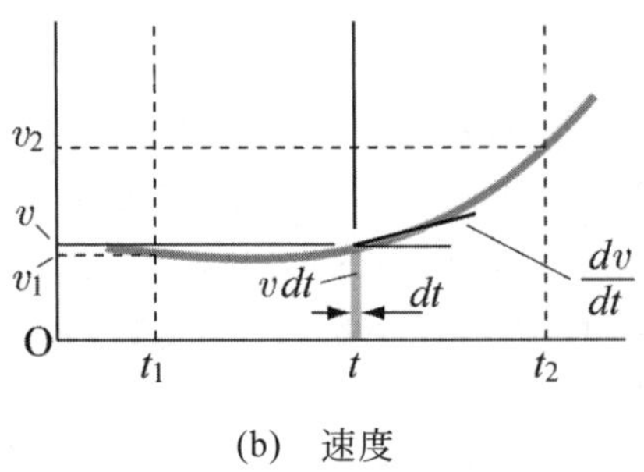

(b)　速度

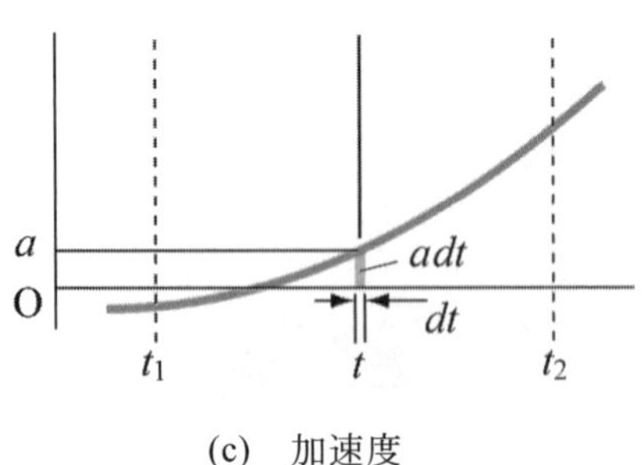

(c)　加速度

図 4.2　質点の位置，速度，加速度の変化の例

極限に対し次式で定義される a が時刻 t での瞬間加速度である．

$$a = \lim_{\Delta t \to 0} \frac{\Delta v}{\Delta t} = \frac{dv}{dt} = \dot{v} \tag{4.2}$$

瞬間加速度を単に加速度(acceleration)と呼ぶ．式(4.1)，(4.2)から，次式のように加速度は位置 s の時刻 t に関する 2 階微分としても表される．

$$a = \frac{d}{dt}\left(\frac{ds}{dt}\right) = \frac{d^2 s}{dt^2} = \ddot{s} \tag{4.3}$$

加速度 a は時刻 t における速度の変化率であり，正の加速度の値はその瞬間における速度の増加，負の値は速度の減少を表す．加速度が 0 であれば速度の増減はなく，そのときの速度は一定となる．図 4.2(c)に図 4.2(a),(b)の位置，速度に対する加速度を示す．

式(4.1)から，微小な時間間隔 dt における微小変位は以下のように表せる．

$$ds = vdt \tag{4.4}$$

これは，図 4.2(b)に示す縦長の細長い面積（縦 v，横 dt）に相当する．図 4.2(a)および(b)に示すように，時刻 t_1, t_2 における位置および速度をそれぞれ s_1, s_2 および v_1, v_2 とする．式(4.4)の右辺を時刻 t_1 から t_2 にわたって，また，左辺を対応する s_1 から s_2 にわたって積分すると次式を得る．

$$\int_{s_1}^{s_2} ds = \int_{t_1}^{t_2} vdt\,, \qquad s_2 - s_1 = \int_{t_1}^{t_2} vdt \tag{4.5}$$

s_1 から s_2 への変位は，対応する時刻 t_1 から t_2 における速度 v の積分で表されることがわかる．すなわち，時刻 t_1 から t_2 間で速度 v を表す曲線と時間軸 t との間の面積が，その時刻の間での変位 $s_2 - s_1$ に相当する．

同様に，式(4.2)から微小な時間間隔 dt における速度の変化量は $dv = adt$ で表され，図 4.2(c)に示す微小面積（縦 a，横 dt）に相当する．したがって，

$$\int_{v_1}^{v_2} dv = \int_{t_1}^{t_2} adt\,, \qquad v_2 - v_1 = \int_{t_1}^{t_2} adt \tag{4.6}$$

が式(4.5)と同様に得られ，時刻 t_1 から t_2 における速度の変化は，その時間内での加速度の積分で表される．

【例題 4・1】　＊＊＊＊＊＊＊＊＊＊＊＊＊＊＊＊＊＊＊＊＊＊＊＊

自動車が直線上を一定の加速度で静止状態から動き始め，10 秒後に速度が 80 km/h となった．自動車の加速度と，10 秒間に進んだ距離を求めよ．

【解答】　時刻 $t = 0$ で自動車は原点 O にあり，t 秒後の位置を s とする．自動車の加速度を a とすると，$\ddot{s} = a$．これを積分して，

$$\dot{s} = at + C_1\,, \qquad s = at^2/2 + C_1 t + C_2 \tag{4.7}$$

C_1, C_2 は積分定数である．時刻 $t = 0$ で自動車は原点 O にあり，静止状態から動き始めるので，以下の条件を満たす必要がある．

$$s(0)=0\,, \qquad \dot{s}(0)=0 \tag{4.8}$$

このような運動の開始時刻における条件を初期条件(initial conditions)という．式(4.7)に $t=0$ を代入し，式(4.8)を用いると $C_1=C_2=0$ を得るから，式(4.7)は次式となる．

$$\dot{s}=at\,, \qquad s=at^2/2 \tag{4.9}$$

$t=10$ s で速度は 80 km/h = 22.2 m/s であり，式(4.9)から，加速度は，$a=\dot{s}/t=22.2/10=2.22$ m/s^2 と求められる．式(4.9)の s の式から，10 秒間に進んだ距離は，$s=(1/2)\times 2.22\times 10^2=111$ m となる．

＊＊＊＊＊＊＊＊＊＊＊＊＊＊＊＊＊＊＊＊＊＊＊

4・1・2　平面曲線運動（planar curvilinear motion）

図 4.3 に示すように，平面内で徐々に向きを変えながら走行する自動車の運動を考えてみよう．物体自身が変形せず，向きがゆっくりと変化する運動であれば，平面内の曲線状経路に沿って動く質点の運動として取り扱うことができる．ここでも直線運動の場合と同様に，まず，質点が平面上のどこにあるかを定量的に示す必要がある．そのため，平面上に設定した原点 O を基準として質点の位置を表す．図 4.3 は直交座標系 O $-xy$ を利用した表示である．原点 O からの物体の位置は，原点 O からの向きと距離，すなわちベクトル量として表される．時刻 t_1 において自動車が原点 O からベクトル $\boldsymbol{r}_1=(x_1,y_1)$ で表される位置にあり，同様に時刻 t_2 においてベクトル $\boldsymbol{r}_2=(x_2,y_2)$ で表される位置にあれば，これらのベクトル $\boldsymbol{r}_1,\boldsymbol{r}_2$ は，原点 O を基準としたベクトル量としての位置である．直交座標系 O $-xy$ の x，y 軸方向の単位ベクトル $\boldsymbol{i},\boldsymbol{j}$ を用いれば，位置 $\boldsymbol{r}_1,\boldsymbol{r}_2$ は以下のようにも表される．

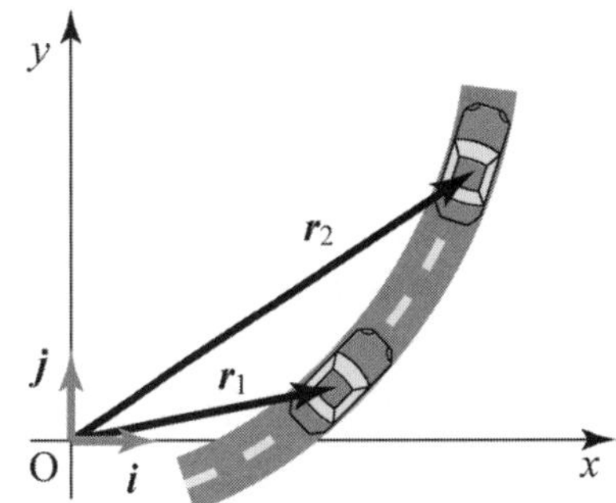

図 4.3　平面曲線運動の例

$$\boldsymbol{r}_1=x_1\boldsymbol{i}+y_1\boldsymbol{j}\,, \qquad \boldsymbol{r}_2=x_2\boldsymbol{i}+y_2\boldsymbol{j} \tag{4.10}$$

本章でのベクトルは，式(4.10)のように単位ベクトルを用いた表記を主とする．

図 4.4(a)は，図 4.3 の自動車の動きを質点の経路として表したものである．ある時刻 t で経路上の点 P にある質点の位置を $\boldsymbol{r}=x\boldsymbol{i}+y\boldsymbol{j}$ とし，時刻 $t+\Delta t$ ではこの質点が位置 $\boldsymbol{r}+\Delta\boldsymbol{r}$ で表される P′ に移動したとする．このときの位置の x 成分は Δx，y 成分は Δy だけ変化する．これらの変化量を $\Delta\boldsymbol{r}=\Delta x\boldsymbol{i}+\Delta y\boldsymbol{j}$ と表し，ベクトル量としての変位と呼ぶ．時間間隔 Δt における点 P の位置の x 方向の平均的な変化割合は $\Delta x/\Delta t$，y 方向の平均的な変化割合は $\Delta y/\Delta t$ となり，平均の速度（ベクトル量）$\Delta\boldsymbol{r}/\Delta t=(\Delta x/\Delta t)\boldsymbol{i}+(\Delta y/\Delta t)\boldsymbol{j}$ が記述できる．直線運動と同様，$\Delta t\to 0$ に対する極限：

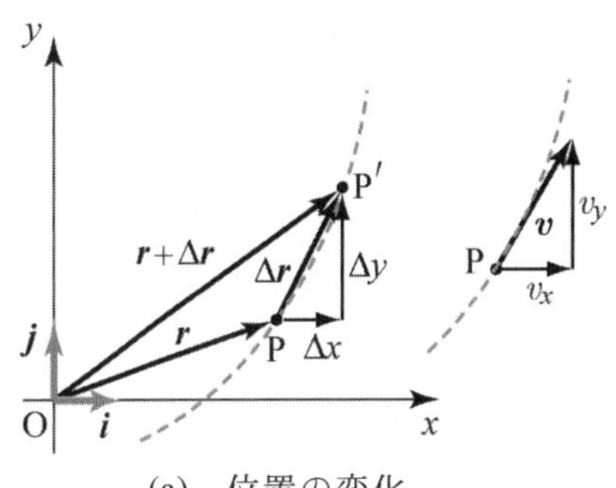

(a)　位置の変化

(b)　速度の変化

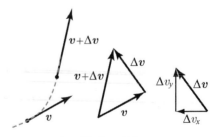

図 4.4　平面内の質点の運動

$$\boldsymbol{v}=\lim_{\Delta t\to 0}\left(\frac{\Delta\boldsymbol{r}}{\Delta t}\right)=\frac{d\boldsymbol{r}}{dt}=\dot{\boldsymbol{r}} \tag{4.11}$$

が時刻 t で点 P に位置する質点が持つベクトル量としての速度となる．速度は x,y 成分を用いて以下のようにも表すことができる．

$$\boldsymbol{v}=\lim_{\Delta t\to 0}\left(\frac{\Delta x}{\Delta t}\boldsymbol{i}+\frac{\Delta y}{\Delta t}\boldsymbol{j}\right)=\frac{dx}{dt}\boldsymbol{i}+\frac{dy}{dt}\boldsymbol{j}=\dot{x}\boldsymbol{i}+\dot{y}\boldsymbol{j}=v_x\boldsymbol{i}+v_y\boldsymbol{j} \tag{4.12}$$

$v_x = \dot{x}$ および $v_y = \dot{y}$ は，それぞれ速度の x および y 成分である．図 4.4(a)に示すように，$\Delta t \to 0$ に対し $\Delta \boldsymbol{r}$ の方向は経路上の点 P における接線方向に一致するため速度 $\boldsymbol{v}$ もこの接線方向を向く．また，速度の大きさのみを表す物理量 $|\boldsymbol{v}| = \sqrt{v_x^2 + v_y^2} = \sqrt{\dot{x}^2 + \dot{y}^2}$ を直線運動の場合と同様に速さと呼ぶ．

図 4.4(b)のように，時刻 t で $\boldsymbol{v}$ であった速度が時刻 $t + \Delta t$ では $\boldsymbol{v} + \Delta \boldsymbol{v}$ になったとする．時間間隔 Δt 中の速度 $\boldsymbol{v}$ の平均的な変化割合は $\Delta \boldsymbol{v}/\Delta t$ となり，$\Delta t \to 0$ の極限が時刻 t におけるベクトル量としての加速度となる．

$$
\begin{aligned}
\boldsymbol{a} &= \lim_{\Delta t \to 0}\left(\frac{\Delta \boldsymbol{v}}{\Delta t}\right) = \frac{d\boldsymbol{v}}{dt} = \dot{\boldsymbol{v}} \\
&= \lim_{\Delta t \to 0}\left(\frac{\Delta v_x}{\Delta t}\boldsymbol{i} + \frac{\Delta v_y}{\Delta t}\boldsymbol{j}\right) = \dot{v}_x \boldsymbol{i} + \dot{v}_y \boldsymbol{j} = a_x \boldsymbol{i} + a_y \boldsymbol{j}
\end{aligned}
\tag{4.13}
$$

$a_x = \dot{v}_x$ および $a_y = \dot{v}_y$ は，それぞれ加速度の x および y 成分である．式(4.12)，(4.13)から，加速度は位置ベクトルの 2 階微分でも表される．

$$
\boldsymbol{a} = \frac{d}{dt}\left(\frac{d\boldsymbol{r}}{dt}\right) = \frac{d^2\boldsymbol{r}}{dt^2} = \ddot{\boldsymbol{r}} = \ddot{x}\boldsymbol{i} + \ddot{y}\boldsymbol{j} \tag{4.14}
$$

加速度の大きさは $|\boldsymbol{a}| = \sqrt{a_x^2 + a_y^2} = \sqrt{\ddot{x}^2 + \ddot{y}^2}$ となる．

x, y 各方向の運動は互いに独立であるので，式(4.5)，(4.6)と同様の関係は x, y それぞれについて成立する．式(4.5)と同様に，時刻 t_1 から t_2 における各方向の変位は，その時間内での各方向の速度の積分で表される．

$$
x_2 - x_1 = \int_{t_1}^{t_2} v_x dt\,, \qquad y_2 - y_1 = \int_{t_1}^{t_2} v_y dt \tag{4.15}
$$

また，時刻 t_1，t_2 における速度をそれぞれ $\boldsymbol{v}_1 = v_{x1}\boldsymbol{i} + v_{y1}\boldsymbol{j}$，$\boldsymbol{v}_2 = v_{x2}\boldsymbol{i} + v_{y2}\boldsymbol{j}$ とおくと，式(4.6)と同様に以下の関係が得られる．

$$
v_{x2} - v_{x1} = \int_{t_1}^{t_2} a_x dt\,, \qquad v_{y2} - v_{y1} = \int_{t_1}^{t_2} a_y dt \tag{4.16}
$$

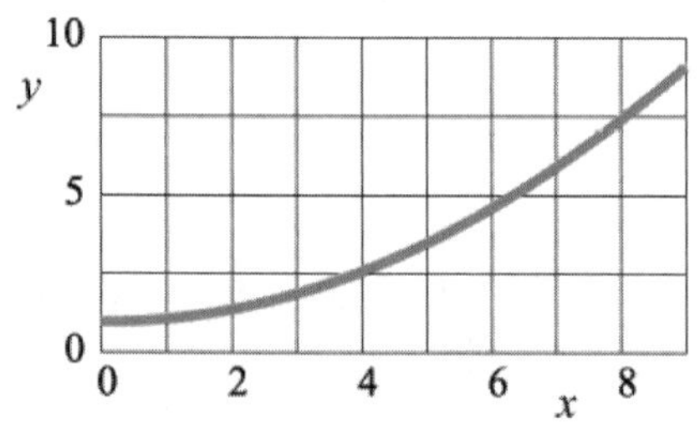

(a)　平面内での x と y の関係

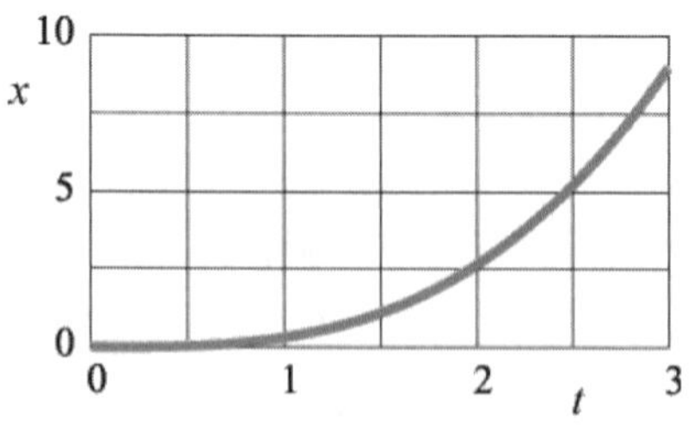

(b)　x と時間 t の関係

図 4.5　xy 平面内での運動

【例題 4・2】　＊＊＊＊＊＊＊＊＊＊＊＊＊＊＊＊＊＊＊＊＊＊＊＊＊

質点が図 4.5(a)に示すように xy 平面内で曲線 $y = 1 + x^2/10$ の $x \geq 0$ の領域で運動する．時間 t に対し，曲線の x 座標は図 4.5(b)に示すように $x = t^3/3$ に従って変化する．質点の速度と加速度を時間 t の関数として求めよ．

【解答】　質点の x 方向の速度 v_x と加速度 a_x は，$x = t^3/3$ の時間に関する 1 階および 2 階の微分として，$v_x = \dot{x} = t^2$ および $a_x = \ddot{x} = 2t$ と表される．y は $y = 1 + x^2/10$ と $x = t^3/3$ から，時間 t の関数：$y = 1 + t^6/90$ で表される．y 方向の速度 v_y および加速度 a_y は，この式を時間について 1 階，2 階微分して，$v_y = \dot{y} = t^5/15$，$a_y = \ddot{y} = t^4/3$．x, y 方向の単位ベクトルを $\boldsymbol{i}, \boldsymbol{j}$ として，質点の速度 $\boldsymbol{v}$ と加速度 $\boldsymbol{a}$ は，以下のように表される．

$$
\begin{aligned}
\boldsymbol{v} &= v_x \boldsymbol{i} + v_y \boldsymbol{j} = t^2 \boldsymbol{i} + (t^5/15)\boldsymbol{j} \\
\boldsymbol{a} &= a_x \boldsymbol{i} + a_y \boldsymbol{j} = 2t\,\boldsymbol{i} + (t^4/3)\boldsymbol{j}
\end{aligned}
\tag{4.17}
$$

＊＊＊＊＊＊＊＊＊＊＊＊＊＊＊＊＊＊＊＊＊＊＊＊＊

最も代表的な平面曲線運動である円運動の速度と加速度を考えてみよう．図 4.6 に示すように，質点が中心 O，一定の半径 R の円周上を反時計方向に回転しており，ある時刻で点 P の位置にあるとする．このときの質点の位置は，半径 R および x 軸と OP がなす角度 θ によって指定できる．これを用いると，直交座標系 O − xy 上での質点の位置 $\boldsymbol{r}$ の xy 成分は以下のように表される．

$$x = R\cos\theta, \qquad y = R\sin\theta \tag{4.18}$$

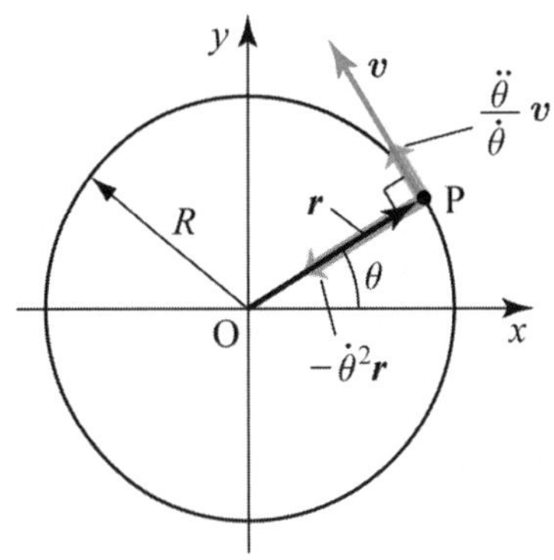

図 4.6　円運動

速度 $\boldsymbol{v}$ の x, y 成分 $\dot{x}, \dot{y}$ は式(4.18)を時間で微分して求められる．θ が時間とともに変化することを考えると，$\dot{x}, \dot{y}$ および速さ $|\boldsymbol{v}|$ は，

$$\begin{aligned} &\dot{x} = -\dot{\theta}R\sin\theta = -\dot{\theta}y, \qquad \dot{y} = \dot{\theta}R\cos\theta = \dot{\theta}x \\ &|\boldsymbol{v}| = \sqrt{\dot{x}^2 + \dot{y}^2} = \sqrt{(R\dot{\theta}\cos\theta)^2 + (R\dot{\theta}\sin\theta)^2} = |R\dot{\theta}| \end{aligned} \tag{4.19}$$

と表される．$\dot{\theta}$ は角変位の時間変化率であり，角速度(angular velocity)と呼ばれる．ここで，$\boldsymbol{r} = (x, y)$ と $\boldsymbol{v} = (\dot{x}, \dot{y})$ の内積を計算すると，$x\dot{x} + y\dot{y} = -\dot{\theta}xy + \dot{\theta}xy = 0$．つまり，位置 $\boldsymbol{r}$ と速度 $\boldsymbol{v}$ は直交することがわかる．$\boldsymbol{r}$ は点 P における円軌道の接線と直交するため，速度 $\boldsymbol{v}$ の方向は円運動の接線方向に一致する．

加速度 $\boldsymbol{a} = (\ddot{x}, \ddot{y})$ は，式(4.19)を再度時間微分して以下のように求められる．

$$\begin{aligned} &\ddot{x} = -\ddot{\theta}y - \dot{\theta}\dot{y} = -\dot{\theta}^2x + (\ddot{\theta}/\dot{\theta})\dot{x}, \quad \ddot{y} = \ddot{\theta}x + \dot{\theta}\dot{x} = -\dot{\theta}^2y + (\ddot{\theta}/\dot{\theta})\dot{y} \\ &\boldsymbol{a} = \ddot{x}\boldsymbol{i} + \ddot{y}\boldsymbol{j} = -\dot{\theta}^2(x\boldsymbol{i} + y\boldsymbol{j}) + (\ddot{\theta}/\dot{\theta})(\dot{x}\boldsymbol{i} + \dot{y}\boldsymbol{j}) = -\dot{\theta}^2\boldsymbol{r} + (\ddot{\theta}/\dot{\theta})\boldsymbol{v} \end{aligned} \tag{4.20}$$

ここに，$\ddot{\theta}$ は角速度 $\dot{\theta}$ の時間変化率であり，角加速度(angular acceleration)と呼ばれる．式(4.20)から，加速度 $\boldsymbol{a}$ は図 4.6 に示すような位置ベクトル $\boldsymbol{r}$ と逆向きの成分 $-\dot{\theta}^2\boldsymbol{r}$ と，速度 $\boldsymbol{v}$ と同方向の成分 $(\ddot{\theta}/\dot{\theta})\boldsymbol{v}$ を持つことがわかる．$-\dot{\theta}^2\boldsymbol{r}$ の成分は，質点から回転中心の向きを持つ加速度であり向心加速度(centripetal acceleration)と呼ばれる．式(4.19)から，質点の速さは $|R\dot{\theta}|$ であるから，円周上を一定速度で運動する等速円運動では $\dot{\theta}$ が一定値となり $\ddot{\theta} = 0$．したがって，このときの加速度は向心加速度のみになる．

4・1・3　空間運動（spatial motion）

一般的な物体の運動は，直線上や平面上でなく 3 次元空間内での運動となる．山道など勾配のある道路での自動車の運動，空中における航空機の運動などはすべて 3 次元空間内での運動である．3 次元空間内でも物体自身が変形せずゆっくりと向きが変化する運動であれば，質点の運動と考えることができる．3 次元空間での運動を記述する最も基本的な座標系は図 4.7 に示す直交座標系 O − xyz である．これは図 4.3 の（平面）直交座標系 O − xy に高さ方向の位置を表す成分 z を加えて表せばよい．z 方向の単位ベクトルを $\boldsymbol{k}$ として，図 4.7 に示す 3 次元空間内の任意の点 P の位置 $\boldsymbol{r}$，速度 $\boldsymbol{v}$，加速度 $\boldsymbol{a}$ は，それぞれ以下のように記述される．

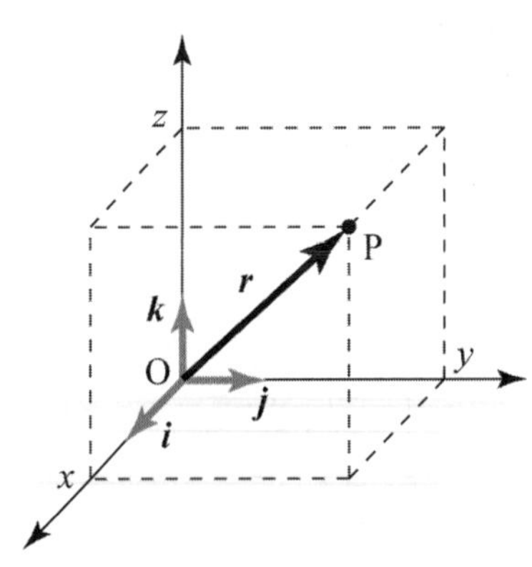

図 4.7　3 次元空間内での位置

$$\begin{aligned} &\boldsymbol{r} = x\boldsymbol{i} + y\boldsymbol{j} + z\boldsymbol{k} \\ &\boldsymbol{v} = \dot{\boldsymbol{r}} = \dot{x}\boldsymbol{i} + \dot{y}\boldsymbol{j} + \dot{z}\boldsymbol{k} = v_x\boldsymbol{i} + v_y\boldsymbol{j} + v_z\boldsymbol{k} \\ &\boldsymbol{a} = \ddot{\boldsymbol{r}} = \ddot{x}\boldsymbol{i} + \ddot{y}\boldsymbol{j} + \ddot{z}\boldsymbol{k} = \dot{v}_x\boldsymbol{i} + \dot{v}_y\boldsymbol{j} + \dot{v}_z\boldsymbol{k} = a_x\boldsymbol{i} + a_y\boldsymbol{j} + a_z\boldsymbol{k} \end{aligned} \tag{4.21}$$

—静止空間とは—

静止空間とは，厳密には宇宙空間のどこかに固定され，移動も回転もせずに静止している絶対的な空間である．それでは，地球上に固定された空間はどうであろうか．地球は宇宙空間に対して自転と公転を行っているため，厳密には静止空間ではない．ただし，地球の自転の周期（24 時間）と比較して十分に短い時間の現象や，地球の大きさ（半径約 6400km）と比較して十分小さな範囲での現象では地球の運動の影響は無視でき，地球上に固定された空間を近似的に静止空間と考えてよいことがわかっている．一方，非常に長い時間を要する運動や宇宙レベルの広範囲な運動では，地球の自転や公転の影響を考える必要がある．

v_z および a_z は，それぞれ速度および加速度の z 方向成分である．速さと加速度の大きさは，以下のように表される．

$$
\begin{aligned}
|\boldsymbol{v}| &= \sqrt{\dot{x}^2+\dot{y}^2+\dot{z}^2} = \sqrt{v_x^2+v_y^2+v_z^2} \\
|\boldsymbol{a}| &= \sqrt{\ddot{x}^2+\ddot{y}^2+\ddot{z}^2} = \sqrt{a_x^2+a_y^2+a_z^2}
\end{aligned}
\tag{4.22}
$$

z 方向の成分についても，式(4.15)，(4.16)と同様の関係が成立する．

4・2　座標系と運動方程式（coordinate systems and equation of motion）

物体に力が作用したときの物体の運動の変化は，ニュートンの第二法則（運動の法則）に支配される．ここでは，ニュートンの第二法則を用いて質点の運動を考えてみよう．なお，ニュートンの第二法則は，原則として静止空間（静止座標）で成立することに注意しよう．

4・2・1　直交座標系（rectangular coordinates）

まず，図 4.8 に示す質点の直線運動について考えよう．静止している原点 O（静止座標系の原点）からの質量 m の質点の位置を，右向きを正として x とし，速度と加速度を v, a とする．この質点に対して x の正の向き（右向き）に力 F が作用する．ニュートンの第二法則は，c を比例定数として a と F, m が $a = cF/m$ の関係にあることを示している．質量 $1\,\mathrm{kg}$ の質点に $1\,\mathrm{m/s^2}$ の加速度を生じさせる力の大きさが $1\,\mathrm{N}$（ニュートン）の定義であるから，比例定数 $c=1$ となり，

$$ma = F \tag{4.23}$$

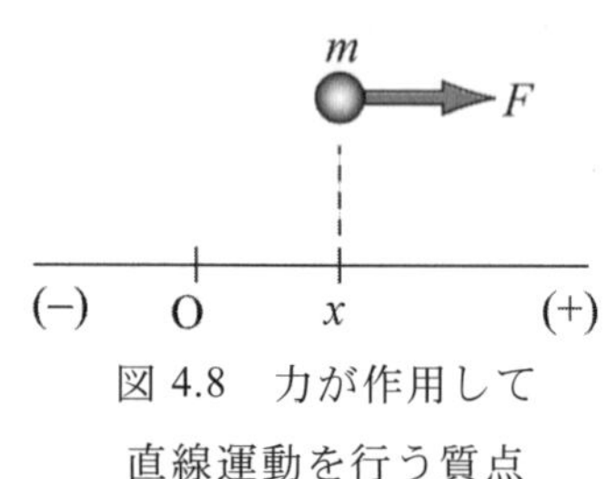

図 4.8　力が作用して直線運動を行う質点

の関係が得られる．質点の質量 m と力 F が与えられれば，式(4.23)から加速度 a が求められる．その加速度をもとにして速度と位置，すなわち質点の運動が求められる．そのため，式(4.23)を運動方程式(equation of motion)と呼ぶ．

運動方程式を平面運動や空間運動に拡張しよう．4.1 節でも述べたように，これらの運動を記述する最も基本的な座標系は直交座標系(rectangular coordinates, orthogonal coordinates)であり，平面運動では図 4.9 に示す 2 次元直交座標系 $\mathrm{O}-xy$，空間運動では図 4.10 に示す 3 次元直交座標系 $\mathrm{O}-xyz$ を用いる．これらは静止空間を表す静止直交座標系であり，ニュートンの第二法則が成立する．x, y, z 軸方向の単位ベクトルを $\boldsymbol{i}, \boldsymbol{j}, \boldsymbol{k}$ とすれば，図 4.9 では，質量 m の質点は $\boldsymbol{r} = x\boldsymbol{i}+y\boldsymbol{j}$ で表される点 P の位置にあり，$\boldsymbol{F} = F_x\boldsymbol{i}+F_y\boldsymbol{j}$ で表される力（2 次元のベクトル）が作用して平面内で加速度 $\boldsymbol{a} = a_x\boldsymbol{i}+a_y\boldsymbol{j}$ の運動をする．直交する x, y 方向の運動はそれぞれ独立であるから，以下のように各方向について式(4.23)が成立する．

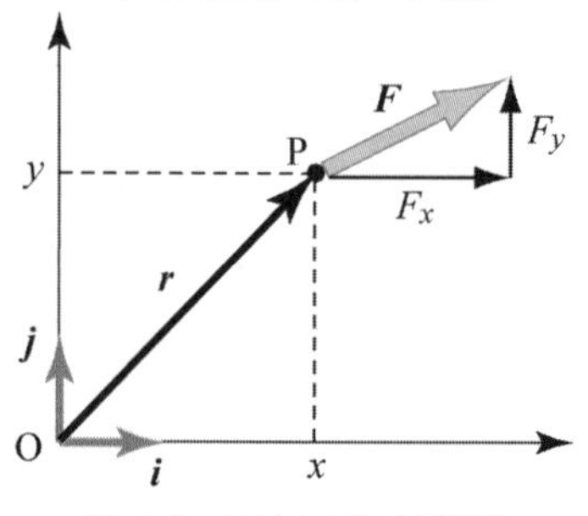

図 4.9　2 次元直交座標

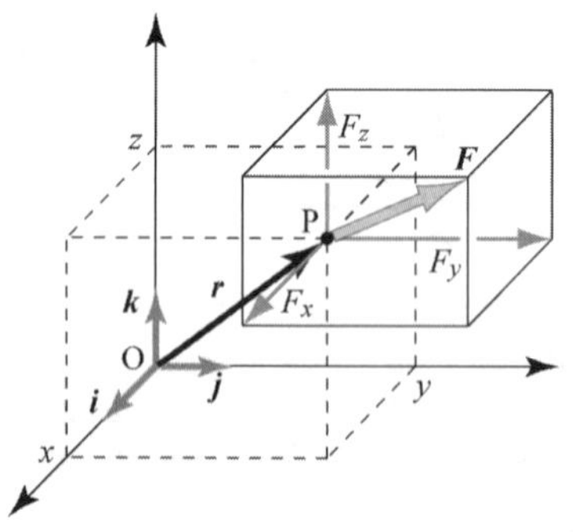

図 4.10　3 次元直交座標

$$ma_x = F_x, \qquad ma_y = F_y \tag{4.24}$$

加速度 (a_x, a_y) は位置の 2 階微分 $(\ddot{x}, \ddot{y})$ と表してもよい．式(4.24)を解いて（積

分して） x, y 方向の速度や位置などの運動に関する物理量が求められる．

一方，図 4.10 では，質量 m の質点は $\boldsymbol{r} = x\boldsymbol{i} + y\boldsymbol{j} + z\boldsymbol{k}$ の点 P の位置にあり，$\boldsymbol{F} = F_x\boldsymbol{i} + F_y\boldsymbol{j} + F_z\boldsymbol{k}$ で表される力（3 次元のベクトル）が作用して空間内で加速度 $\boldsymbol{a} = a_x\boldsymbol{i} + a_y\boldsymbol{j} + a_z\boldsymbol{k}$ の運動をする．このときの運動も x, y, z 方向で独立であり，運動方程式も以下のように表される．

$$ma_x = F_x, \qquad ma_y = F_y, \qquad ma_z = F_z \tag{4.25}$$

(a_x, a_y, a_z) は $(\ddot{x}, \ddot{y}, \ddot{z})$ と表してもよい．ベクトル表記を用いれば，式(4.24)，(4.25)は，以下のように統一して表すこともできる．

$$m\boldsymbol{a} = \boldsymbol{F} \tag{4.26}$$

【例題 4・3】　＊＊＊＊＊＊＊＊＊＊＊＊＊＊＊＊＊＊＊＊＊＊＊＊

図 4.11(a)に示すように，水平面と角度 α をなす斜面に対し，斜面と角度 β をなす方向へ初速度 v_0 で物体を投げ上げる．投げ上げた場所から斜面に沿って物体が到達した距離を求めよ．重力加速度を g とする．

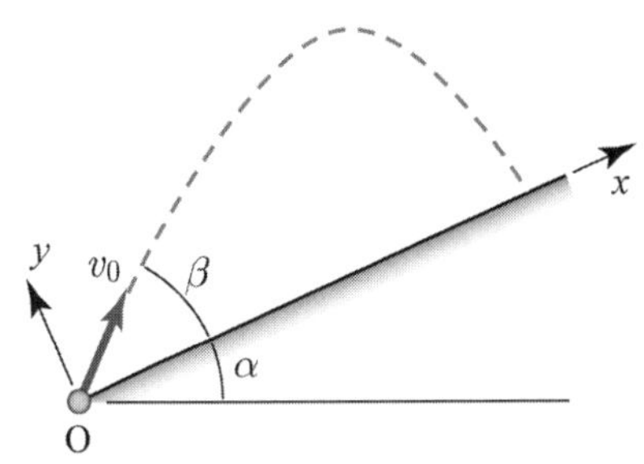

(a)　座標系と初速度

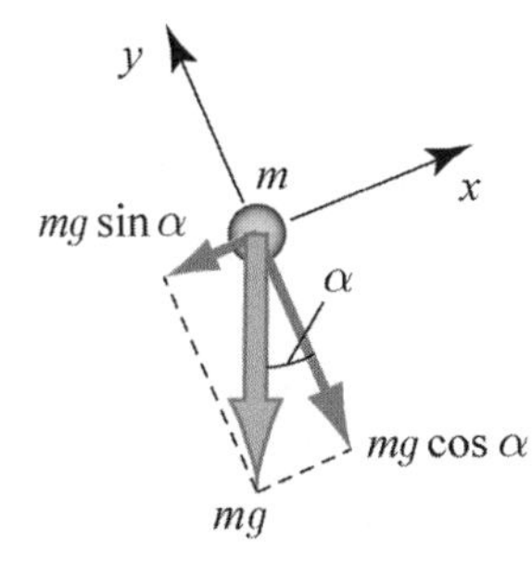

(b)　物体に作用する力

図 4.11　斜面上の物体の投上げ

【解答】　投げ上げた場所を原点として，斜面に沿った上向きの座標を x，それに直角方向の座標を y とする．物体の質量を m とすると，重力加速度により図 4.11(b)のように x 方向には $-mg\sin\alpha$，y 方向には $-mg\cos\alpha$ の力が作用する．x, y 方向の運動方程式は，

$$x \text{方向}：m\ddot{x} = -mg\sin\alpha, \quad y \text{方向}：m\ddot{y} = -mg\cos\alpha \tag{4.27}$$

となる．初期条件は，$t=0$ で $x=y=0$，$\dot{x}=v_0\cos\beta$，$\dot{y}=v_0\sin\beta$ となり，これを考慮して運動方程式(4.27)を時間について積分すると次式を得る．

$$x = -\frac{1}{2}gt^2\sin\alpha + v_0t\cos\beta, \quad y = -\frac{1}{2}gt^2\cos\alpha + v_0t\sin\beta \tag{4.28}$$

投げ上げた物体が斜面に落ちるまでの時間を T とすると，$t=T$ で $y=0$ である．これを満たす $T\,(>0)$ は，$T = (2v_0\sin\beta)/(g\cos\alpha)$ となる．したがって，斜面に沿って物体が到達した距離は以下のように求められる．

$$x\big|_{t=T} = \frac{2v_0^2}{g}\frac{\sin\beta\cos(\alpha+\beta)}{\cos^2\alpha} \tag{4.29}$$

＊＊＊＊＊＊＊＊＊＊＊＊＊＊＊＊＊＊＊＊＊＊

4・2・2　極座標，円柱座標（polar coordinates and cylindrical coordinates）

a．極座標（polar coordinates）

質点の運動を表すには，図 4.3 の座標系 O − xy や図 4.7 の座標系 O − xyz だけでなくそれ以外の座標系を用いることもできる．取り扱う問題によって適切な座標系を選択することが重要になる．図 4.12(a)に平面曲線運動を行う質点

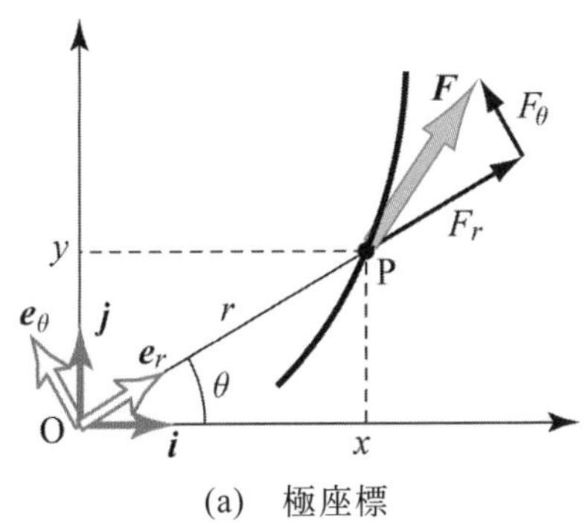

(a)　極座標

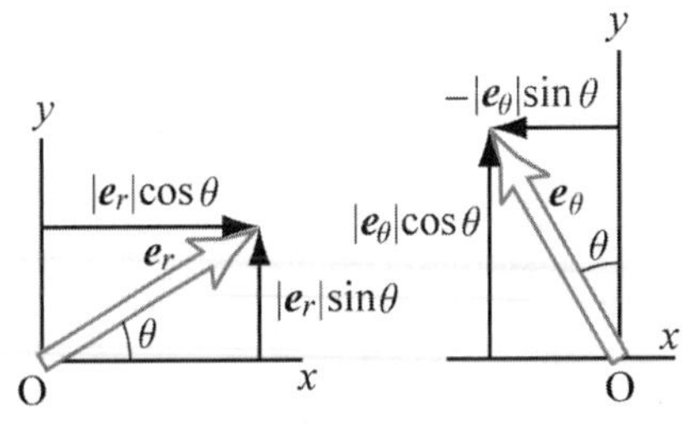

(b)　極座標の単位ベクトル

図 4.12　平面曲線運動を行う質点の極座標による表現

の軌跡を示す．座標系 O$-xy$ を静止直交座標系とし，ある時刻 t において質点は平面上の点 $\mathrm{P}(x, y)$ の位置にあるとする．図 4.9 と同様，質点の位置は $\boldsymbol{r} = x\boldsymbol{i} + y\boldsymbol{j}$ で表され，式(4.24)，(4.26)で表される運動方程式が成立する．

一方，質点の位置は，原点 O からの距離 $r = |\boldsymbol{r}| = \sqrt{x^2 + y^2}$ と，線分 $\overline{\mathrm{OP}}$ が x 軸と反時計まわりになす角度 θ によって表すこともできる．このように r, θ を用いて平面曲線運動を表す座標系を極座標(polar coordinates)という．質点の位置は時間とともに変化するため，r, θ はともに時間 t の関数である．極座標は原点 O を中心とする平面内での回転運動を取り扱う際によく用いられる．この極座標での物理量 r, θ を用いて運動方程式を表してみよう．

図 4.12(a)のように，極座標では原点 O から質点の向きを持つ単位ベクトル $\boldsymbol{e}_r$ と，それに直交する単位ベクトル $\boldsymbol{e}_\theta$ を用いる．$\boldsymbol{e}_\theta$ は θ が増加する向きを正とする．$\boldsymbol{e}_r$ の方向は r 方向あるいは半径方向と呼ばれ，$\boldsymbol{e}_\theta$ の方向は θ 方向あるいは周方向と呼ばれる．質点の位置が時間とともに変化するため，単位ベクトル $\boldsymbol{e}_r, \boldsymbol{e}_\theta$ の向きも時間とともに変化することに注意する．一方，座標系 O$-xy$ は静止しているので x, y 方向の単位ベクトル $\boldsymbol{i}, \boldsymbol{j}$ は時間に関わらず常に同じ向きをもつ．$\boldsymbol{e}_r, \boldsymbol{e}_\theta$ は図 4.12(b)の関係と $|\boldsymbol{e}_r| = |\boldsymbol{e}_\theta| = 1$ であることから，$\boldsymbol{i}, \boldsymbol{j}$ を用いて以下のように表すことができる．

$$
\begin{aligned}
\boldsymbol{e}_r &= |\boldsymbol{e}_r|\cos\theta\boldsymbol{i} + |\boldsymbol{e}_r|\sin\theta\boldsymbol{j} = \cos\theta\boldsymbol{i} + \sin\theta\boldsymbol{j} \\
\boldsymbol{e}_\theta &= |\boldsymbol{e}_\theta|\cos\theta\boldsymbol{j} - |\boldsymbol{e}_\theta|\sin\theta\boldsymbol{i} = -\sin\theta\boldsymbol{i} + \cos\theta\boldsymbol{j}
\end{aligned}
\tag{4.30}
$$

$\boldsymbol{e}_r, \boldsymbol{e}_\theta$ の向きは時間とともに変化するので，これらの単位ベクトルの時間微分は，式(4.30)から以下のように求められる．

$$
\begin{aligned}
\dot{\boldsymbol{e}}_r &= -\dot{\theta}\sin\theta\boldsymbol{i} + \dot{\theta}\cos\theta\boldsymbol{j} = \dot{\theta}\boldsymbol{e}_\theta \\
\dot{\boldsymbol{e}}_\theta &= -\dot{\theta}\cos\theta\boldsymbol{i} - \dot{\theta}\sin\theta\boldsymbol{j} = -\dot{\theta}\boldsymbol{e}_r
\end{aligned}
\tag{4.31}
$$

極座標における位置は，$\boldsymbol{e}_r$ が常に質点の向きにあることから，次のように表される．

$$
\boldsymbol{r} = r\boldsymbol{e}_r \tag{4.32}
$$

一方，速度 $\boldsymbol{v}$，加速度 $\boldsymbol{a}$ は，式(4.11)，(4.12)と同様に $\boldsymbol{r}$ を時間微分することで求められる．ただし，単位ベクトル $\boldsymbol{e}_r, \boldsymbol{e}_\theta$ の向きが時間とともに変化するため，式(4.31)に示したこれらの微分を考慮しなければならない．極座標における速度は以下のように表される．

$$
\boldsymbol{v} = \dot{\boldsymbol{r}} = \dot{r}\boldsymbol{e}_r + r\dot{\boldsymbol{e}}_r = \dot{r}\boldsymbol{e}_r + r\dot{\theta}\boldsymbol{e}_\theta \tag{4.33}
$$

速さは，単位ベクトル $\boldsymbol{e}_r, \boldsymbol{e}_\theta$ が直交するので $|\boldsymbol{v}| = \sqrt{\dot{r}^2 + (r\dot{\theta})^2}$ となる．加速度 $\boldsymbol{a}$ は，式(4.33)を再度時間微分して，

$$
\begin{aligned}
\boldsymbol{a} = \dot{\boldsymbol{v}} &= \ddot{r}\boldsymbol{e}_r + \dot{r}\dot{\boldsymbol{e}}_r + \dot{r}\dot{\theta}\boldsymbol{e}_\theta + r\ddot{\theta}\boldsymbol{e}_\theta + r\dot{\theta}\dot{\boldsymbol{e}}_\theta \\
&= (\ddot{r} - r\dot{\theta}^2)\boldsymbol{e}_r + (r\ddot{\theta} + 2\dot{r}\dot{\theta})\boldsymbol{e}_\theta
\end{aligned}
\tag{4.34}
$$

加速度の大きさは $|\boldsymbol{a}| = \sqrt{(\ddot{r} - r\dot{\theta}^2)^2 + (r\ddot{\theta} + 2\dot{r}\dot{\theta})^2}$ である．

極座標は原点を中心に回転しており，動いている（静止していない）座標系であるから，式(4.34)で示された加速度は，静止空間で成立するニュートンの第二法則，すなわち，式(4.26)の運動方程式の加速度とはならないように思うかもしれない．しかし，図 4.12(a)における質点の位置 $\boldsymbol{r}$ は，静止直交座標系では $\boldsymbol{r}=x\boldsymbol{i}+y\boldsymbol{j}$，極座標では $\boldsymbol{r}=r\boldsymbol{e}_r$ と表示されるものの，これらは位置を表すベクトル量 $\boldsymbol{r}$ としては同一の物理量であるから $\boldsymbol{r}=x\boldsymbol{i}+y\boldsymbol{j}=r\boldsymbol{e}_r$ である．$\boldsymbol{r}=x\boldsymbol{i}+y\boldsymbol{j}$ を 2 階微分した加速度 $\boldsymbol{a}$ について式(4.26)が成立するならば，$\boldsymbol{r}=r\boldsymbol{e}_r$ を 2 階微分した加速度を表す式(4.34)についても同様に式(4.26)は成立する．また，図 4.12(a)に示すように，質点に $\boldsymbol{F}$ の力が作用すれば，$\boldsymbol{F}$ を r 方向成分 F_r と θ 方向成分 F_θ に分けて $\boldsymbol{F}=F_r\boldsymbol{e}_r+F_\theta\boldsymbol{e}_\theta$ と表すことができる．極座標で表した加速度についても運動方程式(4.26)が成立し，r 方向と θ 方向は直交するので各方向の運動は独立である．したがって，極座標における運動方程式として次式が得られる．

$$r\text{方向}：m(\ddot{r}-r\dot{\theta}^2)=F_r, \qquad \theta\text{方向}：m(r\ddot{\theta}+2\dot{r}\dot{\theta})=F_\theta \tag{4.35}$$

【例題 4・4】　＊＊＊＊＊＊＊＊＊＊＊＊＊＊＊＊＊＊＊＊＊＊＊＊＊

平面内で半径 R（一定値）の円運動をしている質量 m の質点の速度，加速度と，質点に作用する力を，図 4.13 のような極座標で表せ．

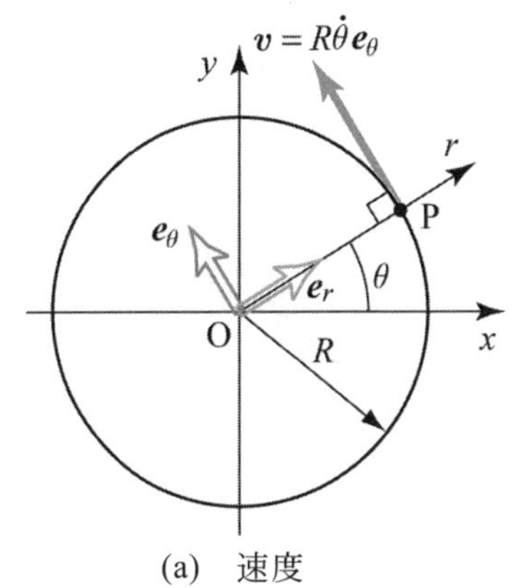

(a)　速度

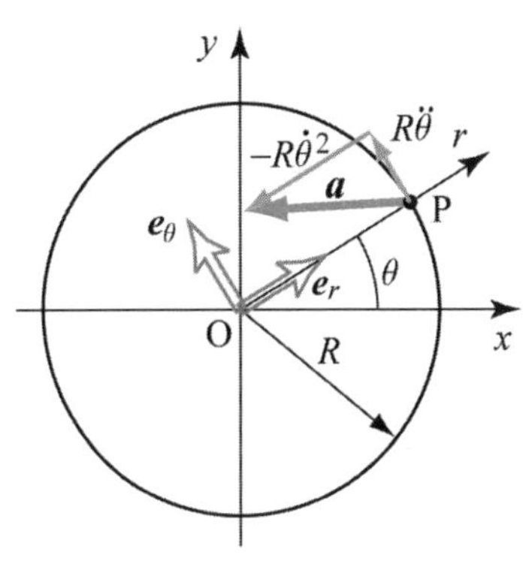

(b)　加速度

図 4.13　円運動の極座標による表現

【解答】　式(4.33)，(4.34)で $r=R$（一定値），$\dot{r}=0$，$\ddot{r}=0$ であることを考慮すると，極座標での速度 $\boldsymbol{v}$ と加速度 $\boldsymbol{a}$ は以下のように表される．

$$\boldsymbol{v}=R\dot{\theta}\boldsymbol{e}_\theta, \qquad \boldsymbol{a}=-R\dot{\theta}^2\boldsymbol{e}_r+R\ddot{\theta}\boldsymbol{e}_\theta \tag{4.36}$$

速度 $\boldsymbol{v}$ は図 4.13(a)に示すように周方向（$\boldsymbol{e}_\theta$ の方向）成分のみを持ち，円運動の接線方向を向く．速さは $|R\dot{\theta}|$ である．直交座標系で表した円運動の速さは式(4.19)から $|\boldsymbol{v}|=|R\dot{\theta}|$，方向は接線方向である．すなわち，極座標と直交座標系での速度は同一と確認できる．また，極座標での加速度は図 4.13(b)に示すように $-R\dot{\theta}^2$ の半径方向成分と $R\ddot{\theta}$ の周方向成分を持つ．直交座標系での円運動の加速度は，式(4.20)から位置ベクトル $\boldsymbol{r}$ と速度ベクトル $\boldsymbol{v}$ を用いて $\boldsymbol{a}=-\dot{\theta}^2\boldsymbol{r}+(\ddot{\theta}/\dot{\theta})\boldsymbol{v}$ と表される．$\boldsymbol{r}$ と $\boldsymbol{v}$ の向きは極座標の単位ベクトル $\boldsymbol{e}_r$ と $\boldsymbol{e}_\theta$ の向きに一致しており，$-\dot{\theta}^2|\boldsymbol{r}|=-R\dot{\theta}^2$，$(\ddot{\theta}/\dot{\theta})|\boldsymbol{v}|=(\ddot{\theta}/\dot{\theta})R\dot{\theta}=R\ddot{\theta}$ であるから，加速度も直交座標系と極座標で同一と確認できる．極座標では半径方向の $-R\dot{\theta}^2\boldsymbol{e}_r$ が向心加速度である．平面内の円運動（回転運動）では，主な運動の方向は θ 方向であり，θ 方向とこれに直交する r 方向による運動の記述が直感的に理解しやすい．そのため，多くの場合極座標が用いられる．

質点に作用する力の r 方向成分 F_r と θ 方向成分 F_θ は，式(4.35)から，次のように求められる．

$$F_r=-mR\dot{\theta}^2, \qquad F_\theta=mR\ddot{\theta} \tag{4.37}$$

＊＊＊＊＊＊＊＊＊＊＊＊＊＊＊＊＊＊＊＊＊＊＊＊＊

b．円柱座標（cylindrical coordinates）

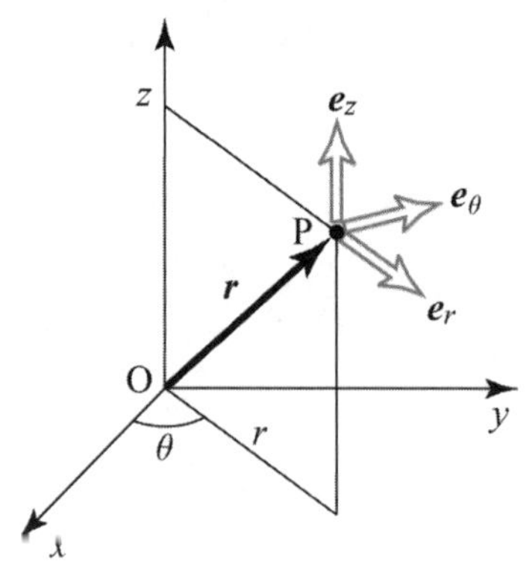

図 4.14　円柱座標

質点が，ある軸まわりに回転しながらその軸に平行に移動するような運動を示す場合，図 4.14 に示すような座標を利用すると便利である．図 4.14 では，点 P の位置にある質点は z 軸まわりに回転しながら z 軸に平行に運動をする．このような場合は，xy 平面内での運動を図 4.12(a)のように極座標で表し，z 軸方向は直線運動で表せばよい．図 4.14 のような座標を円柱座標(cylindrical coordinates)と呼び，物理量は r,θ および z の 3 方向の成分で表される．点 P の速度と加速度は，以下のように表される．

$$
\begin{aligned}
\boldsymbol{v} &= \dot{r}\boldsymbol{e}_r + r\dot{\theta}\boldsymbol{e}_\theta + \dot{z}\boldsymbol{e}_z \\
\boldsymbol{a} &= (\ddot{r} - r\dot{\theta}^2)\boldsymbol{e}_r + (r\ddot{\theta} + 2\dot{r}\dot{\theta})\boldsymbol{e}_\theta + \ddot{z}\boldsymbol{e}_z
\end{aligned}
\tag{4.38}
$$

速さと加速度の大きさは，

$$
\begin{aligned}
|\boldsymbol{v}| &= \sqrt{\dot{r}^2 + (r\dot{\theta})^2 + \dot{z}^2} \\
|\boldsymbol{a}| &= \sqrt{(\ddot{r} - r\dot{\theta}^2)^2 + (r\ddot{\theta} + 2\dot{r}\dot{\theta})^2 + \ddot{z}^2}
\end{aligned}
\tag{4.39}
$$

となる．点 P に作用する力の z 方向成分を F_z とすれば，円柱座標での運動方程式は，式(4.35)に z 方向成分を加えた以下の式で表される．

$$
m(\ddot{r} - r\dot{\theta}^2) = F_r, \quad m(r\ddot{\theta} + 2\dot{r}\dot{\theta}) = F_\theta, \quad m\ddot{z} = F_z \tag{4.40}
$$

4・3　相対運動（relative motion）

ニュートンの第二法則から導かれた運動方程式は，原則として静止空間（静止座標）で成立する．しかしながら，物体は空間内で運動するため，物体とともに空間内を運動する（移動する）座標系でその運動を考えた方が便利な場合がある．座標系が静止空間に対して移動する場合には，ニュートンの第二法則と運動方程式はどのようになるのであろうか．ここでは，移動する座標系から見た質点の運動の法則について考えてみよう．

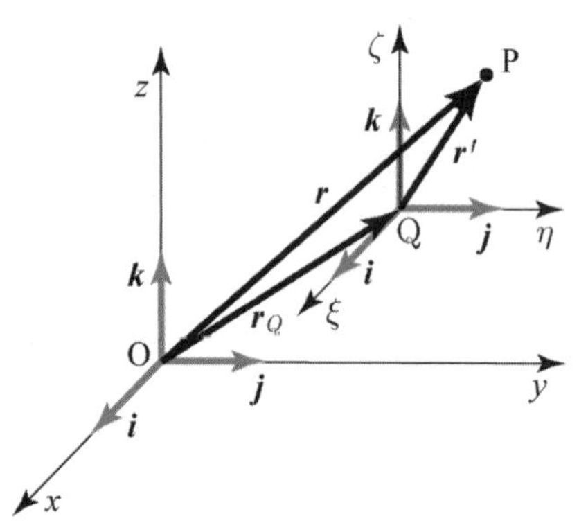

図 4.15　並進座標系

4・3・1　並進座標系（translating coordinate system）

図 4.15 に示すように，静止直交座標系 $\mathrm{O}-xyz$ とそれに平行な並進座標系 $\mathrm{Q}-\xi\eta\zeta$ を定める．並進座標系は静止直交座標系に対して相対的に運動するが，並進運動(translation）のみであり回転運動を伴わない．そのため，移動している座標軸 ξ,η,ζ の向きは，静止している座標軸 x,y,z の向きと同じであり，x,y,z 軸かつ ξ,η,ζ 軸の向きの単位ベクトルを共通に $\boldsymbol{i},\boldsymbol{j},\boldsymbol{k}$ とおく．図 4.15 に示す空間内の点 P に質量 m の質点があるとし，静止直交座標系 $\mathrm{O}-xyz$ および並進座標系 $\mathrm{Q}-\xi\eta\zeta$ 上で観測した点 P の位置をそれぞれ $\boldsymbol{r}$ および $\boldsymbol{r}'$ とする．また，$\mathrm{O}-xyz$ 上で観測した並進座標系の原点 Q の位置を $\boldsymbol{r}_\mathrm{Q}$ とする．これらはすべて単位ベクトル $\boldsymbol{i},\boldsymbol{j},\boldsymbol{k}$ の向きの成分を持つ 3 次元のベクトルであり，$\boldsymbol{r} = x\boldsymbol{i} + y\boldsymbol{j} + z\boldsymbol{k}$，$\boldsymbol{r}' = \xi\boldsymbol{i} + \eta\boldsymbol{j} + \zeta\boldsymbol{k}$，$\boldsymbol{r}_\mathrm{Q} = x_\mathrm{Q}\boldsymbol{i} + y_\mathrm{Q}\boldsymbol{j} + z_\mathrm{Q}\boldsymbol{k}$ と表せる．図 4.15 から，これらの位置ベクトルの間には，以下の関係がある．

$$
\boldsymbol{r} = \boldsymbol{r}_\mathrm{Q} + \boldsymbol{r}' \tag{4.41}
$$

式(4.41)の両辺を時間 t で微分すると以下の関係を得る．

$$\boldsymbol{v} = \boldsymbol{v}_{\mathrm{Q}} + \boldsymbol{v}' \tag{4.42}$$

ここに，$\boldsymbol{v} = \dot{\boldsymbol{r}}$，$\boldsymbol{v}_{\mathrm{Q}} = \dot{\boldsymbol{r}}_{\mathrm{Q}}$，$\boldsymbol{v}' = \dot{\boldsymbol{r}}'$ である．単位ベクトル $\boldsymbol{i}, \boldsymbol{j}, \boldsymbol{k}$ は時間に関わらず同じ向きを持つため時間微分と無関係であり，$\boldsymbol{v}, \boldsymbol{v}_{\mathrm{Q}}, \boldsymbol{v}'$ は以下のように表される．

$$\begin{aligned} &\boldsymbol{v} = \dot{\boldsymbol{r}} = \dot{x}\boldsymbol{i} + \dot{y}\boldsymbol{j} + \dot{z}\boldsymbol{k}, \quad \boldsymbol{v}_{\mathrm{Q}} = \dot{\boldsymbol{r}}_{\mathrm{Q}} = \dot{x}_{\mathrm{Q}}\boldsymbol{i} + \dot{y}_{\mathrm{Q}}\boldsymbol{j} + \dot{z}_{\mathrm{Q}}\boldsymbol{k} \\ &\boldsymbol{v}' = \dot{\boldsymbol{r}}' = \dot{\xi}\boldsymbol{i} + \dot{\eta}\boldsymbol{j} + \dot{\zeta}\boldsymbol{k} \end{aligned} \tag{4.43}$$

式(4.42)をさらに時間 t で微分すると，

$$\boldsymbol{a} = \boldsymbol{a}_{\mathrm{Q}} + \boldsymbol{a}' \tag{4.44}$$

を得る．ここに，$\boldsymbol{a} = \dot{\boldsymbol{v}} = \ddot{\boldsymbol{r}}$，$\boldsymbol{a}_{\mathrm{Q}} = \dot{\boldsymbol{v}}_{\mathrm{Q}} = \ddot{\boldsymbol{r}}_{\mathrm{Q}}$，$\boldsymbol{a}' = \dot{\boldsymbol{v}}' = \ddot{\boldsymbol{r}}'$ であり，これらも式(4.43)と同様，以下のように表される．

$$\begin{aligned} &\boldsymbol{a} = \ddot{\boldsymbol{r}} = \ddot{x}\boldsymbol{i} + \ddot{y}\boldsymbol{j} + \ddot{z}\boldsymbol{k}, \quad \boldsymbol{a}_{\mathrm{Q}} = \ddot{\boldsymbol{r}}_{\mathrm{Q}} = \ddot{x}_{\mathrm{Q}}\boldsymbol{i} + \ddot{y}_{\mathrm{Q}}\boldsymbol{j} + \ddot{z}_{\mathrm{Q}}\boldsymbol{k} \\ &\boldsymbol{a}' = \ddot{\boldsymbol{r}}' = \ddot{\xi}\boldsymbol{i} + \ddot{\eta}\boldsymbol{j} + \ddot{\zeta}\boldsymbol{k} \end{aligned} \tag{4.45}$$

$\boldsymbol{v}' = \boldsymbol{v} - \boldsymbol{v}_{\mathrm{Q}}$ と $\boldsymbol{a}' = \boldsymbol{a} - \boldsymbol{a}_{\mathrm{Q}}$ は，並進座標系 $\mathrm{Q}-\xi\eta\zeta$ で観測した点 P の速度と加速度である．$\boldsymbol{v}'$ および $\boldsymbol{a}'$ を，それぞれ点 Q に対する点 P の相対速度(relative velocity)および相対加速度(relative acceleration)と呼ぶ．

式(4.44)を用いて運動方程式(4.26)を書き表してみよう．式(4.44)を式(4.26)に代入すると，次式を得る．

$$m\boldsymbol{a}' = \boldsymbol{F} - m\boldsymbol{a}_{\mathrm{Q}} \tag{4.46}$$

成分表示すると，

$$m\ddot{\xi} = F_x - m\ddot{x}_{\mathrm{Q}}, \quad m\ddot{\eta} = F_y - m\ddot{y}_{\mathrm{Q}}, \quad m\ddot{\zeta} = F_z - m\ddot{z}_{\mathrm{Q}} \tag{4.47}$$

式(4.46)には以下に示す重要な意味が含まれている．まず，図 4.15 の並進座標系 $\mathrm{Q}-\xi\eta\zeta$ が一定の速度 $\boldsymbol{v}_{\mathrm{Q}}$ で移動するときには，$\boldsymbol{a}_{\mathrm{Q}} = \dot{\boldsymbol{v}}_{\mathrm{Q}} = \boldsymbol{0}$ となるから，

$$m\boldsymbol{a}' = \boldsymbol{F} \tag{4.48}$$

である．この式は運動方程式(4.26)と同じ形であり，静止空間だけでなく，一定の速度で並進運動する座標系上でもニュートンの運動の法則が成り立つことを示している．このように，ニュートンの運動の法則が成立する座標系を慣性系(inertial frame, inertial system)と呼ぶ．

―慣性系と非慣性系―

式(4.48)から，互いに一定の相対速度を持った慣性系では，ともにニュートンの運動の法則が成立し力学の法則は変わらない．これをガリレオの相対性原理という．このように，運動の法則は静止座標系を基準にする必要はなく，より一般的に慣性系を基準にしてよいことがわかる．一方，非慣性系［式(4.46)］では，実際には質点に何の力も作用していないのに，あたかも $-m\boldsymbol{a}_Q$ の力（慣性力）が作用するように質点は運動し，ニュートンの運動の法則が成立しない．加速，減速する乗り物の中は非慣性系であり，慣性力は中に乗っている人が加速・減速の際に感じる力として意識できる．

次に，座標系 $\mathrm{Q}-\xi\eta\zeta$ が加速度 $\boldsymbol{a}_{\mathrm{Q}} \neq \boldsymbol{0}$ を持って並進運動をしているとする．このときの運動方程式(4.46)の右辺には $-m\boldsymbol{a}_{\mathrm{Q}}$ の項があり，式(4.26)とは異なる形になる．このように加速度 $\boldsymbol{a}_{\mathrm{Q}}$ を持って並進運動を行う座標系では，慣性系での運動方程式(4.26)が成立せず，非慣性系(noninertial frame)と呼ばれる．しかし，$-m\boldsymbol{a}_{\mathrm{Q}}$ を一種の力とみなすと，質点には $\boldsymbol{F}$ に加え力 $-m\boldsymbol{a}_{\mathrm{Q}}$ も作用していると解釈でき，並進座標系 $\mathrm{Q}-\xi\eta\zeta$ でもニュートンの第二法則を適用することができる．このように，見かけ上の力と考えた $-m\boldsymbol{a}_{\mathrm{Q}}$ を慣性力(force of inertia, inertia force)という．並進座標系の慣性力は原点Qの運動で決まるため，その運動についてわかっていれば式(4.46)を解くことができる．このように，慣性力を考えることで非慣性系での運動も慣性系と同様に取り扱える．

【例題 4・5】　＊＊＊＊＊＊＊＊＊＊＊＊＊＊＊＊＊＊＊＊＊＊＊＊

The block of mass m is attached to the frame by the spring of stiffness k and moves horizontally with negligible friction within the frame, as shown in Fig. 4.16(a). The frame and block are initially at rest with $x=x_0$, the uncompressed length of the spring. If the frame is given a constant acceleration a_0 as shown in Fig. 4.16(a), determine the equation of motion of the block relative to the frame.

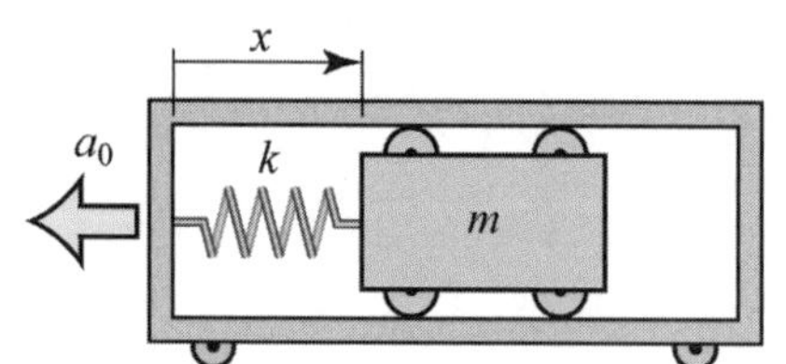

(a)　Block in accelerating frame

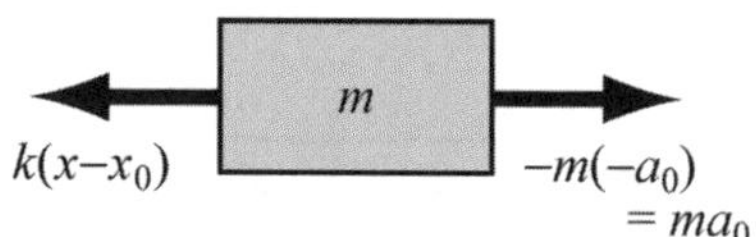

(b)　Free body diagram of block

Fig. 4.16　Motion in translational acceleration

【解答】　The positive direction of the relative displacement x to the frame is right-hand direction. In the coordinate system of translating axes fixed to the frame, an inertia force $-m\times(-a_0)=ma_0$ acts on the block as shown in Fig. 4.16(b), since the frame moves to the left-hand direction (negative direction of x) at a constant acceleration a_0. The reaction force of the spring is $-k(x-x_0)$, where the right-hand direction is positive. Hence, the equation of motion of the block relative to the frame is expressed as follows.

$$m\ddot{x}=-k(x-x_0)+ma_0\,,\quad \ddot{x}+\frac{k}{m}x=\frac{k}{m}x_0+a_0 \tag{4.49}$$

＊＊＊＊＊＊＊＊＊＊＊＊＊＊＊＊＊＊＊＊＊＊＊

4・3・2　回転座標系（rotating coordinate system）

静止直交座標系 $O-xyz$ に対して回転する座標系では運動の法則はどうなるであろうか．ここでは，静止直交座標系 $O-xyz$ に対して図 4.17 に示すように回転する直交座標系 $O-\xi\eta\zeta$ を考える．座標系 $O-\xi\eta\zeta$ は原点を通る軸まわりに回転しており，静止直交座標系 $O-xyz$ に対して並進運動を行わず，$O-\xi\eta\zeta$ の原点は静止直交座標系の原点Oと一致しているとする．座標軸は特段の理由がなければ自由に選べるから，静止直交座標系の z 軸および回転座標系の ζ 軸が回転軸と一致するように座標軸を設定する．これにより，ζ 軸の向きは回転によって変わらず z 軸と ζ 軸は同一となり，ζ 軸方向の運動は静止座標系内の運動と考えることができる．そのため，ここでは図 4.18 に示すように回転座標系の $\xi\eta$ 平面内における運動のみを考える．ξ 軸，η 軸は z 軸（ζ 軸）まわりに角速度 ω で回転する．このような回転座標系 $O-\xi\eta$ を 2 次元回転座標系と呼ぶ．これに対し，同一平面上にある 2 次元の静止直交座標系として $O-xy$ を考える．

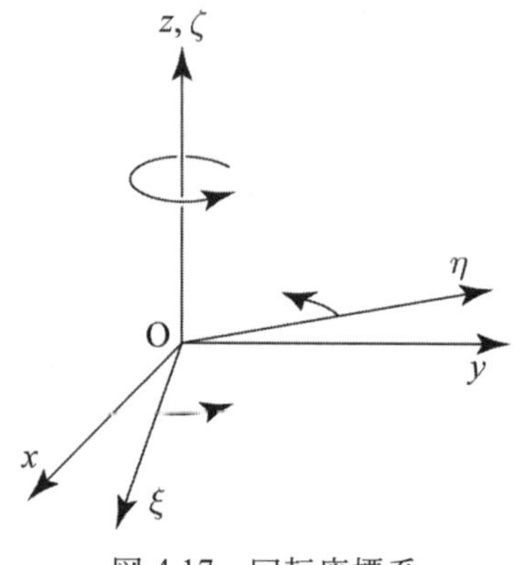

図 4.17　回転座標系

a．回転座標系で表した位置，速度，加速度（displacement, velocity and acceleration expressed in rotating coordinate system）

図 4.18 に示すように，座標系 $O-xy$ および $O-\xi\eta$ 上に点Pを設定する．2 次元回転座標系 $O-\xi\eta$ は図 4.12(a)の極座標と基本的に同一である．ただし，極座標の r 方向が常に点Pを向いているのに対し，2 次元回転座標系での点

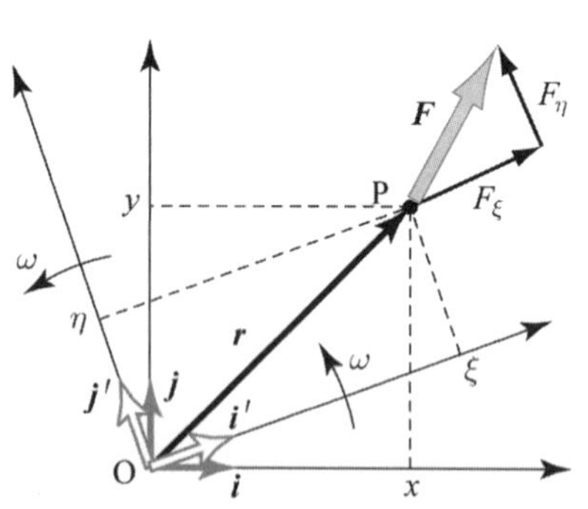

図 4.18　2 次元回転座標系

P は $\xi\eta$ 平面上の任意の場所にあってよい．そのため，2 次元回転座標系は極座標より一般性を持つ．図 4.18 に示すように，静止座標系の x 軸，y 軸方向の単位ベクトルを $\boldsymbol{i}, \boldsymbol{j}$，回転座標系の ξ 軸，η 軸方向の単位ベクトルを $\boldsymbol{i}', \boldsymbol{j}'$ とする．$\boldsymbol{i}'$，$\boldsymbol{j}'$ は原点 O まわりに回転し，極座標における単位ベクトル $\boldsymbol{e}_r, \boldsymbol{e}_\theta$［図 4.12(a)］と同様，時間とともに向きが変化する．$\boldsymbol{i}', \boldsymbol{j}'$ は $\boldsymbol{e}_r, \boldsymbol{e}_\theta$ と同じ動きをするから，$\boldsymbol{i}', \boldsymbol{j}'$ の時間微分は，式(4.31)の角速度を $\dot{\theta}$ から ω に変更すれば，それぞれ $\boldsymbol{e}_r$，$\boldsymbol{e}_\theta$ の時間微分と同じ形式で表される．

$$\frac{d\boldsymbol{i}'}{dt} = \omega \boldsymbol{j}', \qquad \frac{d\boldsymbol{j}'}{dt} = -\omega \boldsymbol{i}' \tag{4.50}$$

静止直交座標系 O－xy での点 P の座標を (x, y) とすれば，静止直交座標系の成分で表した点 P の位置は，

$$\boldsymbol{r} = x\boldsymbol{i} + y\boldsymbol{j} \tag{4.51}$$

である．一方，回転座標系 O－$\xi\eta$ での点 P の座標を (ξ, η) とすれば，回転座標系の成分で表した点 P の位置は，

$$\boldsymbol{r} = \xi\boldsymbol{i}' + \eta\boldsymbol{j}' \tag{4.52}$$

と表される．式(4.51)，(4.52)の $\boldsymbol{r}$ は，それぞれの座標系が異なるためベクトルとしての表示は異なっているが，ともに共通の原点 O から点 P の位置を表しており両者は同一のベクトルである．式(4.51)あるいは式(4.52)を時間微分すれば点 P の速度と加速度が求められる．ここでは，回転座標系で表した位置である式(4.52)を時間微分して速度 $\boldsymbol{v}$ と加速度 $\boldsymbol{a}$ を求めよう．回転座標系では単位ベクトルの向きが時間とともに変化するから，時間微分で式(4.50)を考慮する必要がある．点 P の速度 $\boldsymbol{v}$，加速度 $\boldsymbol{a}$ は以下のように求められる．

$$\boldsymbol{v} = \dot{\boldsymbol{r}} = \dot{\xi}\boldsymbol{i}' + \xi\frac{d\boldsymbol{i}'}{dt} + \dot{\eta}\boldsymbol{j}' + \eta\frac{d\boldsymbol{j}'}{dt} = (\dot{\xi} - \omega\eta)\boldsymbol{i}' + (\dot{\eta} + \omega\xi)\boldsymbol{j}' \tag{4.53}$$

$$\begin{aligned} \boldsymbol{a} = \dot{\boldsymbol{v}} &= (\ddot{\xi} - \dot{\omega}\eta - \omega\dot{\eta})\boldsymbol{i}' + (\dot{\xi} - \omega\eta)\frac{d\boldsymbol{i}'}{dt} + (\ddot{\eta} + \dot{\omega}\xi + \omega\dot{\xi})\boldsymbol{j}' + (\dot{\eta} + \omega\xi)\frac{d\boldsymbol{j}'}{dt} \\ &= (\ddot{\xi} - 2\omega\dot{\eta} - \omega^2\xi - \dot{\omega}\eta)\boldsymbol{i}' + (\ddot{\eta} + 2\omega\dot{\xi} - \omega^2\eta + \dot{\omega}\xi)\boldsymbol{j}' \end{aligned} \tag{4.54}$$

式(4.53)，(4.54)の速度，加速度は，回転座標系の成分で表した位置［式(4.52)］の時間微分であるが，式(4.51)と式(4.52)の位置 $\boldsymbol{r}$ は同一だから，式(4.53)，(4.54)の速度，加速度も表示方法が異なるだけでともに静止座標系の速度，加速度である．これらを絶対的な静止座標系における速度，加速度の意味で絶対速度(absolute velocity)，絶対加速度(absolute acceleration)と呼ぶ．式(4.53)，(4.54)を改めて以下のように記述する．

$$\boldsymbol{v} = \boldsymbol{v}' + \boldsymbol{v}_t, \qquad \boldsymbol{v}' = \dot{\xi}\boldsymbol{i}' + \dot{\eta}\boldsymbol{j}', \quad \boldsymbol{v}_t = -\omega\eta\boldsymbol{i}' + \omega\xi\boldsymbol{j}' \tag{4.55}$$

$$\begin{aligned} &\boldsymbol{a} = \boldsymbol{a}' + \boldsymbol{a}_t, \qquad \boldsymbol{a}' = \ddot{\xi}\boldsymbol{i}' + \ddot{\eta}\boldsymbol{j}' \\ &\quad \boldsymbol{a}_t = (-2\omega\dot{\eta} - \omega^2\xi - \dot{\omega}\eta)\boldsymbol{i}' + (2\omega\dot{\xi} - \omega^2\eta + \dot{\omega}\xi)\boldsymbol{j}' \end{aligned} \tag{4.56}$$

式(4.55)の $\boldsymbol{v}'$ および式(4.56)の $\boldsymbol{a}'$ は，それぞれ回転座標系で観測した速度およ

―「観測した」と「表した」の違い―

「～座標系で観測した」と「～座標系（の成分）で表した」とは別の意味であることに注意する．後者はベクトルを「～座標系方向に分解した」という意味である．

― 運搬速度―

ロケットの打ち上げのように宇宙レベルの運動では，地球上に固定された座標系も地球の自転を考慮した回転座標系となる．ロケットの打ち上げは，できるだけ低い緯度で東向きに打ち上げるのがよいとされる．東は運搬速度 $\boldsymbol{v}_t$ の向きであり，低い緯度では ξ, η が大きく $|\boldsymbol{v}_t|$ も大となる．ロケットの地球に対する相対速度が東向きに $\boldsymbol{v}'$ のとき，宇宙空間に固定した静止座標系ではロケットは $\boldsymbol{v}'$ より大きな東向きの速度 $\boldsymbol{v} = \boldsymbol{v}' + \boldsymbol{v}_t$ を得る．これは，地球の自転を文字通りの運搬速度としてロケットの運搬手段に利用したものである．

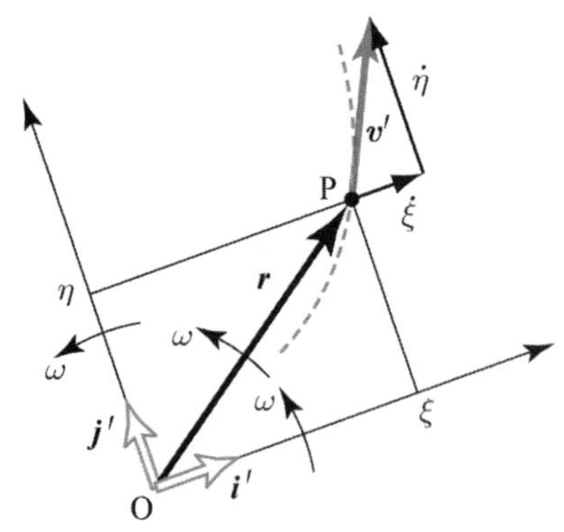

図 4.19　回転座標系で観測した質点の経路と速度

び加速度であり，回転座標系に対する相対速度および相対加速度である．また，式(4.55)の $\boldsymbol{v}_t$ および式(4.56)の $\boldsymbol{a}_t$ は，ともに座標系が回転することによって生じた項であり，$\boldsymbol{v}_t$ を運搬速度(velocity of transportation)，$\boldsymbol{a}_t$ を運搬加速度(acceleration of transportation)と呼ぶ．

b．コリオリの力と遠心力（Coriolis force and centrifugal force）

式(4.54)，(4.56)の絶対加速度は慣性系で観測された加速度なので，運動の法則に従い式(4.26)中の加速度 $\boldsymbol{a}$ とすることができる．いま，点 P に質量 m の質点があるとし，図 4.18 に示すように質点に力 $\boldsymbol{F}$ が作用しているとする．$\boldsymbol{F}$ を回転座標系の ξ と η の成分に分解して $\boldsymbol{F}=F_\xi\boldsymbol{i}'+F_\eta\boldsymbol{j}'$ と表し，式(4.56)の絶対加速度とともに運動方程式(4.26)に代入すると次式を得る．

$$m\boldsymbol{a}'=\boldsymbol{F}-m\boldsymbol{a}_t \tag{4.57}$$

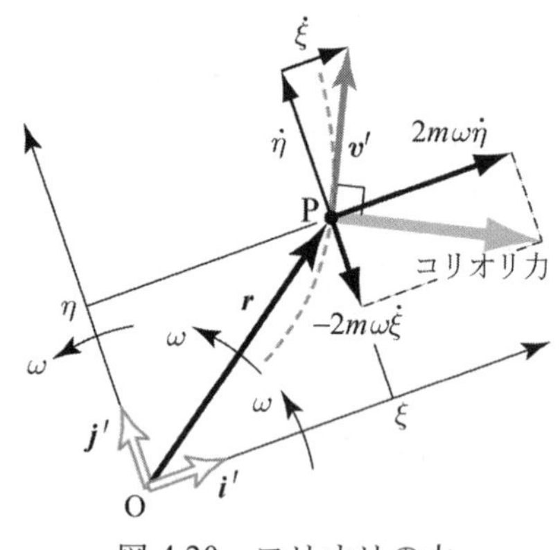

図 4.20　コリオリの力

式(4.57)左辺の $\boldsymbol{a}'$ は，回転座標系上で観測された相対加速度であり，移動座標系上で観測された加速度という意味で式(4.46)の $\boldsymbol{a}'$ と等価である．右辺第 1 項は，式(4.46)と同様に質点に作用する力である．したがって，運搬加速度に起因する右辺第 2 項 $-m\boldsymbol{a}_t$ が式(4.46)の $-m\boldsymbol{a}_{\rm Q}$ に相当し，これが回転座標系（2 次元回転座標系）における慣性力である．$-m\boldsymbol{a}_t$ を改めて以下のように表記する．

$$-m\boldsymbol{a}_t=2m\omega(\dot{\eta}\boldsymbol{i}'-\dot{\xi}\boldsymbol{j}')+m\omega^2(\xi\boldsymbol{i}'+\eta\boldsymbol{j}')+m\dot{\omega}(\eta\boldsymbol{i}'-\xi\boldsymbol{j}') \tag{4.58}$$

式(4.58)右辺第 1 項の $2m\omega(\dot{\eta}\boldsymbol{i}'-\dot{\xi}\boldsymbol{j}')$ をコリオリの力(Coriolis force)，第 2 項の $m\omega^2(\xi\boldsymbol{i}'+\eta\boldsymbol{j}')$ を遠心力(centrifugal force)と呼ぶ．回転座標系においてもこれらの慣性力を考慮することで，式(4.57)のように運動方程式を導出し質点の運動を取り扱うことができる．式(4.57)は，ξ,η 方向に分けて以下のようにも記述できる．

$$\begin{aligned} m\ddot{\xi}&=F_\xi+2m\omega\dot{\eta}+m\omega^2\xi+m\dot{\omega}\eta \\ m\ddot{\eta}&=F_\eta-2m\omega\dot{\xi}+m\omega^2\eta-m\dot{\omega}\xi \end{aligned} \tag{4.59}$$

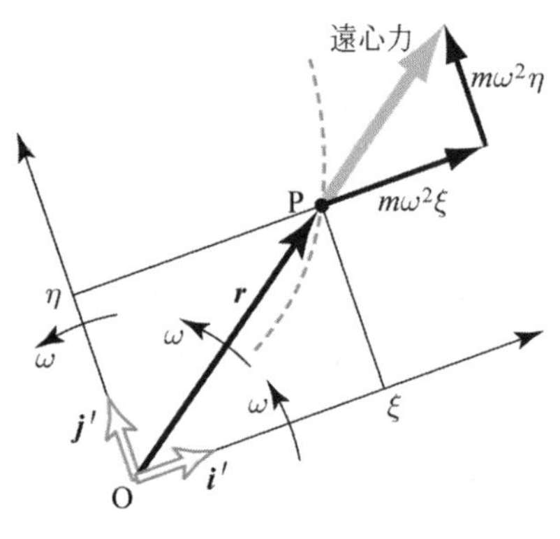

図 4.21　遠心力

右辺第 2 項がコリオリの力，第 3 項が遠心力である．図 4.19 に示すように，回転座標系 O $-\xi\eta$ 内で観測された質点が $\boldsymbol{r}=\xi\boldsymbol{i}'+\eta\boldsymbol{j}'$ の位置にあり，回転座標系 O $-\xi\eta$ に対し相対速度 $\boldsymbol{v}'=\dot{\xi}\boldsymbol{i}'+\dot{\eta}\boldsymbol{j}'$ を持つとする．コリオリの力 $2m\omega(\dot{\eta}\boldsymbol{i}'-\dot{\xi}\boldsymbol{j}')$ と $\boldsymbol{v}'$ との内積は $2m\omega\dot{\eta}\dot{\xi}-2m\omega\dot{\xi}\dot{\eta}=0$ なので，図 4.20 に示すように，コリオリの力は回転座標系で観測した質点の速度 $\boldsymbol{v}'$ に対し直角方向に作用する．回転の向きが変わると($\omega<0$ となると)コリオリの力の向きも 180° 変わる．一方，図 4.21 には回転座標系で表示した質点の位置 $\boldsymbol{r}=\xi\boldsymbol{i}'+\eta\boldsymbol{j}'$ と遠心力 $m\omega^2(\xi\boldsymbol{i}'+\eta\boldsymbol{j}')$ を示す．遠心力は位置 $\boldsymbol{r}$ と同じ向きを持ち，常に回転座標系の原点から遠ざかるように作用することがわかる．

なお，ここでの回転座標系 O $-\xi\eta\zeta$ は，図 4.17 に示すように静止直交座標系 O $-xyz$ に対して並進運動を行わず，両座標系の原点 O は一致していると考えた．これに対し，回転座標系が静止直交座標系に対して並進運動も行う場合は，図 4.15 に示すように，回転座標系の原点を Q として静止直交座標系の原点 O からの位置 $\boldsymbol{r}_Q$ を定義し，式(4.57)における慣性力 $-m\boldsymbol{a}_t$ に加えて慣性力 $-m\boldsymbol{a}_Q$ も同時に考慮すればよい．

【例題 4・6】　＊＊＊＊＊＊＊＊＊＊＊＊＊＊＊＊＊＊＊＊＊＊＊＊

図 4.22 に示すように，一定の角速度 ω で中心 O まわりに回転している宇宙ステーションがある．このステーション内で，回転方向と逆向きにステーションに対して $v=R\omega$ の速度でボールを発射した．ボールの発射前後でステーションの角速度 ω は変化しないとする．R はステーション中心 O から発射点までの距離である．発射後のボールの運動を説明せよ．

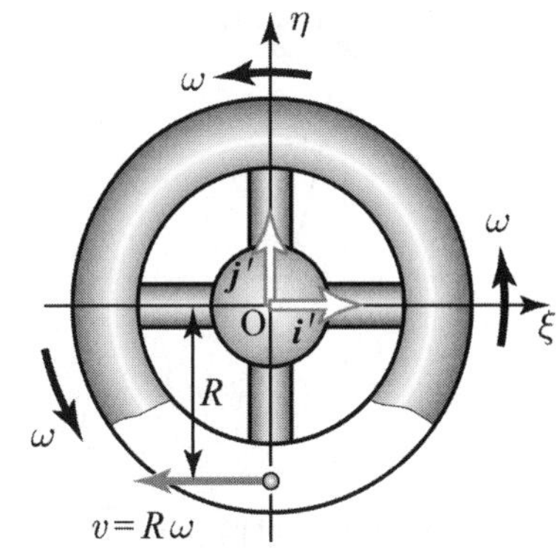

図 4.22　宇宙ステーション内でのボールの運動

【解答】　ボールは静止座標系から見ると動かずに停止する．一方，ステーションとともに回転する回転座標系 O－ξη から観測すると，ボールはステーションに対して円運動を行うように見える．時刻 $t=0$ で図 4.22 の状態にあれば，回転座標系の成分で表したボールの位置は以下のように表される．

$$\boldsymbol{r}=\xi\boldsymbol{i}'+\eta\boldsymbol{j}', \qquad \xi=-R\sin\omega t, \quad \eta=-R\cos\omega t \tag{4.60}$$

式(4.58)で表される回転座標系の慣性力 $-m\boldsymbol{a}_t$ において，コリオリの力は $2m\omega(\dot{\eta}\boldsymbol{i}'-\dot{\xi}\boldsymbol{j}')=2mR\omega^2(\sin\omega t\boldsymbol{i}'+\cos\omega t\boldsymbol{j}')$，遠心力は $m\omega^2(\xi\boldsymbol{i}'+\eta\boldsymbol{j}')=-mR\omega^2(\sin\omega t\boldsymbol{i}'+\cos\omega t\boldsymbol{j}')$，第三項は $\dot{\omega}=0$ から $\boldsymbol{0}$ である．ボールに作用する外力は $\boldsymbol{F}=\boldsymbol{0}$ だから，式(4.57)から以下の関係を得る．

$$m\boldsymbol{a}'=mR\omega^2(\sin\omega t\boldsymbol{i}'+\cos\omega t\boldsymbol{j}')=-m\omega^2(\xi\boldsymbol{i}'+\eta\boldsymbol{j}')=-m\omega^2\boldsymbol{r} \tag{4.61}$$

すなわち，ステーション内では見かけの向心加速度 $\boldsymbol{a}'=-\omega^2\boldsymbol{r}$ がボールに生じており，これによって円運動を行っているように見える．

＊＊＊＊＊＊＊＊＊＊＊＊＊＊＊＊＊＊＊＊＊＊＊

＝＝＝＝＝　練習問題　＝＝＝＝＝＝＝＝＝＝＝＝＝＝＝＝＝＝＝＝＝＝＝

【4・1】 A car travels along a straight road with a velocity equal to $v=t^2+0.5t$, where v is in m/s and t is the time in seconds. The car starts from rest, when $t=3$ s, determine the position and the acceleration of the car.

【4・2】　点 P が円柱座標系で $r=R, \theta=\omega t, z=at^2$ と表される運動をする．R, a は正の定数，t は時間である．点 P の速度と加速度を円柱座標系で表せ．また，点 P の速さと加速度の大きさはどのようになるか．

【4・3】　図 4.23 の斜面上で，ブロックが初速度 v_0 から停止するまでに要する時間 t_0 を求めよ．また，そのときに斜面を登る距離 s_0 を求めよ．斜面とブロックとの間の動摩擦係数を μ_k（一定値）とする．

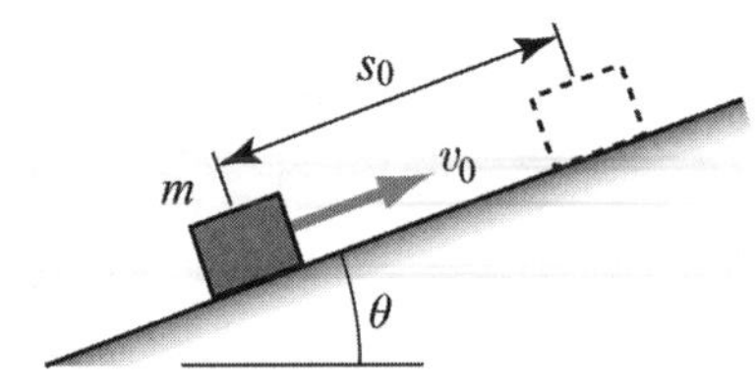

図 4.23　斜面を登るブロックの運動

【4・4】　質量 m の荷が水平なベルトコンベア上を加速度 a で運ばれている．荷がコンベア上で滑らない最大の a を求めよ．荷とコンベア間の静摩擦係数を μ_s，重力加速度を g とする．

【4・5】　図 4.24 に示す質量 m の質点，質量を無視できる長さ l の糸からなる単振り子の運動方程式を極座標で表せ．重力加速度を g，糸に作用する張力を T とする．

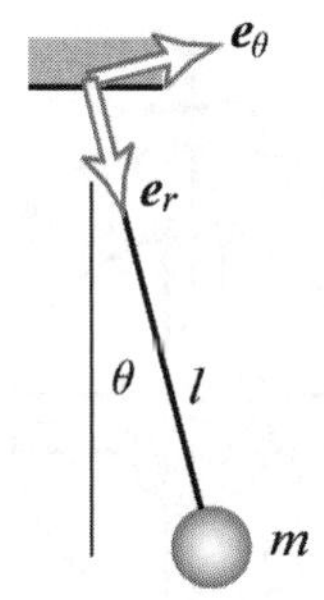

図 4.24　単振り子

【4・6】　A hollow tube is pivoted about a vertical axis through point O and rotates with constant angular velocity ω. A particle of mass m slides in the smooth tube as shown in Fig.4.25. A normal force N exerts by the wall of the tube on the particle but a frictional force is negligible. Determine the equation of motion of the mass with respect to the rotating axes $\mathrm{O}-\xi\eta$.

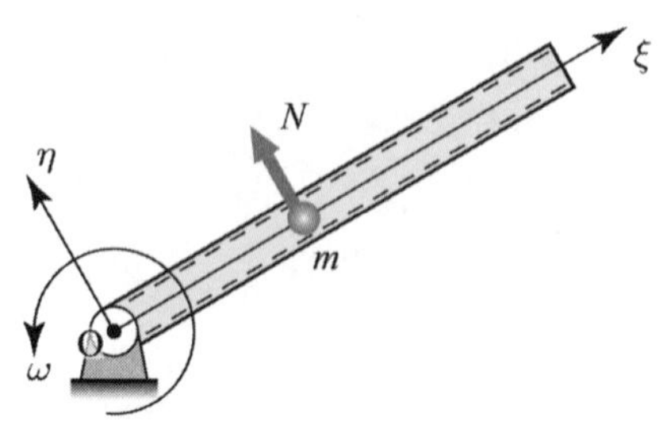

Fig. 4.25　Motion of particle in rotating tube

【解答】

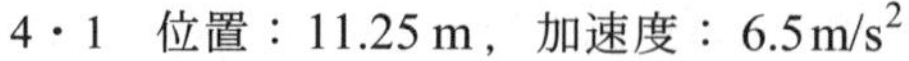

4・1　位置：11.25 m，加速度：6.5 m/s^2

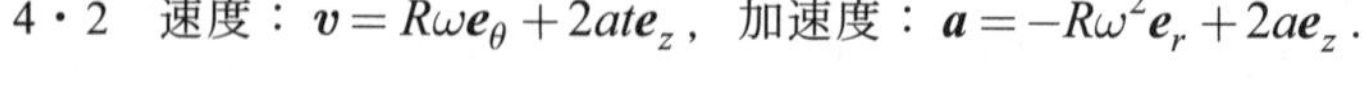

4・2　速度：$\boldsymbol{v}=R\omega\boldsymbol{e}_\theta+2at\boldsymbol{e}_z$，加速度：$\boldsymbol{a}=-R\omega^2\boldsymbol{e}_r+2a\boldsymbol{e}_z$.

速さ：$|\boldsymbol{v}|=\sqrt{(R\omega)^2+(2at)^2}$，加速度の大きさ：$|\boldsymbol{a}|=\sqrt{(R\omega^2)^2+(2a)^2}$.

4・3　$t_0=\dfrac{v_0}{g(\sin\theta+\mu_k\cos\theta)}$，　$s_0=\dfrac{v_0^2}{2g(\sin\theta+\mu_k\cos\theta)}$.

4・4　コンベアとともに移動する座標系では，荷に慣性力 $-ma$ と摩擦力 F が作用して両者が釣合い $-ma+F=0$. $F\le\mu_s mg$ から，$a_{\max}=\mu_s g$.

4・5　r 方向：$-ml\dot{\theta}^2=mg\cos\theta-T$，　θ 方向：$ml\ddot{\theta}=-mg\sin\theta$.

4・6　ξ direction：$m\ddot{\xi}=m\xi\omega^2$，　η direction：$0=N-2m\omega\dot{\xi}$.

The normal force $N=2m\omega\dot{\xi}$ is generated by the Coriolis force.

第 4 章の文献

(1) J.L. メリアム，(岡村秀勇訳)，例解演習工業力学／動力学編Ⅰ，(1982)，サイエンス社.
(2) Meriam, J.M., Kraige L.G., Engineering Mechanics Dynamics Fifth edition, (2003), John Wiley & Sons, Inc.
(3) 末岡淳男，綾部隆，機械力学，(1997)，森北出版.
(4) 末岡淳男，雉本信哉，松崎健一郎，井上卓見，劉孝宏，機械力学演習，(2004)，森北出版.
(5) Magd Abdel Wahab, Dynamics and Vibration, (2008), John Wiley & Sons, Inc.

第 5 章

運動量とエネルギー

Momentum and Energy

- 運動の法則から運動量とエネルギーを理解しよう！
- 運動量とエネルギーの違いは？
- 運動量とエネルギーの保存則とは？
- 運動の現象とのつながりを理解しよう！

5・1　運動量と角運動量（momentum and angular momentum）

5・1・1　運動量（momentum）

運動している物体の状態を表す指標について考えてみよう．直観的に，図 5.1 に示すように，物体の速さが大きいほど，また質量が大きいほど，その物体には勢いがあると感じられる．同様に，質量が大きく，かつ速く運動している物体を止めるには，大きな労力を必要とするであろう．このような運動している物体の性質を物理的な観点から見てみよう．

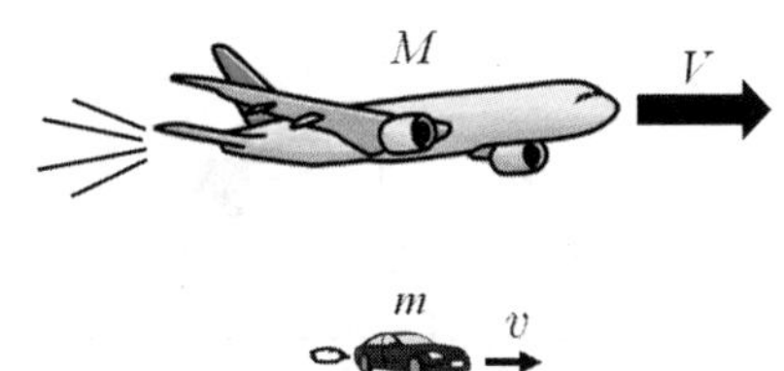

図 5.1　運動している物体の質量と速度

質点の質量を m，質点に作用する力を $\boldsymbol{F}$，質点に生じる加速度を $\boldsymbol{a}$ とすると，ニュートンの第二法則は

$$m\boldsymbol{a} = \boldsymbol{F} \tag{5.1}$$

で表される．そして，質量 m の質点が速度 $\boldsymbol{v}$ で運動しているとき，この質点は $\boldsymbol{p} = m\boldsymbol{v}$ の運動量(momentum)をもっているという．つまり，重い(質量の大きい)ものが大きな速さで動いているとき，この物体は大きな運動量を持つことになる．運動量は衝突問題などの現象を明らかにする上で有効性を発揮するが，力学においては速度などよりも基本的な量であるともいえる．加速度は

$$\boldsymbol{a} = \frac{d\boldsymbol{v}}{dt} \tag{5.2}$$

であるから，運動方程式は $\boldsymbol{p}$ を用いて

$$\frac{d\boldsymbol{p}}{dt} = \boldsymbol{F} \tag{5.3}$$

と書くこともできる．これより，質点に力が加わらなければ，$\boldsymbol{F} = 0$，すなわち $d\boldsymbol{p}/dt = 0$ であるから，$\boldsymbol{p}$ は時間に対して一定となり，質点は等速度運動あるいは静止状態を維持することがわかる．

つぎに，質点に力が加わる場合を考えてみる．式(5.3)を時間 t について t_1 から t_2 まで積分すると

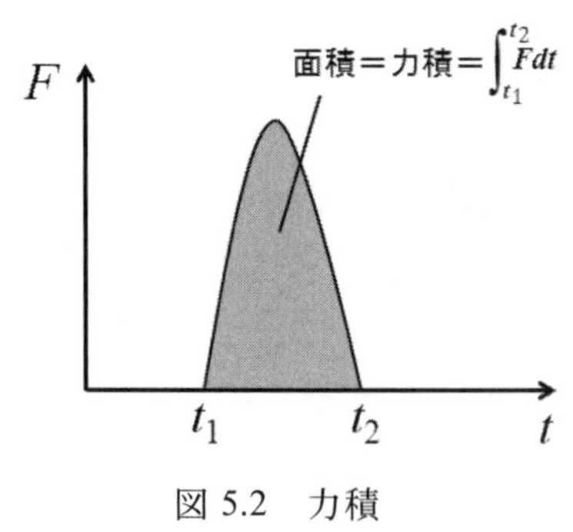

図 5.2　力積

$$\int_{t_1}^{t_2} \frac{d\boldsymbol{p}}{dt} dt = \int_{t_1}^{t_2} \boldsymbol{F} dt \tag{5.4}$$

となり

$$\boldsymbol{p}(t_2) - \boldsymbol{p}(t_1) = \int_{t_1}^{t_2} \boldsymbol{F} dt \tag{5.5}$$

が得られる．式(5.5)から明らかなように，質点の運動量の変化は，その間に作用した力の積分値に等しい．ここで，式(5.5)右辺の積分項を力積(impulse)と呼ぶ．力積は，力 $\boldsymbol{F}$ を時間 t について t_1 から t_2 まで積分した量であるから，$\boldsymbol{F}$ が一定の場合には $\boldsymbol{F}(t_2 - t_1)$ となるが，時間とともに力が図 5.2 のように変動する場合，力が時間軸となす面積に対応する．

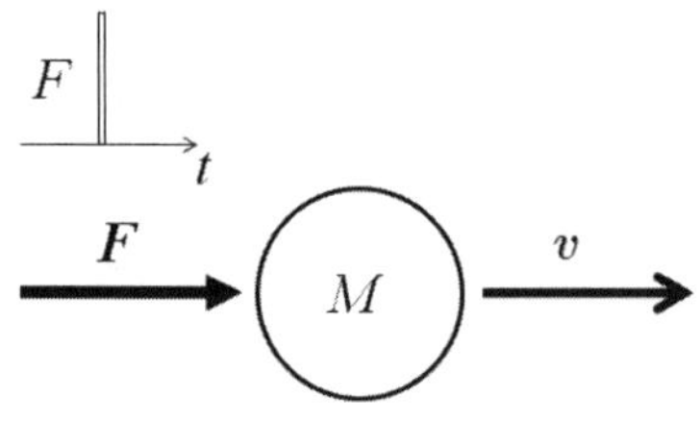

図 5.3　単位衝撃力を受ける質点

【例題 5・1】　＊＊＊＊＊＊＊＊＊＊＊＊＊＊＊＊＊＊＊＊＊＊＊＊

図 5.3 に示すように，静止している質量 M の物体に単位衝撃力が作用した．力の作用後の物体の速さ v を求めよ．

【解答】　力の作用前後の物体の速さをそれぞれ v_1 および v_2 とすると，式(5.5)は

$$Mv_2 - Mv_1 = \int_{t_1}^{t_2} F dt \tag{5.6}$$

と書ける．ここで，$v_1 = 0$ であり，F は単位衝撃力であるから

$$\int_0^\infty F dt = 1 \tag{5.7}$$

が成り立ち，式(5.6)の右辺は 1 となる．したがって，衝突後の速さ v_2 は

$$v_2 = \frac{1}{M} \tag{5.8}$$

となる．

＊＊＊＊＊＊＊＊＊＊＊＊＊＊＊＊＊＊＊＊＊＊

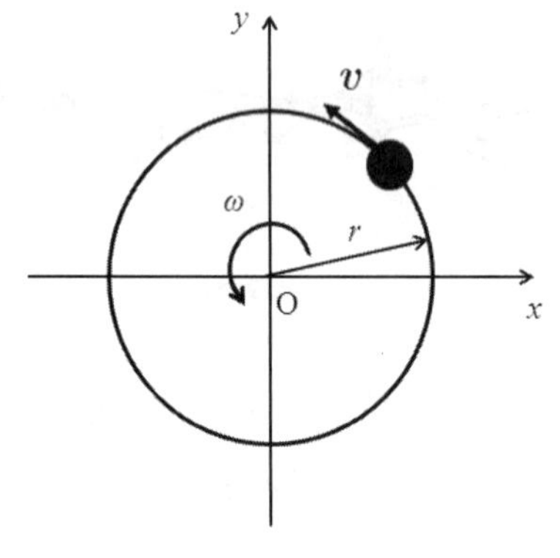

図 5.4　質点の円運動

5・1・2　角運動量（angular momentum）

(a) 平面運動

角運動量(angular momentum)とは，運動量のモーメントを意味し，ある物体がもっている回転運動の強さ(勢い)を表す物理量である．そして，角運動量は物体に作用する力のモーメントと回転運動の関係を知る上で重要である．

図 5.4 に示すように，質量 m の質点が xy 平面内で原点 O を中心に角速度 ω で半径 r の円運動をしている場合を考える．質点の円運動に対する接線方向の速度は $r\omega$ であるから，運動量は $p = mr\omega$ となる．そして，これに r をかけた

$$L = rp = mr^2\omega \tag{5.9}$$

が，原点まわりの角運動量と呼ばれる量である．

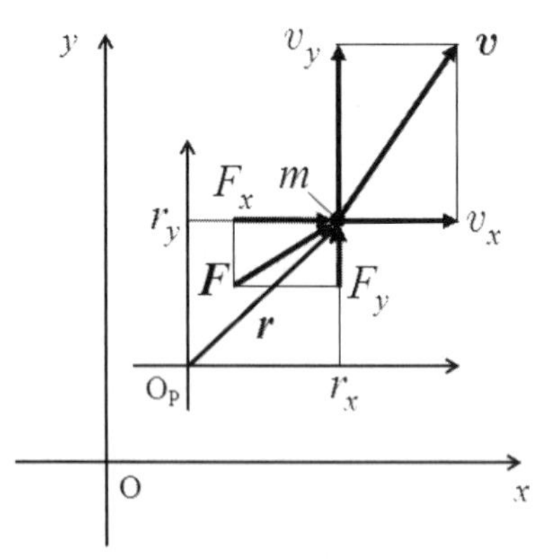

図 5.5　平面内を運動する質点

いま，図 5.5 に示すような xy 平面内で行われる物体の運動について考える

と，O_p まわりのモーメント N および角運動量 L は

$$N = r_x F_y - r_y F_x, \quad L = r_x p_y - r_y p_x \tag{5.10}$$

である．ところで

$$p_x = m\frac{dr_x}{dt}, \quad p_y = m\frac{dr_y}{dt} \tag{5.11}$$

であるから

$$\frac{dL}{dt} = m\frac{d}{dt}\left(r_x\frac{dr_y}{dt} - r_y\frac{dr_x}{dt}\right) = mr_x\frac{d^2r_y}{dt^2} - mr_y\frac{d^2r_x}{dt^2} \tag{5.12}$$

となるが，運動方程式 $m\ddot{r}_x = F_x$，$m\ddot{r}_y = F_y$ を用いると，式(5.12)は

$$\frac{dL}{dt} = r_x F_y - r_y F_x \tag{5.13}$$

となり

$$\frac{dL}{dt} = N \tag{5.14}$$

となることがわかる．

(b) 3 次元運動

次に，3 次元空間における質点の任意の運動について考えてみよう．図 5.6 に示すように，質点の位置ベクトル $\boldsymbol{r}$，運動量 $\boldsymbol{p}$ および質点に作用する力 $\boldsymbol{F}$ の関係を見てみる．式(5.3)より，質点の位置ベクトル $\boldsymbol{r}$ と運動量 $\boldsymbol{p}$ の時間的変化率 $d\boldsymbol{p}/dt$ との外積は

$$\boldsymbol{r}\times\frac{d\boldsymbol{p}}{dt} = \boldsymbol{r}\times\boldsymbol{F} \tag{5.15}$$

となる．ところで，外積 $\boldsymbol{r}\times\boldsymbol{p}$ の時間 t についての微分は

$$\frac{d}{dt}(\boldsymbol{r}\times\boldsymbol{p}) = \frac{d\boldsymbol{r}}{dt}\times\boldsymbol{p} + \boldsymbol{r}\times\frac{d\boldsymbol{p}}{dt} = \boldsymbol{r}\times\frac{d\boldsymbol{p}}{dt} \tag{5.16}$$

となる．ここで，$d\boldsymbol{r}/dt = \boldsymbol{v}$，$\boldsymbol{p} = m\boldsymbol{v}$ から，$d\boldsymbol{r}/dt\times\boldsymbol{p} = 0$，すなわち $\boldsymbol{v}\times\boldsymbol{v} = 0$ の関係を用いた．したがって，式(5.15)と(5.16)から

$$\frac{d}{dt}(\boldsymbol{r}\times\boldsymbol{p}) = \boldsymbol{r}\times\boldsymbol{F} \tag{5.17}$$

が得られる．ここで，式(5.9)と同様，

$$\boldsymbol{L} = \boldsymbol{r}\times\boldsymbol{p} \tag{5.18}$$

は角運動量であり，式(5.17)は，質点にモーメントが加わると，それは質点の持つ角運動量の時間的変化率に等しいことを意味している．つまり，物体に作用する力のモーメントが 0 のとき，物体は一定の角運動量で規定される運動を維持する．一般の運動では，式(5.14)はベクトル表現で

$$\frac{d\boldsymbol{L}}{dt} = \boldsymbol{N} \tag{5.19}$$

と記述される．

―単位衝撃力―

下図は，時刻 0 にて $1/\tau$ の大きさをもち，力が時間 τ だけ作用する衝撃力を示す．この力は，$\tau\to 0$ において，単位衝撃力となり，瞬間的に大きな力が作用することを意味する．この関数は，$\delta(t)$ と表され，$t = 0$ のとき大きな値をとり，$t \neq 0$ で常に 0 である．そして，

$$\int_0^\infty \delta(t)dt = 1$$

を満たす．$\delta(t)$ をディラックのデルタ関数とも呼ぶ．また，任意の時間関数 $f(x)$ に対して

$$\int_0^\infty \delta(t)f(t)dt = f(0)$$

という関係が成り立つ．

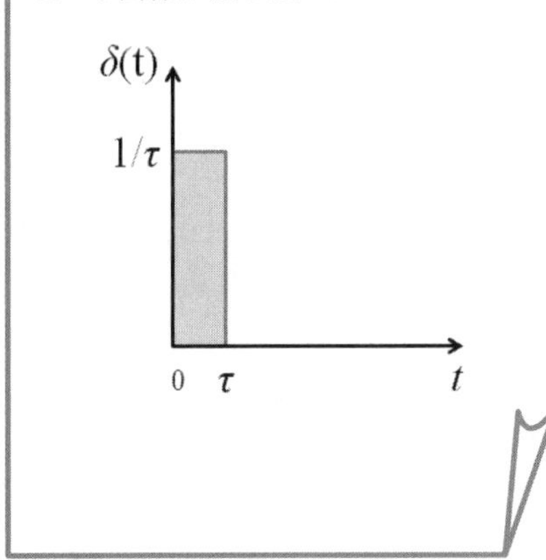

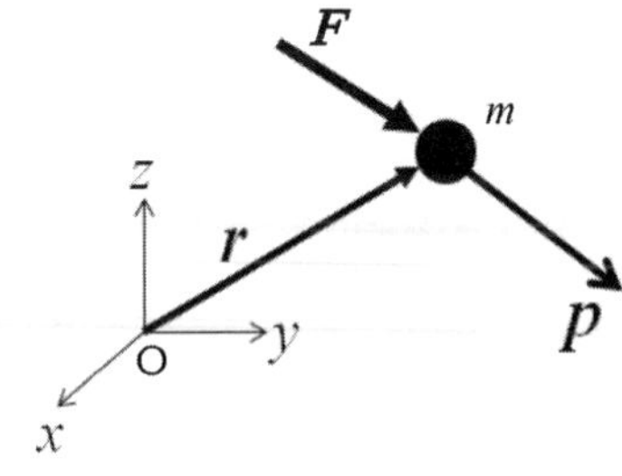

図 5.6　3 次元空間における質点の運動

5・1・3　運動量保存の法則（law of conservation of momentum）

質点系の運動量と外力の関係はどのように表されるか，また外力が作用しないとき，質点系の運動量はどのような性質をもつか見てみよう．

質点 1, 2, …の速度を $\boldsymbol{v}_1$，$\boldsymbol{v}_2$，…とし，それぞれの質点に作用する力を $\boldsymbol{F}_1$，$\boldsymbol{F}_2$，…とすると，内力は第 3 章で見たように $\boldsymbol{F}_{ij}=-\boldsymbol{F}_{ji}$ で相殺されるから，この質点系の運動方程式は

$$m_1\frac{d\boldsymbol{v}_1}{dt}+m_2\frac{d\boldsymbol{v}_2}{dt}+\cdots=\frac{d}{dt}\left(m_1\boldsymbol{v}_1+m_2\boldsymbol{v}_2+\cdots\right)=\boldsymbol{F}_1+\boldsymbol{F}_2+\cdots \quad (5.20)$$

となる．そして，運動量 $\boldsymbol{p}_i=m_i\boldsymbol{v}_i$ を用いると式(5.20)は

$$\frac{d}{dt}\left(\boldsymbol{p}_1+\boldsymbol{p}_2+\cdots\right)=\boldsymbol{F}_1+\boldsymbol{F}_2+\cdots \quad (5.21)$$

と書け，すなわち

$$\frac{d}{dt}\sum_i\boldsymbol{p}_i=\boldsymbol{F}_1+\boldsymbol{F}_2+\cdots \quad (5.22)$$

が得られる．質点系の全運動量は

$$\boldsymbol{P}=\sum_i\boldsymbol{p}_i \quad (5.23)$$

で表される．このとき，式(5.22)と(5.23)から

$$\frac{d\boldsymbol{P}}{dt}=\sum_i\boldsymbol{F}_i \quad (5.24)$$

となる．この関係から，もし外力が働いていないか，その総和が 0 ならば，質点系の全運動量は一定に保たれる．すなわち，

$$\sum_i\boldsymbol{p}_i=\text{const.} \quad (5.25)$$

が成り立つ．これを運動量保存の法則(law of conservation of momentum)という．外力が作用しない物体の衝突問題において，衝突後の物体の運動を考えるとき，運動量保存の法則は重要な役割をもつ．

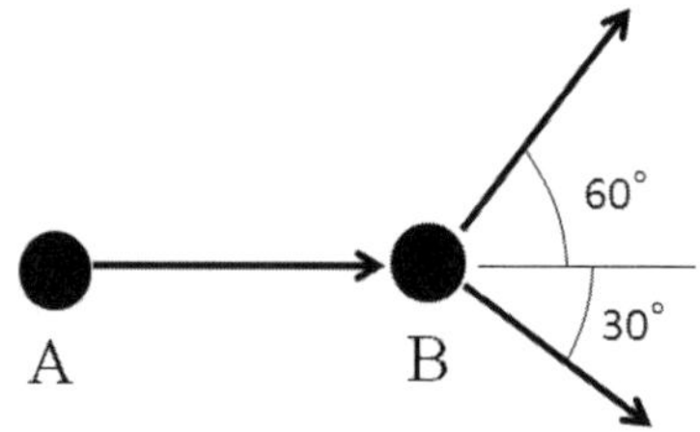

図 5.7　2 つの質点の衝突

【例題 5・2】　＊＊＊＊＊＊＊＊＊＊＊＊＊＊＊＊＊＊＊＊＊＊＊＊

図 5.7 に示すように，なめらかな水平面上で，質量 10kg の物体 A が右方向に速度 10m/s で進み，静止している質量 5kg の物体 B に衝突した．衝突後，物体 A はもとの進行方向から 60° の方向に進み，物体 B は－30° の方向に進んだ．衝突後の物体 A および B の速度の大きさを求めよ．

【解答】　系に外力が作用していないので，進行方向を x 方向，それに垂直な方向を y 方向として，運動量保存の法則を適用すると

$$x\text{ 方向：}10\times10=10v_A\cos60^\circ+5v_B\cos30^\circ \quad (5.26)$$

$$y\text{ 方向：}0=10v_A\sin60^\circ-5v_B\sin30^\circ \quad (5.27)$$

両式を解くと，$v_A=5.0\ \text{m/s}$，$v_B=17.3\ \text{m/s}$ となる．

＊＊＊＊＊＊＊＊＊＊＊＊＊＊＊＊＊＊＊＊＊＊

5・1・4　角運動量保存の法則（law of conservation of angular momentum）

前節と同様，質点系の角運動量と外力によるモーメントの関係はどのように表されるか，また外力が作用しないか，あっても外力によるモーメントの総和が0のとき，質点系の角運動量はどのような性質をもつか見てみよう．

(a) 平面内の回転運動

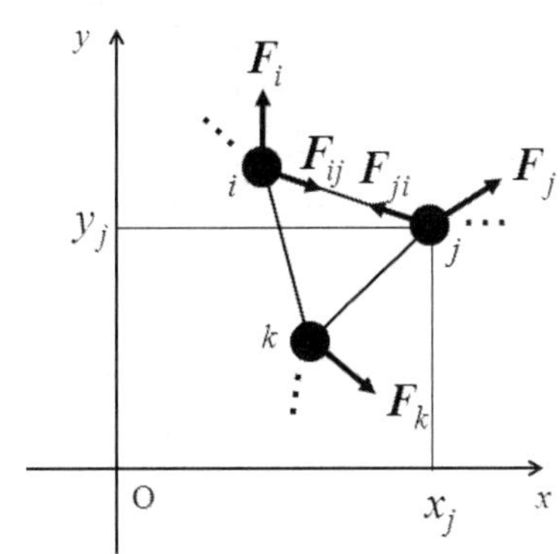

図 5.8　平面内の質点系の回転運動

図 5.8 のように，外力を受け，互いに内力をおよぼし合っている質点系の角運動量を考える．i 番目の質点の角運動量を L_i とすると，L_i の時間的変化の割合は，この質点に働くモーメントに等しい．したがって，F_{ix} および F_{iy} をそれぞれ質点 i に作用する外力の x, y 成分，F_{ijx} および F_{ijy} をそれぞれ質点 i から質点 j に向かう内力の x, y 成分とすると

$$\begin{aligned}
\frac{dL_1}{dt} &= \left(x_1F_{1y} - y_1F_{1x}\right) + \left(x_1F_{12y} - y_1F_{12x}\right) + \left(x_1F_{13y} - y_1F_{13x}\right) + \cdots \\
\frac{dL_2}{dt} &= \left(x_2F_{21y} - y_2F_{21x}\right) + \left(x_2F_{2y} - y_2F_{2x}\right) + \left(x_2F_{23y} - y_2F_{23x}\right) + \cdots \\
\frac{dL_3}{dt} &= \left(x_3F_{31y} - y_3F_{31x}\right) + \left(x_3F_{32y} - y_3F_{32x}\right) + \left(x_3F_{3y} - y_3F_{3x}\right) + \cdots \\
&\vdots \quad \vdots \quad \vdots \quad \vdots \quad \vdots \quad \vdots \quad \vdots
\end{aligned} \tag{5.28}$$

が成り立つ．内力に関し，ニュートンの第三法則によって $F_{ijx} = -F_{jix}$ および $F_{ijy} = -F_{jiy}$ であるから

$$(x_i - x_j)F_{ijy} - (y_i - y_j)F_{ijx} = 0 \tag{5.29}$$

となることを用いて，式(5.28)の総和をとると

$$\sum_i \frac{dL_i}{dt} = \sum_i \left(x_iF_{iy} - y_iF_{ix}\right) \tag{5.30}$$

が導かれる．i 番目の質点のモーメント $N_i = x_iF_{iy} - y_iF_{ix}$ から，式(5.30)は

$$\sum_i \frac{dL_i}{dt} = \sum_i N_i \tag{5.31}$$

となる．つまり，質点系の全角運動量の時間的変化の割合は，その系に働く外力のモーメントの総和に等しい．

外力が作用していないか，あってもそのモーメントの和が0ならば質点系の全角運動量は一定に保たれる．すなわち

$$\sum_i L_i = \text{const.} \tag{5.32}$$

が成り立つ．これを質点系における角運動量保存の法則(law of conservation of angular momentum)という．

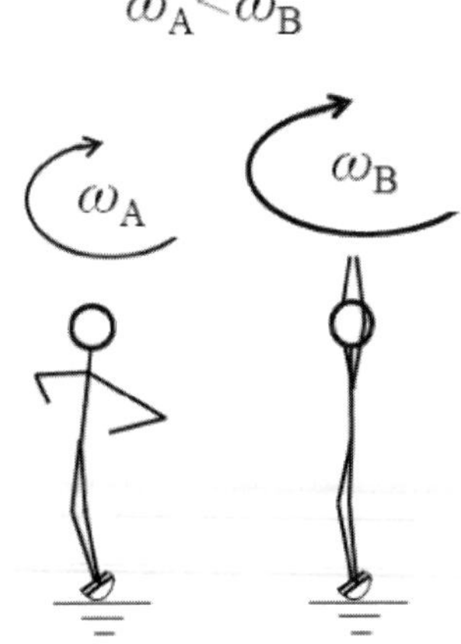

図 5.9　スケートのスピン

角運動量保存の法則が関係している身近な例として，フィギュアスケートのスピンを考えてみよう．図 5.9 のように手足を広げてスピンするよりも，まっすぐ一直線に体をのばしてスピンする方が高速に回転するのを目にすることだろう．これは，例えば式(5.9)の角運動量において半径 r が小さくなっ

ている状態を意味する．すなわち，外力によるモーメントが作用していない場合，角運動量は保存されるので，r が小さくなると角速度 ω が大きくなる．

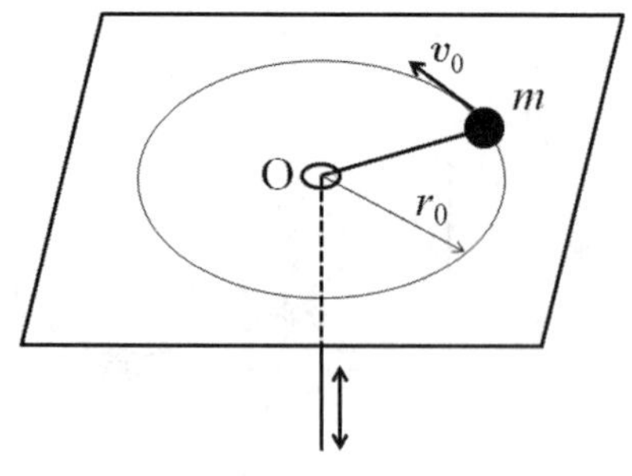

図 5.10　長さ可変のひもにつながれ回転する質点

【例題 5・3】　＊＊＊＊＊＊＊＊＊＊＊＊＊＊＊＊＊＊＊＊＊＊＊＊

図 5.10 のように，なめらかな水平面上で，長さが可変で質量を無視できるひもの先端に質量 m の質点がつながれ，中心 O のまわりに半径 r_0，速さ v_0 で等速運動をしている．ひもを引っ張って半径を半分にしたとき，質点の角速度と速さを求めよ．

【解答】　最初に質点がもつ角運動量 L_0 は，角速度 $\omega_0 = v_0 / r_0$ とすると

$$L_0 = r_0 m v_0 = r_0^2 m \omega_0 \tag{5.33}$$

となる．半径が半分になったときの速度および角速度の大きさをそれぞれ v，ω とすると，このときの角運動量 L は

$$L = \frac{r_0}{2} m v = \frac{r_0^2}{4} m \omega \tag{5.34}$$

となる．そして，ひもを引っ張る外力は作用しているが，それによる中心 O のまわりのモーメントは作用していないので，角運動量保存の法則より

$$L = L_0 \tag{5.35}$$

が成り立ち，$\omega = 4\omega_0$ となる．したがって，質点の速さは

$$v = \frac{r_0}{2} \omega = 2 r_0 \omega_0 = 2 v_0 \tag{5.36}$$

となる．

＊＊＊＊＊＊＊＊＊＊＊＊＊＊＊＊＊＊＊＊＊＊＊

(b) 3 次元運動

ある質点系において i 番目の質点の角運動量を $\boldsymbol{L}_i = \boldsymbol{r}_i \times \boldsymbol{p}_i$ とすると，$\boldsymbol{L}_i$ の時間的変化の割合は，この質点に働くモーメントに等しい．したがって，$\boldsymbol{F}_i$ を質点 i に作用する外力，$\boldsymbol{F}_{ij}$ を質点 i から質点 j に向かう内力とすると

$$\begin{aligned}
\frac{d\boldsymbol{L}_1}{dt} &= \boldsymbol{r}_1 \times \boldsymbol{F}_1 + \boldsymbol{r}_1 \times \boldsymbol{F}_{12} + \boldsymbol{r}_1 \times \boldsymbol{F}_{13} + \cdots \\
\frac{d\boldsymbol{L}_2}{dt} &= \boldsymbol{r}_2 \times \boldsymbol{F}_2 + \boldsymbol{r}_2 \times \boldsymbol{F}_{21} + \boldsymbol{r}_2 \times \boldsymbol{F}_{23} + \cdots \\
\frac{d\boldsymbol{L}_3}{dt} &= \boldsymbol{r}_3 \times \boldsymbol{F}_3 + \boldsymbol{r}_3 \times \boldsymbol{F}_{31} + \boldsymbol{r}_3 \times \boldsymbol{F}_{32} + \cdots \\
&\vdots \quad \vdots \quad \vdots \quad \vdots \quad \vdots \quad \vdots
\end{aligned} \tag{5.37}$$

が成り立つ．式(5.37)において，右辺第 2 項以下の内力の部分については，$\boldsymbol{r}_i \times \boldsymbol{F}_{ij}$ と $\boldsymbol{r}_j \times \boldsymbol{F}_{ji}$ に関して，ニュートンの第三法則によって $\boldsymbol{F}_{ij} = -\boldsymbol{F}_{ji}$ であることと，$\boldsymbol{r}_i - \boldsymbol{r}_j$ と $\boldsymbol{F}_{ij}$ が同方向（または逆方向）であることから，

$$\boldsymbol{r}_i \times \boldsymbol{F}_{ij} + \boldsymbol{r}_j \times \boldsymbol{F}_{ji} = \left(\boldsymbol{r}_i - \boldsymbol{r}_j\right) \times \boldsymbol{F}_{ij} = \boldsymbol{0} \tag{5.38}$$

になる．このことから，式(5.37)のすべての式を合計する場合，第 2 項以降の総和は 0 になり，外力のモーメントに関する項だけが残る．したがって，質点系の全角運動量を

$$\boldsymbol{L} = \boldsymbol{L}_1 + \boldsymbol{L}_2 + \boldsymbol{L}_3 + \cdots = \sum_i \boldsymbol{L}_i \tag{5.39}$$

とすると，

$$\frac{d\boldsymbol{L}}{dt} = \boldsymbol{r}_1 \times \boldsymbol{F}_1 + \boldsymbol{r}_2 \times \boldsymbol{F}_2 + \boldsymbol{r}_3 \times \boldsymbol{F}_3 + \cdots = \sum_i \boldsymbol{r}_i \times \boldsymbol{F}_i \tag{5.40}$$

となり，式(5.27)と同様の関係が導かれる．そして，3 次元運動に関しても，外力が作用していないか，あってもそのモーメントの和が 0 ならば，角運動量保存の法則

$$\sum_i \boldsymbol{L}_i = \text{const.} \tag{5.41}$$

が成り立つ．

5・2　仕事とエネルギー（work and energy）

5・2・1　仕事と運動エネルギー（work and kinetic energy）

物体に力が作用しており，その力の作用方向に物体が移動するとき，その力と移動量をかけ合わせた量のことを仕事(work)という．例えば，物体に一定の力 F が作用したときの物体の移動量を s とすると，仕事は Fs と表される．また，力 $\boldsymbol{F}$ と移動量 $\boldsymbol{s}$ がともにベクトルのとき，仕事は $\boldsymbol{F}\cdot\boldsymbol{s}$ で表される．そして，エネルギー(energy)とは，外部に対して行うことができる仕事量，すなわち物体が仕事をする能力を表す．運動量と同様，仕事およびエネルギーは運動している物体の物理的性質を知る上で重要である．また，5･1･1 で説明したように，運動量は力を時間で積分した量であるが，エネルギーは力を空間座標で積分した量になる．

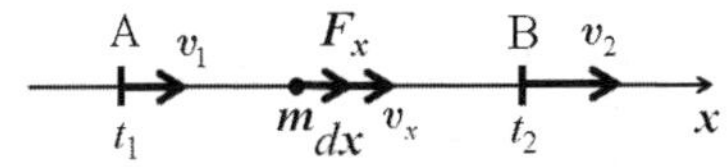

図 5.11　質点の直線運動

図 5.11 のような x 方向に運動する質点を考えてみる．質点の x 方向の加速度 a_x と速度 v_x の関係は $a_x = dv_x / dt$ であるから，ニュートンの第二法則を図 5.11 の x 方向の軌道に沿って，位置 A から B まで積分すると

$$\int_A^B m\frac{dv_x}{dt}dx = \int_A^B F_x dx \tag{5.42}$$

となる．もし，質点が図 5.12 のように，任意の方向に運動している場合には，y 方向および z 方向の成分を考慮して，式(5.42)と同様に軌道に沿って積分すると

$$\begin{aligned}\int_A^B m\frac{dv_x}{dt}dx + \int_A^B m\frac{dv_y}{dt}dy + \int_A^B m\frac{dv_z}{dt}dz \\ = \int_A^B F_x dx + \int_A^B F_y dy + \int_A^B F_z dz\end{aligned} \tag{5.43}$$

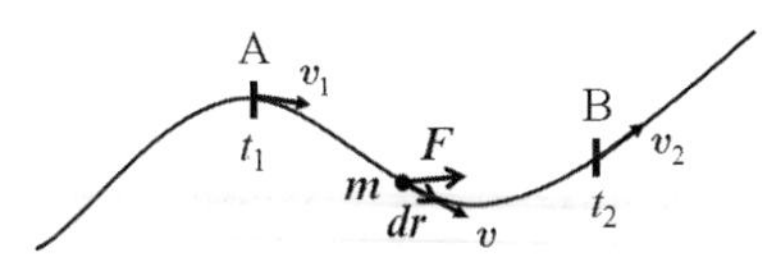

図 5.12　質点の運動の軌道

と書ける．ベクトルを使って式(5.43)を表現すると

$$\int_{\mathrm{A}}^{\mathrm{B}} m\frac{d\boldsymbol{v}}{dt}\cdot d\boldsymbol{r} = \int_{\mathrm{A}}^{\mathrm{B}} \boldsymbol{F}\cdot d\boldsymbol{r} \tag{5.44}$$

となる．ここで，$d\boldsymbol{r} = \boldsymbol{v}dt$ であり，t_1, t_2 をそれぞれ質点が軌道上の A，B を通過するときの時刻，同じく，v_1, v_2 を A，B を通過するときの速さとすると，式(5.44)の左辺は

$$\begin{aligned}\int_{\mathrm{A}}^{\mathrm{B}} m\frac{d\boldsymbol{v}}{dt}\cdot d\boldsymbol{r} &= m\int_{t_1}^{t_2} \frac{d\boldsymbol{v}}{dt}\cdot \boldsymbol{v}dt = \frac{m}{2}\int_{t_1}^{t_2} \frac{d}{dt}\left(\boldsymbol{v}\cdot\boldsymbol{v}\right) \\ &= \frac{m}{2}\int_{t_1}^{t_2} \frac{d}{dt}\left(v^2\right)dt = \frac{m}{2}\left(v_2^2 - v_1^2\right)\end{aligned} \tag{5.45}$$

と書けるので，式(5.44)は

$$\frac{m}{2}\left(v_2^2 - v_1^2\right) = \int_{\mathrm{A}}^{\mathrm{B}} \boldsymbol{F}\cdot d\boldsymbol{r} \tag{5.46}$$

となる．

式(5.46)の右辺の積分は，$\boldsymbol{F}\cdot d\boldsymbol{r}$ という量を A から B までの間で合計することを意味している．これを，力 $\boldsymbol{F}$ が A から B までの間にこの質点に対して行った仕事と呼ぶ．そして，v を速さとすると

$$T = \frac{1}{2}mv^2 \tag{5.47}$$

は，その質点の運動エネルギー(kinetic energy)といい，式(5.46)左辺の $mv_1^2/2$ および $mv_2^2/2$ は，それぞれの質点が A，B を通過するときの運動エネルギーである．そして，式(5.46)は，力のした仕事はその間における運動エネルギーの増加量に等しいということを示している．

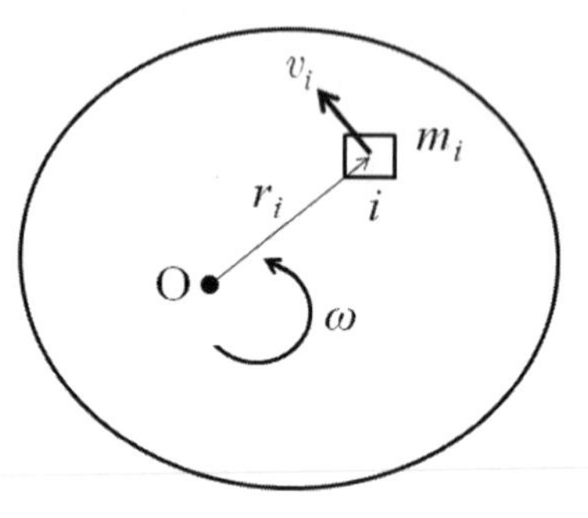

図 5.13　回転する物体のエネルギー

つぎに，固定軸まわりの物体の回転運動を考えてみよう．図 5.13 に示す物体が z 軸（点 O を通り，紙面に垂直）まわりに回転運動している．微小要素 i の質量を m_i，速さを v_i とすると，この微小要素の運動エネルギー T_i は

$$T_i = \frac{1}{2}m_i v_i^2 \tag{5.48}$$

となる．回転軸（原点）と微小要素 i の距離を r_i，物体の角速度を ω とすると，$v_i = r_i\omega$ であるから，式(5.48)は

$$T_i = \frac{1}{2}m_i r_i^2\omega^2 \tag{5.49}$$

と書ける．そして，物体全体の運動エネルギーは

$$T = \sum_i T_i = \sum_i \frac{1}{2}m_i r_i^2\omega^2 \tag{5.50}$$

となる．ここで，

$$I = \sum_i m_i r_i^2 \tag{5.51}$$

とおくと，式(5.50)は

$$T = \frac{1}{2} I\omega^2 \tag{5.52}$$

と記述される．ここで，I は物体の固定軸まわりの慣性モーメント(moment of inertia)と呼ばれ，第 6 章で詳しく説明する．

【例題 5・4】　＊＊＊＊＊＊＊＊＊＊＊＊＊＊＊＊＊＊＊＊＊＊＊

図 5.14 のように，一様な薄い円板が水平面上をすべらずに転がる．円板の質量を M，半径を a，角速度を ω_0 とし，この円板の運動エネルギー(重心の並進運動のエネルギーと重心まわりの回転運動のエネルギーの和)を求めよ．ただし，この円板の重心まわりの慣性モーメント I は

$$I = \frac{1}{2} Ma^2 \tag{5.53}$$

である．

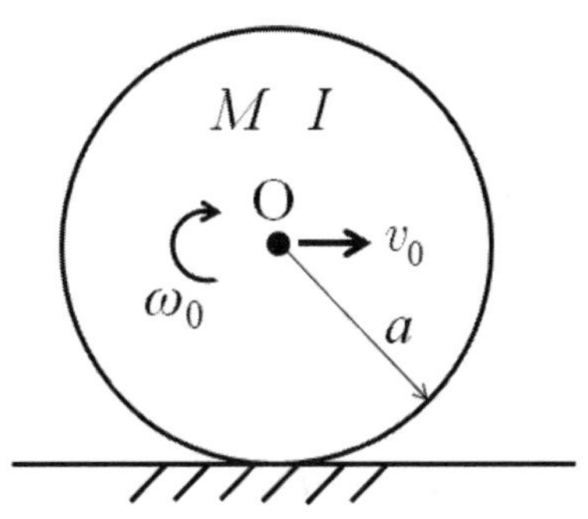

図 5.14　円板の回転と並進

【解答】　回転運動に関する運動エネルギー T_r は

$$T_r = \frac{1}{2} I\omega_0^2 = \frac{1}{4} Ma^2\omega_0^2 \tag{5.54}$$

と表される．一方，円板重心の並進方向の速さ v_0 は，$v_0 = a\omega_0$ であるから，円板の並進運動に関する運動エネルギー T_t は

$$T_t = \frac{1}{2} Mv_0^2 = \frac{1}{2} Ma^2\omega_0^2 \tag{5.55}$$

となる．したがって，全運動エネルギー T は

$$T = T_r + T_t = \frac{3}{4} Ma^2\omega_0^2 \tag{5.56}$$

と求められる．

＊＊＊＊＊＊＊＊＊＊＊＊＊＊＊＊＊＊＊＊＊＊

5・2・2　ポテンシャルエネルギー（potential energy）

物体が，ある位置に存在することにより物体に蓄えられるエネルギーがある．質点が A から B まで動く間に，力 $\boldsymbol{F}$ がこの質点に対して行う仕事は，$\boldsymbol{F} = (F_x, F_y, F_z)$，$d\boldsymbol{r} = (dx, dy, dz)$ とすると

$$W_{\mathrm{AB}} = \int_{\mathrm{A}}^{\mathrm{B}} \boldsymbol{F} \cdot d\boldsymbol{r} = \int_{\mathrm{A}}^{\mathrm{B}} \left(F_x dx + F_y dy + F_z dz \right) \tag{5.57}$$

で表される．いま，力が

$$F_x = 0,\quad F_y = 0,\quad F_z = -mg \tag{5.58}$$

の一様な重力のときには

$$W_{\mathrm{AB}} = \int_{\mathrm{A}}^{\mathrm{B}} F_z dz = -mg\left(z_{\mathrm{B}} - z_{\mathrm{A}} \right) \tag{5.59}$$

となって，両端の z 座標だけで仕事が決まり，途中の経過にはよらない．こ

—ポテンシャルの性質—

式(5.57)から式(5.60)で明らかであるが，ポテンシャル

$$U(x, y, z) = mgz$$

を z で偏微分すると，

$$\frac{\partial U(x, y, z)}{\partial z} = mg = -F_z$$

となることがわかる．したがって，質点に作用する力 $\boldsymbol{F}$ は

$$\boldsymbol{F} = -\mathrm{grad}U$$

と表現することができる．この式で grad は勾配(gradient)を表わし

$$\mathrm{grad} = \frac{\partial}{\partial x}\boldsymbol{i} + \frac{\partial}{\partial y}\boldsymbol{j} + \frac{\partial}{\partial z}\boldsymbol{k}$$

と記述される．

のように，仕事が途中の道すじによらず，両端の位置だけの関数として

$$W_{AB} = \int_A^B \boldsymbol{F} \cdot d\boldsymbol{r} = U(x_A, y_A, z_A) - U(x_B, y_B, z_B) \tag{5.60}$$

のように表されるとき，この力を保存力(conservative force)といい，$U(x,y,z)$ をそのポテンシャル(potential)という．

いま，保存力 $\boldsymbol{F}_c$ の働く場の中で運動している質点を考える．質点の質量を m とし，この質点に働く $\boldsymbol{F}_c$ 以外の力を $\boldsymbol{F}_n$ とする．質点が A から B まで動いたときの仕事と運動エネルギーの関係は

$$\frac{1}{2}mv_B^2 - \frac{1}{2}mv_A^2 = \int_A^B \boldsymbol{F}_c \cdot d\boldsymbol{r} + \int_A^B \boldsymbol{F}_n \cdot d\boldsymbol{r} \tag{5.61}$$

で与えられる．$\boldsymbol{F}_c$ は保存力であるから，式(5.61)の右辺第一項は，式(5.60)のようにポテンシャル U を用いて

$$\int_A^B \boldsymbol{F}_c \cdot d\boldsymbol{r} = U(x_A, y_A, z_A) - U(x_B, y_B, z_B) \tag{5.62}$$

と書ける．式(5.62)を式(5.61)に代入し，整理すると

$$\left\{\frac{1}{2}mv_B^2 + U(x_B, y_B, z_B)\right\} - \left\{\frac{1}{2}mv_A^2 + U(x_A, y_A, z_A)\right\} = \int_A^B \boldsymbol{F}_n \cdot d\boldsymbol{r} \tag{5.63}$$

となる．式(5.63)において，$mv^2/2$ で表される質点の運動エネルギーに対し，$U(x,y,z)$ を質点がもつ位置エネルギーまたはポテンシャルエネルギー(potential energy)という．そして，運動エネルギーと位置エネルギーを総称して力学的エネルギーと呼ぶ．式(5.63)は，質点に作用する保存力以外の力が行う仕事は，全力学的エネルギーの変化高に等しい，という関係を表している．特に，保存力以外に力が働かない場合や，働いていても垂直抗力や糸の張力のように常に質点の運動方向に垂直で仕事をしない場合には，式(5.63)の右辺が 0 になるから

$$\frac{1}{2}mv_B^2 + U(x_B, y_B, z_B) = \frac{1}{2}mv_A^2 + U(x_A, y_A, z_A) \tag{5.64}$$

となる．つまり，運動している過程において，全力学的エネルギーが不変に保たれることがわかる．これを力学的エネルギー保存の法則(law of the conservative of energy)という．

つぎに，図 5.15 に示すばね質点系を考えてみよう．x は，質点の平衡位置からの変位である．この系において，力学的エネルギー保存の法則は

$$\frac{m}{2}v_B^2 + \frac{k}{2}x_B^2 = \frac{m}{2}v_A^2 + \frac{k}{2}x_A^2 \tag{5.65}$$

と書くことができる．このことから，初期における力学的エネルギーの総和が与えられれば，これが保存されることから，任意の時刻における質点の位置と速度との関係が規定されることになる．また，質点の位置が $x=0$（平衡状態）となるとき，速度 $\boldsymbol{v}$ の大きさが最大値をとり，x の絶対値が最大値をと

―ばねが持つポテンシャル―

図 5.15 において，質点の x 方向のみの運動を考えているので，ばね力は $\boldsymbol{F} = -kx\boldsymbol{i}$ で表される．そして，ポテンシャルは $U(x) = kx^2/2$ と書ける．このとき

$$\boldsymbol{F} = -kx\boldsymbol{i} = -\frac{dU(x)}{dx}\boldsymbol{i}$$

が成り立つ．したがって，式(5.46)の右辺は式(5.60)と同様に

$$\int_A^B \boldsymbol{F} \cdot d\boldsymbol{r} = -\int_A^B \mathrm{grad}U \cdot d\boldsymbol{r} = -U(x_B) + U(x_A)$$

となる．そして，式(5.64)に示す力学的エネルギー保存の法則が成り立っていることもわかる．

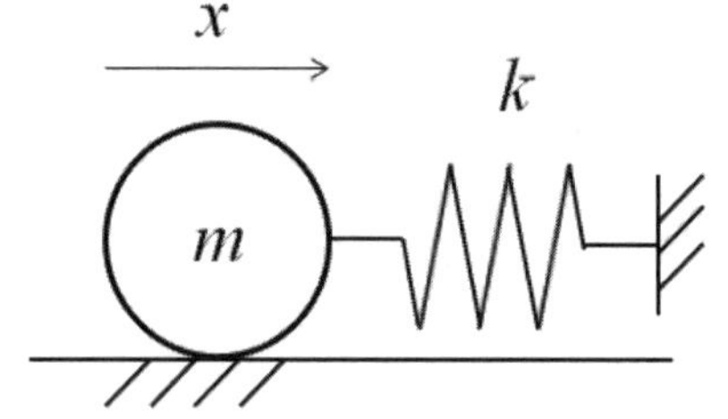

図 5.15　ばね質点系

るとき速度 $\boldsymbol{v}$ の大きさが最小($v=0$)になる．すなわち，周期的な運動つまり振動が発生することがわかる．なお，このような関係が成り立つのは，系に作用する力が保存力である場合に限られる．保存力以外の力，例えば摩擦力などは，そのポテンシャルが存在せず，式(5.63)において $\boldsymbol{F}_\mathrm{n}(\neq \boldsymbol{0})$ が作用することになる．このような場合には力学的エネルギー保存の法則が成立しない．

【例題 5・5】　＊＊＊＊＊＊＊＊＊＊＊＊＊＊＊＊＊＊＊＊＊＊＊＊

図 5.16 のように，質量を無視できる長さ l のひもの先端を天井にむすび，他端に質量 m の物体をつるし，単振り子とした．ひもがたるまないように，ひもと鉛直軸のなす角が 60° となるように物体を持ち上げ，静かに放した．物体が最下点を通過するときの速さと，そのときのひもの張力を求めよ．

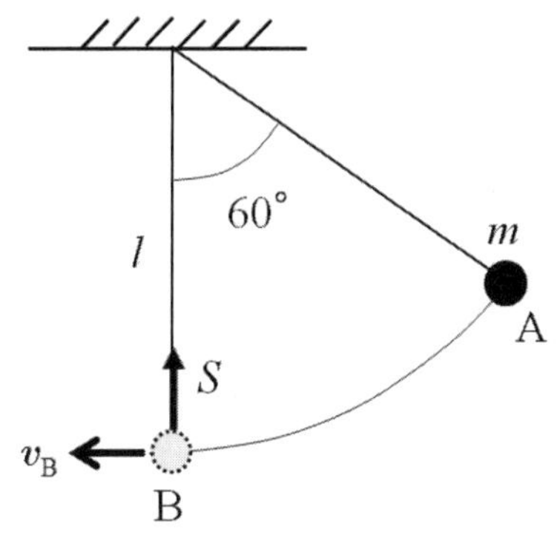

図 5.16　振り子の運動

【解答】　物体を持ち上げた点を A，最下点を B とする．また，最下点を原点とし，そこを物体が通過するときの速さを v_B とする．このとき，A における物体のポテンシャルエネルギー $U(r_\mathrm{A})$ および運動エネルギー T_A は

$$U(r_\mathrm{A})=\frac{1}{2}mgl\,,\quad T_\mathrm{A}=0 \tag{5.66}$$

となり，最下点 B においては

$$U(r_\mathrm{B})=0\,,\quad T_\mathrm{B}=\frac{1}{2}mv_\mathrm{B}^2 \tag{5.67}$$

となる．したがって，力学的エネルギー保存の法則より

$$\frac{1}{2}mgl=\frac{1}{2}mv_\mathrm{B}^2 \tag{5.68}$$

が成り立ち，速さ v_B は

$$v_\mathrm{B}=\sqrt{gl} \tag{5.69}$$

となる．このとき，ひもに作用する張力を S ，物体の法線方向加速度(向心加速度)を a （ $=v_\mathrm{B}^2/l$ ）とすると，

$$S=ma+mg=2mg \tag{5.70}$$

となり，最下点ではひもに $2mg$ の張力が作用していることがわかる．

＊＊＊＊＊＊＊＊＊＊＊＊＊＊＊＊＊＊＊＊＊＊

【例題 5・6】　＊＊＊＊＊＊＊＊＊＊＊＊＊＊＊＊＊＊＊＊＊＊＊＊

図 5.15 のばね質点系において，質点に初期変位を与えて放すと，質点は振動する．力学的エネルギー保存の法則を用いて，この振動の角振動数を求めよ．

【解答】　振動している質点の振幅を $\alpha(>0)$，角振動数を ω_0 とすると，質点の変位は

$$x=\alpha\cos\omega_0 t \tag{5.71}$$

のように表される．そして，質点の速さは

$$\dot{x}=-\alpha\omega_0\sin\omega_0 t \tag{5.72}$$

―単振動―

図 5.15 のばね質点系の運動方程式は

$$m\frac{d^2x}{dt^2}=-kx$$

と書ける．この式の一般解は

$$x=A\cos\omega_n t+B\sin\omega_n t$$

となる．ここで，A，B は x および $\dot{x}$ の初期条件により決まる定数である．また，ω_n は

$$\omega_n=\sqrt{\frac{k}{m}}$$

であり，この系の固有角振動数と呼ばれる．このように，x が時間 t の正弦関数で表される運動のことを単振動という．

となる．これらの関係から，質点変位の絶対値が最大 α となるとき，質点の速さは 0 となり，逆に，質点の速さの絶対値が最大 $\alpha\omega_0$ となるとき，質点の変位は 0（平衡位置）となる．したがって，運動エネルギーの最大値 $T_{\max}$ とポテンシャルエネルギーの最大値 $U_{\max}$ の関係は，力学的エネルギー保存の法則から

$$T_{\max} = U_{\max} \tag{5.73}$$

となり，

$$U_{\max} = \frac{1}{2}k\alpha^2, \qquad T_{\max} = \frac{1}{2}m\alpha^2\omega_0^2 \tag{5.74}$$

であるから，振動の角振動数 ω_0 は

$$\omega_0 = \sqrt{\frac{k}{m}} \tag{5.75}$$

と求められる．

＊＊＊＊＊＊＊＊＊＊＊＊＊＊＊＊＊＊＊＊＊＊

5・2・3　衝突と撃力（collision and impulsive force）

2 つの物体が衝突(collision)したときの運動を考えてみよう．衝突の前後で，両物体が持っている運動量やエネルギーが変化する．質量をもつ 2 つの物体の間には万有引力が存在するが，我々が地上で扱う物体の場合には，一般的に万有引力は無視できる．したがって，物体に作用する力は，両物体が接触したときに生じる抗力であり，すなわちこれが撃力(impulsive force)となる．撃力は，衝突時において物体に作用する瞬間的な力である．撃力に関して，物体に作用する力が時間とともにどのように変化するかは測定しにくい．そこで，5·1·1 でも説明したとおり，質点の運動量の変化高はその間の力積に等しい，という性質から考えてみる．つまり，撃力では $\boldsymbol{F}$ そのものを知ることは難しいが，力積は運動量の変化によって知ることができる．

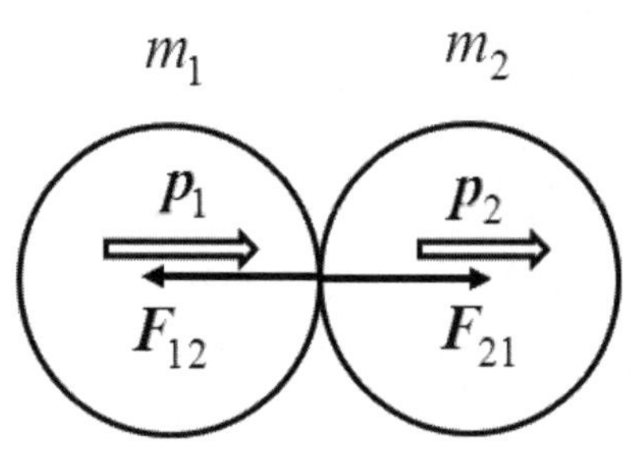

図 5.17　2 つの質点の衝突

図 5.17 のような 2 つの質点の衝突において，$\boldsymbol{p}_1$ および $\boldsymbol{p}_2$ をそれぞれ質点 1 および 2 の運動量，衝突で相互に作用する内力を $\boldsymbol{F}_{ij}$ とし，外力がなければ

$$\frac{d\boldsymbol{p}_1}{dt} = \boldsymbol{F}_{12}, \qquad \frac{d\boldsymbol{p}_2}{dt} = \boldsymbol{F}_{21} \tag{5.76}$$

であるから，衝突前後の時間 t_1 および t_2 の間でそれぞれ積分して

$$\boldsymbol{p}_1(t_2) - \boldsymbol{p}_1(t_1) = \int_{t_1}^{t_2} \boldsymbol{F}_{12}dt, \qquad \boldsymbol{p}_2(t_2) - \boldsymbol{p}_2(t_1) = \int_{t_1}^{t_2} \boldsymbol{F}_{21}dt \tag{5.77}$$

を得るが，内力に関して $\boldsymbol{F}_{21} = -\boldsymbol{F}_{12}$ であるから

$$\int_{t_1}^{t_2} \boldsymbol{F}_{21}dt = -\int_{t_1}^{t_2} \boldsymbol{F}_{12}dt \tag{5.78}$$

であり，したがって

$$\boldsymbol{p}_1(t_2) - \boldsymbol{p}_1(t_1) = -\boldsymbol{p}_2(t_2) + \boldsymbol{p}_2(t_1) \tag{5.79}$$

となる．つまり

$$\boldsymbol{p}_1(t_1)+\boldsymbol{p}_2(t_1)=\boldsymbol{p}_1(t_2)+\boldsymbol{p}_2(t_2) \tag{5.80}$$

という運動量保存の法則が成り立つことがわかる．

衝突前と衝突後で運動エネルギーの総和を比べた場合に，それが変化しない衝突を弾性衝突という．このときは

$$\frac{1}{2}m_1v_1^2(t_1)+\frac{1}{2}m_2v_2^2(t_1)=\frac{1}{2}m_1v_1^2(t_2)+\frac{1}{2}m_2v_2^2(t_2) \tag{5.81}$$

または

$$\frac{1}{2m_1}p_1^2(t_1)+\frac{1}{2m_2}p_2^2(t_1)=\frac{1}{2m_1}p_1^2(t_2)+\frac{1}{2m_2}p_2^2(t_2) \tag{5.82}$$

が成り立つ．これに対し，衝突前後で運動エネルギーに変化を生じる衝突を非弾性衝突という．

衝突前後の相対速度の比で反発係数(coefficient of restitution) e を

$$e=\frac{|\boldsymbol{v}_1(t_2)-\boldsymbol{v}_2(t_2)|}{|\boldsymbol{v}_1(t_1)-\boldsymbol{v}_2(t_1)|} \tag{5.83}$$

として定義する．$e=1$ のときは弾性衝突でエネルギーが保存され，$0 \leqq e < 1$ のときは非弾性衝突でありエネルギーは保存されない．一般的な衝突現象では，運動エネルギーは減少する．

【例題 5・7】　＊＊＊＊＊＊＊＊＊＊＊＊＊＊＊＊＊＊＊＊＊＊＊＊＊

図 5.18 に示すように，質量 m_1 の質点が固定端からばね定数 k_1 のばねでつながれ静止している．ここに，質量 m_0 の質点が速さ v_0 で運動してきて，m_1 の質点に衝突した．この衝突が撃力による弾性衝突である場合，衝突直後のそれぞれの質点の速さとばねの最大たわみ量を求めよ．ただし，衝突後の m_0 の質点は反対方向にはね飛ばされ，再び m_1 の質点と衝突することはないとする．

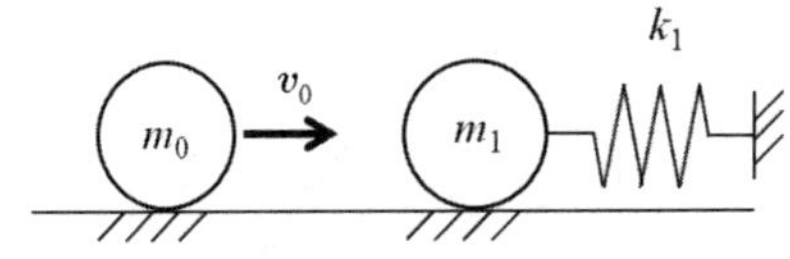

図 5.18　ばね質点系への質点の衝突

【解答】　衝突後の質量 m_0 および m_1 の質点の右方向の速度をそれぞれ v_0' および v_1 とすると，運動量保存の法則から

$$m_0v_0=m_0v_0'+m_1v_1 \tag{5.84}$$

が成り立ち，力学的エネルギー保存の法則から

$$\frac{1}{2}m_0v_0^2=\frac{1}{2}m_0v_0'^2+\frac{1}{2}m_1v_1^2 \tag{5.85}$$

の関係が導かれる．これらの関係から

$$m_0\left(v_0-v_0'\right)=m_1v_1 \tag{5.86}$$

$$m_0\left(v_0-v_0'\right)\left(v_0+v_0'\right)=m_1v_1^2 \tag{5.87}$$

が得られる．式(5.86)および(5.87)から

$$v_0' = \frac{m_0 - m_1}{m_0 + m_1} v_0 \tag{5.88}$$

$$v_1 = \frac{2m_0}{m_0 + m_1} v_0 \tag{5.89}$$

が求められる．衝突後の m_0 の質点は反対方向にはね飛ばされることから，v_0' は負であり，式(5.88)から $m_0 < m_1$ であることがわかる．

つぎに，ばね質点系におけるばねの最大たわみを X_1 とすると，力学的エネルギー保存の法則から

$$\frac{1}{2} m_1 v_1^2 = \frac{1}{2} k_1 X_1^2 \tag{5.90}$$

が成り立ち

$$X_1 = \frac{v_1}{\omega_1} \tag{5.91}$$

となる．ここで，

$$\omega_1 = \sqrt{\frac{k_1}{m_1}} \tag{5.92}$$

である．

＊＊＊＊＊＊＊＊＊＊＊＊＊＊＊＊＊＊＊＊＊＊＊

5・3　仮想仕事の原理（principle of virtual work）

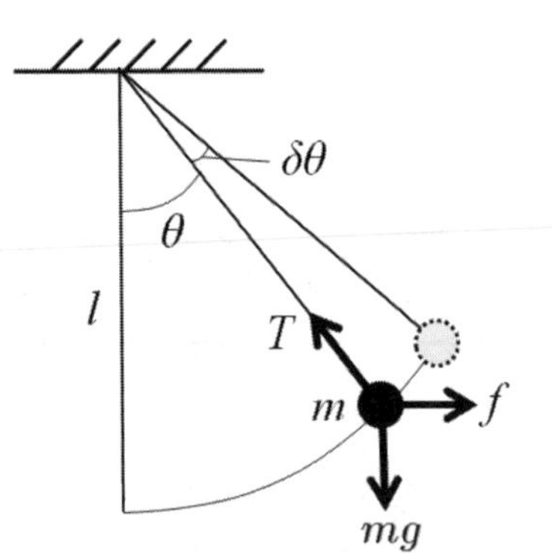

図 5.19　振り子の釣合い状態

仮想仕事の原理(principle of virtual work)とは，系が力の釣合い状態にあるとき，幾何学的拘束条件を満足する微小な仮想変位(virtual displacement)による仮想仕事(virtual work)の総和は 0 となることを意味する．このことを簡単に質点からなる振り子について，仮想仕事の原理から釣合いの条件を見てみよう．このとき，図 5.19 において質点の運動は半径 l の円弧に拘束され，これが幾何学的拘束条件となる．質点には重力 mg が作用し，質量に水平方向の力 f を作用させると，ひもと鉛直方向のなす角が θ のとき，物体は静止した．ここで，ひもと鉛直方向のなす角が $\delta\theta$ だけ仮想的に回転したとすると，質点は $l\delta\theta$ だけ仮想的に変位する．この変位は，実際に系がとり得る変位ではなく，文字どおり仮想的に与える変位のことである．この仮想変位の方向は張力 T と直交するので，張力による仮想仕事は生じない．したがって，この仮想変位を考えたときの仕事を δW とすると，f の接線方向成分が $f\cos\theta$，mg の接線方向成分が $-mg\sin\theta$ であるから

$$\delta W = l\delta\theta f\cos\theta + l\delta\theta\left(-mg\sin\theta\right) = l\delta\theta\left(f\cos\theta - mg\sin\theta\right) = 0 \tag{5.93}$$

となる．したがって

$$f\cos\theta - mg\sin\theta = 0 \tag{5.94}$$

から

$$f = mg\tan\theta \tag{5.95}$$

が成り立ち，これが釣合いの条件となる．

より一般的な質点系において，仮想仕事の原理を見てみよう．いま，系に n 個の力 $\boldsymbol{F}_1$，$\boldsymbol{F}_2$，…，$\boldsymbol{F}_n$ が作用している場合を考える．このとき，系全体がなした仕事は，それぞれの力 $\boldsymbol{F}_1$，$\boldsymbol{F}_2$，…，$\boldsymbol{F}_n$ がする仕事の総和となる．すなわち，これらの力によって生じた各点の変位を $\boldsymbol{S}_1$，$\boldsymbol{S}_2$，…，$\boldsymbol{S}_n$ とすると，系全体がなした仕事は

$$W = \boldsymbol{F}_1\cdot\boldsymbol{S}_1 + \boldsymbol{F}_2\cdot\boldsymbol{S}_2 + \cdots + \boldsymbol{F}_n\cdot\boldsymbol{S}_n = W_1 + W_2 + \cdots + W_n \tag{5.96}$$

となる．そして，この n 個の力がある質点に作用し，全体として平衡状態にあるとすると，

$$\boldsymbol{F}_1 + \boldsymbol{F}_2 + \cdots + \boldsymbol{F}_n = 0 \tag{5.97}$$

が成り立つ．この関係を直交座標の各成分について書くと

$$\sum_{i=1}^{n} F_{ix} = \sum_{i=1}^{n} F_{iy} = \sum_{i=1}^{n} F_{iz} = 0 \tag{5.98}$$

となる．

ここで，この系の力の釣合い条件および幾何学的拘束条件を満たしながら，微小な仮想変位 $\delta\boldsymbol{S}$ だけ変位させることを考える．この仮想変位に対してなされる仮想仕事 δW は，式(5.96)および(5.97)より

$$\delta W = \boldsymbol{F}_1\cdot\delta\boldsymbol{S}_1 + \boldsymbol{F}_2\cdot\delta\boldsymbol{S}_2 + \cdots + \boldsymbol{F}_n\cdot\delta\boldsymbol{S}_n = \sum_{i=1}^{n} \boldsymbol{F}_i\cdot\delta\boldsymbol{S}_i = 0 \tag{5.99}$$

と書くことができる．また，$\delta\boldsymbol{S}_i$ の各座標軸成分を $(\delta x_i, \delta y_i, \delta z_i)$ とすると，式(5.96)および(5.98)を用いて

$$\delta W = \sum_{i=1}^{n} F_{ix}\delta x_i + \sum_{i=1}^{n} F_{iy}\delta y_i + \sum_{i=1}^{n} F_{iz}\delta z_i = 0 \tag{5.100}$$

が導かれる．式(5.99)および(5.100)は，仮想変位に対して平衡状態にある質点に作用する力のなす仮想仕事の総和は 0 であることを表している．これを仮想仕事の原理という．換言すれば，仮想変位のなす仕事の総和が 0 であれば，力が釣合っていることを意味する．

【例題 5・8】　＊＊＊＊＊＊＊＊＊＊＊＊＊＊＊＊＊＊＊＊＊＊＊＊＊

図 5.20 に示すようなある点まわりに鉛直面内で回転できる質点系ついて，仮想仕事の原理から釣合いの条件を示せ．

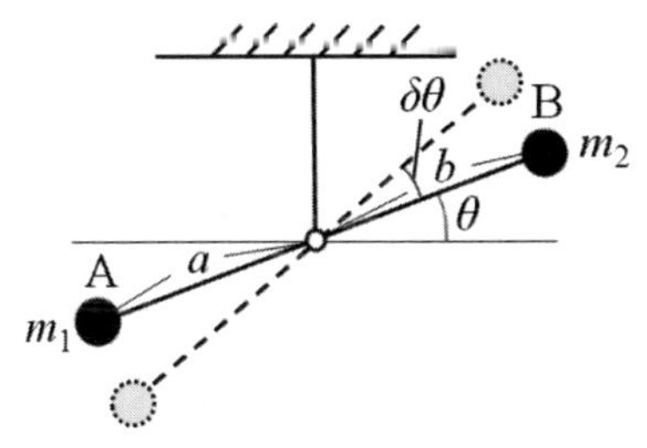

図 5.20　回転運動の釣合い

【解答】　点 A および B に作用する重力は，それぞれ $m_1 g$ および $m_2 g$ である．いま，てんびんが $\delta\theta$ だけ仮想的に回転したとする．このとき，点 A および B

で，それぞれ $a\delta\theta$ および $b\delta\theta$ だけ仮想的に変位する．この仮想変位がなす仕事は

$$\delta W = m_1 g a\delta\theta\cos\theta - m_2 g b\delta\theta\cos\theta = (m_1 g a - m_2 g b)\delta\theta\cos\theta \qquad (5.101)$$

となる．仮想仕事の原理から $\delta W = 0$ とすると

$$m_1 a = m_2 b \qquad (5.102)$$

となり，これが釣合いの条件となる．

＊＊＊＊＊＊＊＊＊＊＊＊＊＊＊＊＊＊＊＊＊

5・4　ダランベールの原理（d'Alembert's principle）

式(5.1)で見たように，質量 m をもつ質点の x 方向の直線運動について，ニュートンの第二法則による運動方程式は

$$m\frac{d^2x}{dt^2} = F_x \qquad (5.103)$$

と書ける．この式は

$$F_x + \left(-m\frac{d^2x}{dt^2}\right) = 0 \qquad (5.104)$$

と記述することもできる．この式の解釈について考えてみよう．F_x を x 軸方向に働く力の合力であるとみなすと，この式は静力学における力の釣合いに対応しており，ここでは動的な力の釣合いを表現していると考えることができる．すなわち，式(5.104)は，F_x なる力の作用によって運動している質点が，慣性力 $-m(d^2x/dt^2)$ という力の作用によって釣合いを保っていると解釈できる．このような考え方を，ダランベールの原理(d'Alembert's principle)という．また，ダランベールの原理からすると，式(5.104)は作用反作用の関係を表していると捉えることもできる．つまり，質量 m の質点に力 F_x が作用するとき，その反作用として $-m(d^2x/dt^2)$ なる慣性力が生じ，この両者は力の作用点で釣合いを保っていることになる．

つぎに，n 個の質点で構成される質点系を考える．ここで，質点 i および j の間には内力 $\boldsymbol{F}_{ij}$ および $\boldsymbol{F}_{ji}$ が作用するとし，一つの質点 i の x 方向の運動に対し，式(5.104)の力の釣合いは

$$F_{ix} + \sum_{j=1}^{n} F_{ijx} - m_i\frac{d^2x}{dt^2} = 0 \qquad (5.105)$$

と記述することができる．y，z 方向の力の釣合いに関しても，同様に表すことができる．

＝＝＝＝＝　練習問題　＝＝＝＝＝＝＝＝＝＝＝＝＝＝＝＝＝＝＝＝＝

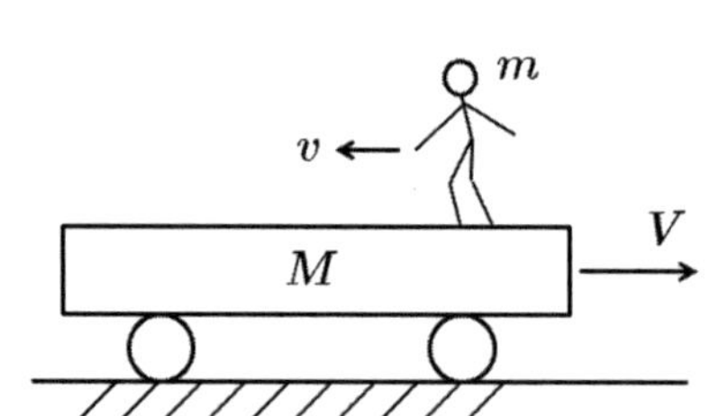

図 5.21　台車上の人の運動

【5・1】　図 5.21 のように，水平面上を速度 V で走っている質量 M の台車上に，質量 m の人が乗っている．はじめ，この人は台車上に静止していたが，

あるとき，台車に対して相対速度vで逆方向に走りはじめた．その後，台車の速さV'はいくらになるか．

【5・2】　図5.22のように，左から質量$2M$，MおよびMを持つ3つの球A，BおよびCが静止している．これに，左から質量$2M$の球を速さvで衝突させるとき，それぞれの球の最終速さを求めよ．ただし，すべての球は転がらずに滑ることとし，衝突はすべて弾性衝突とする．

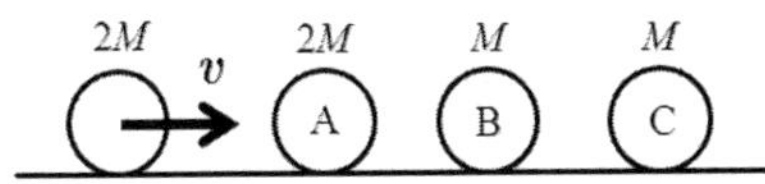

図5.22　球の連続した衝突

【5・3】　ある水平面上で，質量mの球Aを静止している質量Mの球Bに速さvで衝突させた．衝突後にAは速さv'，Bは速さVとなり，それぞれの速度の方向は互いに垂直となった．このときの衝突が弾性衝突であるとき，2つの球の質量比m/Mを求めよ．ただし，それぞれの球は転がらずに滑ることとする．

【5・4】　図5.23に示す振り子において，質量mの物体を最下点から高さhまで持ち上げてから放し，同じ長さの振り子の最下点で静止している質量$2m$の物体に衝突させた．このときの衝突は弾性衝突であるとし，衝突後に質量$2m$の物体が最下点から上がる最高点の高さHを求めよ．

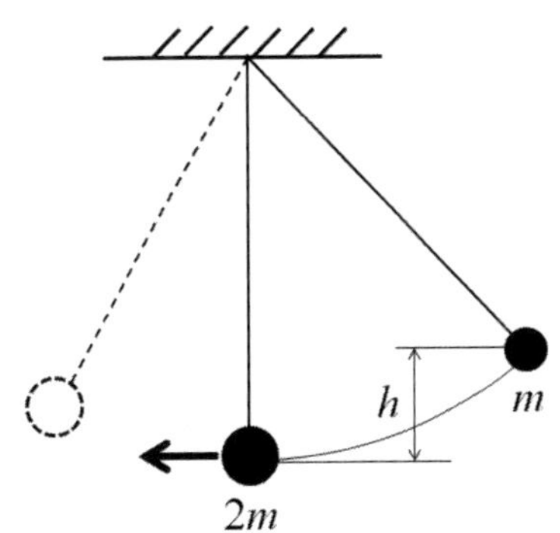

図5.23　振り子の衝突

【解答】

5・1　運動量保存の法則から

$$(M+m)V = MV' + m(V'-v)$$ となる．したがって

$$V' = V + \frac{m}{m+M}v$$ となる．

5・2　それぞれの2つの球の衝突時において，運動量保存の法則，弾性衝突であることから衝突前後の相対速度は変化しないという関係を用いると

$$v_A = \frac{1}{9}v,\quad v_B = \frac{4}{9}v,\quad v_C = \frac{4}{3}v$$ となる．

ここで，AとBは二度衝突することに注意する．

5・3　$\boldsymbol{v}$と$\boldsymbol{V}$のなす角をθとすると，$\boldsymbol{v}'$と$\boldsymbol{V}$は垂直なので，$\boldsymbol{V}$方向の運動量保存の法則は$mv\cos\theta = MV$となる．

弾性衝突であることから，$\boldsymbol{V}$方向で衝突前後の相対速度は変わらないので

$$\frac{V}{v\cos\theta} = 1$$

となる．したがって

$$\frac{m}{M} = 1$$

となる．

5・4　力学的エネルギー保存の法則から，衝突前の質量mの速さvは

$$v = \sqrt{2gh}$$

となる．衝突後の質量 $2m$ の速さ V は，運動量保存の法則および弾性衝突から

$$V=\frac{2}{3}v$$

となる．

質量 $2m$ に関する力学的エネルギー保存の法則から，高さ H は

$$H=\frac{4}{9}h$$

となる．

第 5 章の文献

(1) 小出昭一郎，物理学，(1981)，裳華房.

(2) 松平升，大槻義彦，和田正信，物理学演習，(1981)，培風館.

(3) 鈴木浩平，真鍋健一，ポイントを学ぶ工業力学，(2000)，丸善.

第 6 章
剛体の力学
Dynamics of Rigid Body

- 体積の無視できない物体の運動を考えよう.
- 回転軸の位置で，回転しやすさが変わる.
- 並進運動と回転運動に分けて考えよう.
- 剛体の運動量，角運動量，運動エネルギーは？

6・1　剛体（rigid body）

物体の運動を考えるとき，その物体を特徴づける量として，質量と物体の大きさがある．前章まででではこの物体の大きさが無視できる場合の運動（質点の運動）を学んだ．本章では物体の大きさが無視できない場合の運動について取り上げる．ただし，本章では力やモーメントが作用しても物体は変形せず，形状が変化しない，すなわち，物体内の任意の点の間の相対的な位置は変化しないものとする．このように大きさが無視できず，変形しない物体を剛体(rigid body)と呼ぶ．ただし，実際の物体は力やモーメントが作用すると必ず変形するので，厳密には剛体は存在しない．しかしその変形の大きさは，作用している力・モーメントの大きさや物体の形状・材質等によって異なるものの，多くの場合，考えている運動に対して，変形が無視できるほど小さいため，一般的にこのような物体を剛体とみなしている．

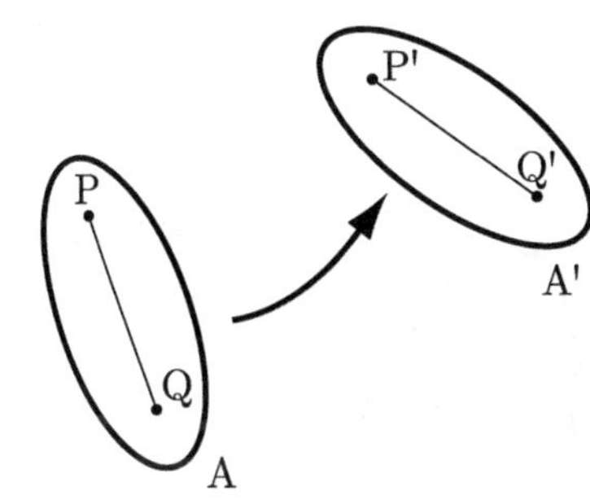

図 6.1　剛体の運動

6・2　平面内の並進運動と回転運動（translation and rotation in plane）

本章では剛体が平面内を運動する場合を考える．ここで平面内を運動するとは，剛体内に固定された任意の線分が運動中に常に 1 つの平面内にある運動である．剛体の運動を記述するときに，どのような量が必要になるだろうか．

たとえば図 6.1 のように剛体が状態 A から状態 A' へ運動した場合を考える．剛体の状態 A を表現するためには，基準点（たとえば，図中の P）の位置だけでは不十分であり，剛体の姿勢（たとえば，線分 PQ の方向）も必要となる．基準点の位置と姿勢の変化を記述すれば，図 6.1 の運動を示すことができる．図 6.1 に示された剛体の運動は，図 6.2 に示すように，剛体が姿勢を保ったまま，剛体の基準点 P が P' に移動する運動（このとき点 Q は Q" へ移動し，状態 A" となる）と点 Q" が点 P' を中心に回転し，Q' の位置へ移動する運動（状態 A'）の組合せで表現することができる．このように剛体が状態 A から状態 A" に移動する運動を並進運動(translation)と呼び，剛体が状態 A" から状態 A' に移動する運動を回転運動(rotation)と呼ぶ．このように剛体の運

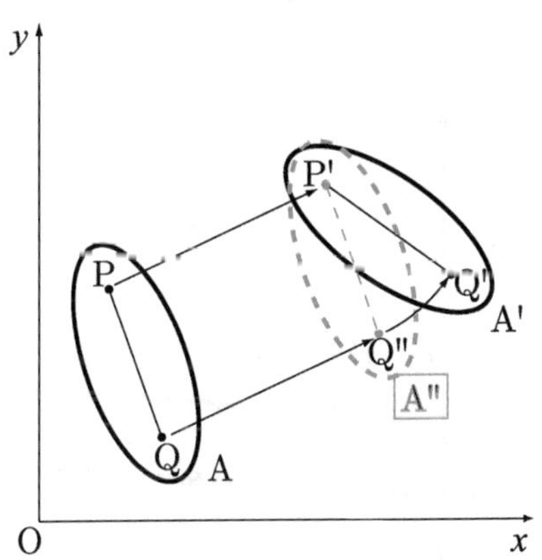

図 6.2　回転運動と並進運動の組合せによる剛体運動の表現

動は，並進運動と回転運動の組合せで表すことができる．

たとえば，図 6.3 に示すような平面上の円板の運動は，図 6.3(a)のように中心 C の並進運動と中心 C まわりの回転運動の組合せとして考えることができる．ここで，この円板が滑らないで転がる場合には，ある瞬間の運動を考えると，図 6.3(b)のように床と円板の接点 A を中心に回転運動だけをしている．このような回転の中心（図 6.3(b)の点 A のような点）を瞬間中心 (instantaneous center) と呼ぶ．平面上を転がる円板の運動は，この瞬間中心が平面上と円板上を移動しながら連続した回転運動をしていると考えることもできる．

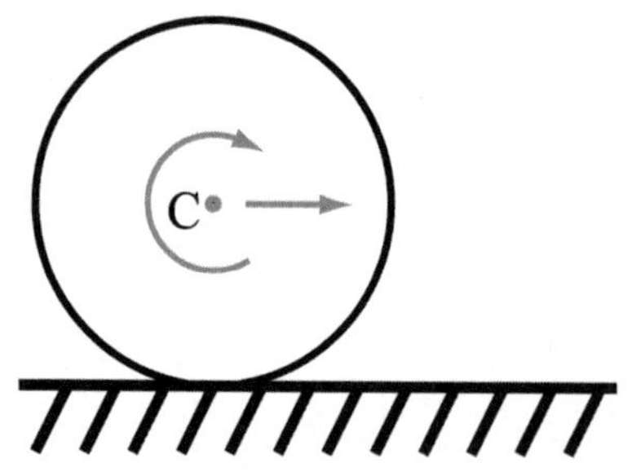

(a) 中心の並進運動と回運動転

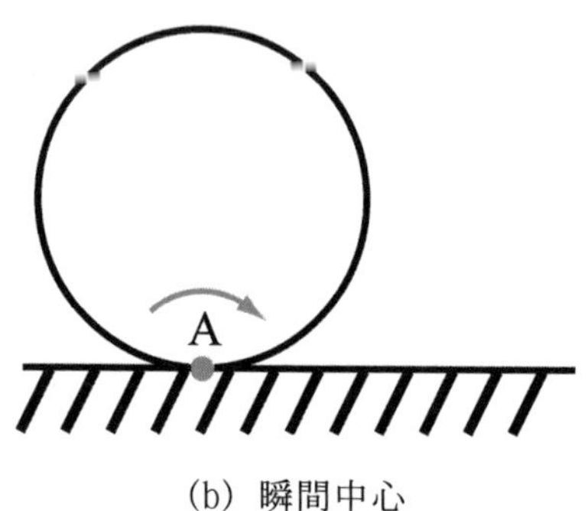

(b) 瞬間中心

図 6.3　転がる円板の運動の表し方

並進運動の記述には，基準点の位置（座標）を用いる（第 4 章の質点の運動と同様）．一方，回転運動の記述で必要な剛体の姿勢には，図 6.4 のように剛体内に固定された線分の向きと基準とする方向の角度を用いる．基準とする方向は座標軸の方向を用いることが多い．ここで図 6.2 について考える．いま軸の方向を基準の方向とすると A の状態では，x 軸と線分 PQ（線分の向きは，点 P を始点として点 Q を指す方向，姿勢を考えるときには剛体内の線分の向きも考慮する必要がある）のなす角度を剛体の姿勢とすると，A' と A" の状態では，x 軸と線分 P'Q'（線分の向きは，点 P' を始点として点 Q' を指す方向）のなす角度（状態 A'），x 軸と線分 P'Q"（線分の向きは，点 P' を始点として点 Q" を指す方向）のなす角度（状態 A"）が，剛体の姿勢角となる．状態 A から並進運動した状態 A" では，姿勢角は．状態 A と同じであることが分かる．

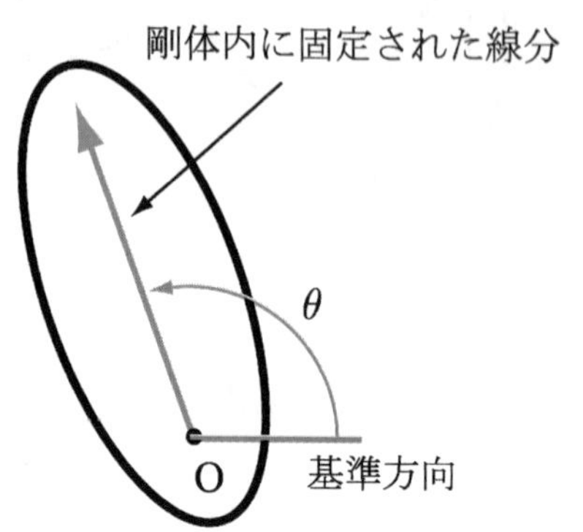

図 6.4　剛体の姿勢角

剛体の姿勢を記述するとき使用する角度の単位は rad（ラジアン）が一般的である．図 6.4 に示すように剛体内に固定された線分と基準方向を決めると姿勢角は θ となる．このときの回転中心を点 O とすると，そのときの回転軸は点 O を通り，紙面に垂直上向きとなる．力学的には回転軸には向きがあり，回転の正の方向を定めている．回転軸の正の方向は，図 6.4 に示した方向（反時計まわり）に回転させたとき，紙面垂直上向き（右ねじの方向）と定義される．図 6.5(a)に示すように回転軸の向きを紙面垂直上向きとすると，左まわり（反時計まわり）が回転の正の方向となる．また，回転の正の方向を左まわり（反時計まわり）にとると，回転軸の正の方向は紙面上向きとなる．反対に図 6.5(b)のように回転軸の向きを紙面垂直下向きとすると，右まわり（時計まわり）が回転の正の方向になる．なお，平面運動を xy 平面で考える場合には，紙面垂直上向きを z 軸の正の方向とし，回転軸と z 軸を一致させる場合（図 6.5(a)の場合）が一般的である．

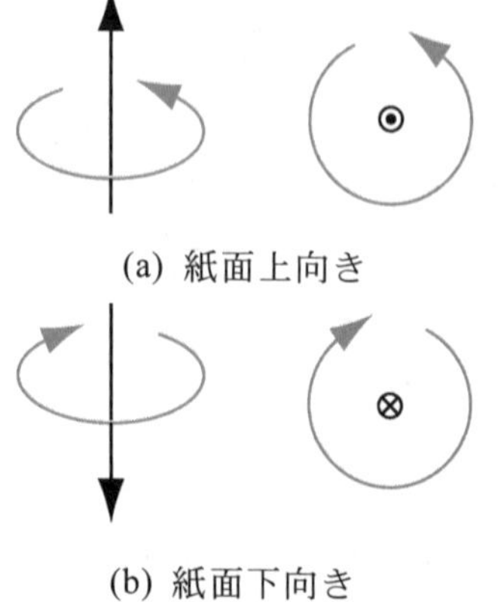

(a) 紙面上向き

(b) 紙面下向き

図 6.5　回転軸と回転の方向

質点の運動を記述するとき位置の時間的変化である速度と加速度を用いたことと同様に，姿勢を表す角度の時間的変化を定義する．4･1･2 項でも示されているように角速度(angular velocity)，角加速度(angular acceleration)を用いる．角速度は，回転運動では単位時間内の角度 θ の変化量であり，以下のように定義する．

$$\omega = \frac{d\theta}{dt} \tag{6.1}$$

単位は rad/s である．なお，工業的には 1 分間の回転数を表す単位である RPM（または rpm）という単位等を用いることがあるが，本章では数学的な取扱いの容易さを考慮して rad/s（1rad/s = 60/2π rpm）の単位を用いる．姿勢角 θ は剛体の運動の状態（姿勢）で決定されるため，式(6.1)より角速度も剛体の運動の状態で決まる．すなわち，回転運動している剛体の任意の点まわりの角速度は同じである．

同様に，角加速度は単位時間内の角速度 ω の変化量であり，以下のように定義する．剛体内では

$$\dot{\omega} = \frac{d\omega}{dt} = \frac{d^2\theta}{dt^2} \tag{6.2}$$

単位は $\mathrm{rad/s^2}$ である．角速度と同様に，剛体の任意の点まわりの角加速度は同じである

—回転中心の位置—

下図のように，考えている剛体に対して基準方向示す直線や剛体内の姿勢を定める線分を平行に移動しても姿勢角 θ は同じであることがわかる．すなわち点 O,O',O'',O''',O'''',O''''' のどの点を回転中心と考えても姿勢角は変わらない．このことから，回転中心をどこにとってもよい．

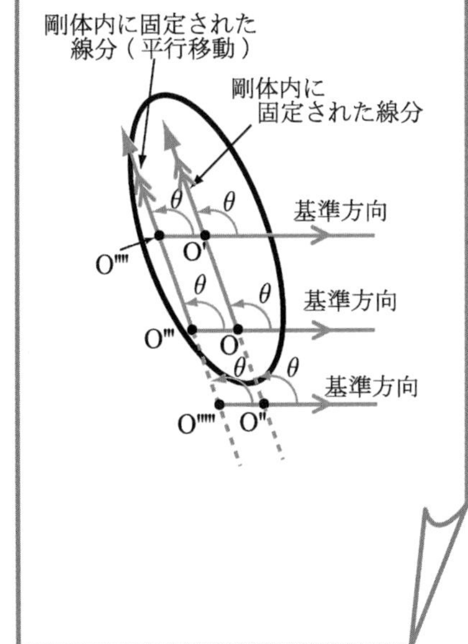

6・3　運動方程式（equation of motion）

6・3・1　剛体の並進運動（translation for rigid body）

剛体の並進運動を考える．図 6.6 に示すように剛体を微小質量に分けて，微小質量を質点とみなし，各質点（微小質量）の運動方程式をたて，それを剛体全体でまとめることで剛体全体の並進運動の運動方程式を導く．

剛体中の微小質量の質量を $\rho\Delta V_i$（ここで，ρ は剛体の密度，ΔV_i は微小な体積である），その位置ベクトルを $\boldsymbol{r}_i = (x_i , y_i)$，その点に作用する力を $\boldsymbol{f}_i = (f_{ix} , f_{iy})$ とすると，この微小質量を質点とみなしたときの並進運動の運動方程式は

$$\rho\Delta V_i \frac{d^2 x_i}{dt^2} = f_{ix} \tag{6.3}$$

$$\rho\Delta V_i \frac{d^2 y_i}{dt^2} = f_{iy} \tag{6.4}$$

式(6.3)，(6.4)を剛体全体で和をとると

$$\sum_i \rho\Delta V_i \frac{d^2 x_i}{dt^2} = \sum_i f_{ix} = F_x \tag{6.5}$$

$$\sum_i \rho\Delta V_i \frac{d^2 y_i}{dt^2} = \sum_i f_{iy} = F_y \tag{6.6}$$

ここで (F_x, F_y) は剛体に作用する力の総和であり，微小質量間に作用する内力は，第 3 章で学んだように和をとる際に，打ち消し合うので式(6.3)，(6.4)では省略している．いま式(6.5)，(6.6)の左辺を以下のように変形する．

$$\sum_i \rho\Delta V_i \frac{d^2 x_i}{dt^2} = \frac{d^2}{dt^2}\sum_i x_i\,\rho\Delta V_i \tag{6.7}$$

$$\sum_i \rho\Delta V_i \frac{d^2 y_i}{dt^2} = \frac{d^2}{dt^2}\sum_i y_i\,\rho\Delta V_i \tag{6.8}$$

上式右辺の和の部分は微小質量 $\rho\Delta V_i$ にその位置 (x_i, y_i) を乗じて剛体全体で和をとった量であり，第 3 章で学んだように，これらは剛体の質量中心(center of mass)の座標に剛体の質量を乗じた量と等しくなる．剛体の質量を m とすると質量中心 $\mathrm{G}(x_\mathrm{G}, y_\mathrm{G})$ は，次式で与えられる．

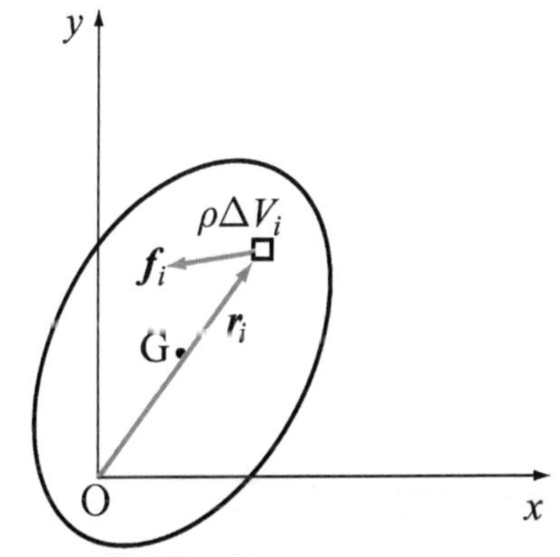

図 6.6　剛体内の微小質量の運動と剛体の並進運動

$$x_G = \frac{\sum_i x_i \rho \Delta V_i}{m} \quad , \quad y_G = \frac{\sum_i y_i \rho \Delta V_i}{m} \tag{6.9}$$

また，$\Delta V_i \to 0$ の極限を考えれば，上式は

$$x_G = \frac{\int x\, dm}{m} \quad , \quad y_G = \frac{\int y\, dm}{m} \tag{6.10}$$

と書くことができる．上式と式(6.7)，(6.8)を用いると式(6.5)，(6.6)は

$$m\frac{d^2 x_G}{dt^2} = F_x \tag{6.11}$$

$$m\frac{d^2 y_G}{dt^2} = F_y \tag{6.12}$$

となる．これが剛体の並進運動の運動方程式(equations of motion for translation)となる．式(6.11)，(6.12)から剛体の並進運動は剛体の全質量 m が質量中心に集中している質点の運動と等価であると考えることができる．

これらをベクトルで表現することを考える．式(6.3)，(6.4)は，

$$\rho \Delta V_i \frac{d^2 \boldsymbol{r}_i}{dt^2} = \boldsymbol{f}_i \tag{6.13}$$

と表すことができる．式(6.13)を剛体全体で和をとると，

$$\sum_i \rho \Delta V_i \frac{d^2 \boldsymbol{r}_i}{dt^2} = \sum_i \boldsymbol{f}_i = \boldsymbol{F} \tag{6.14}$$

となる．ここで，$\boldsymbol{F} = (F_x, F_y)$ は剛体に作用する力の総和である．式(6.7)〜(6.10)と同様に考え，剛体の質量中心の座標を $\boldsymbol{r}_G = (x_G, y_G)$ とすると，ベクトルで表示した剛体の並進運動の運動方程式は次式のようになる．

$$m\frac{d^2 \boldsymbol{r}_G}{dt^2} = \boldsymbol{F} \tag{6.15}$$

6・3・2　剛体の回転運動（rotation for rigid body）

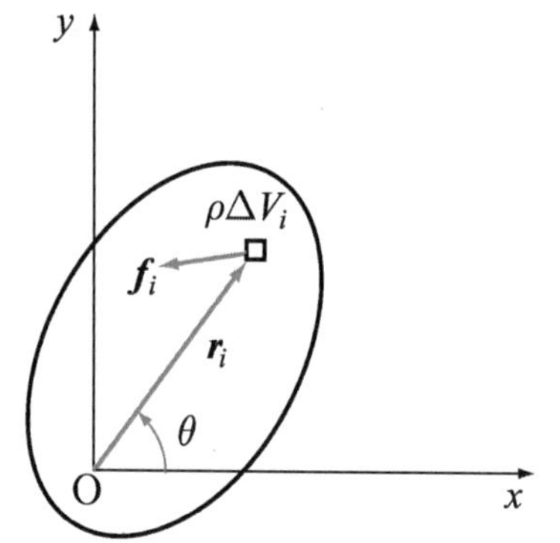

図 6.7　剛体内の微小質量の運動と剛体の回転運動（回転中心固定）

次に，剛体が回転運動のみを行う場合に着目し，剛体の回転運動の運動方程式を考える．前項と同様に，図 6.7 に示すように剛体を微小質量 $\rho \Delta V_i$ に分け，各微小質量を質点とみなし，各質点（微小質量）の運動方程式をたて，それを剛体全体でまとめることで剛体の回転運動の運動方程式を導く．ここでは，簡単のため，座標系の原点 O を回転中心として，角速度 $\omega\left(=\dot{\theta}\right)$ で回転している剛体を考える．さらに，回転中心は原点 O に固定されている場合に着目する（回転中心が移動する場合は，次項参照）．

回転中心 O から位置 $\boldsymbol{r}_i = (x_i, y_i)$ にある微小質量 $\rho \Delta V_i$ を質点とみなしたときの運動方程式は，前項同様に，

$$\rho \Delta V_i \frac{d^2 x_i}{dt^2} = f_{ix} \tag{6.16}$$

$$\rho \Delta V_i \frac{d^2 y_i}{dt^2} = f_{iy} \tag{6.17}$$

となる．ここで，$\boldsymbol{f}_i = (f_{ix}, f_{iy})$ は位置 $\boldsymbol{r}_i = (x_i, y_i)$ に作用する力である．いま，剛体の回転運動に着目しているので，微小質量に作用する力による回転中心（原点）まわりのモーメントを考える．式(6.16)，(6.17)の右辺の力を回

転中心まわりのモーメント N_i に変換すると，次式が得られる．

$$N_i = x_i f_{iy} - y_i f_{ix} \tag{6.18}$$

式(6.18)に式(6.16)，(6.17)を代入すると

$$x_i \ddot{y}_i \rho \Delta V_i - y_i \ddot{x}_i \rho \Delta V_i = x_i f_{iy} - y_i f_{ix} = N_i \tag{6.19}$$

を導くことができる，ここで N_i は外力 $\boldsymbol{f}_i = (f_{ix}, f_{iy})$ によるモーメントである．ここでも，微小質量間に作用する内力によるモーメントは打ち消し合うので省略している．式(6.19)を剛体全体で和をとると

$$\sum_i x_i \ddot{y}_i \rho \Delta V_i - \sum_i y_i \ddot{x}_i \rho \Delta V_i = \sum_i x_i f_{iy} - \sum_i y_i f_{ix} = \sum_i N_i \tag{6.20}$$

となる．式(6.20)の最左辺は，剛体が回転運動するときに必要なモーメント（このモーメントを生じるように回転運動を行う）である．式(6.20)は回転運動するときに必要なモーメントが外力によるモーメントにより供給されることを示している．式(6.20)では，外力だけが作用する場合を考えているが，純粋なモーメントも作用する場合を考慮する．この場合には，力によるモーメントに純粋なモーメントの総和 N_e を加えたモーメントが回転運動するときに必要なモーメント（式(6.20)）の最左辺）と等しくなるとして，式(6.20)の右辺に純粋なモーメントの総和 N_e を加え，

$$\sum_i x_i \ddot{y}_i \rho \Delta V_i - \sum_i y_i \ddot{x}_i \rho \Delta V_i = \sum_i N_i + N_e \tag{6.21}$$

とすることにより，純粋なモーメント（総和が N_e）が作用する場合も考慮できる．いま剛体は回転中心Oまわりに回転運動しているので，

$$\begin{gathered} x_i = r_i \cos\theta, \quad y_i = r_i \sin\theta, \quad \dot{\theta} = \omega \\ \ddot{x}_i = -r_i \omega^2 \cos\theta - r_i \dot{\omega} \sin\theta, \; \ddot{y}_i = -r_i \omega^2 \sin\theta + r_i \dot{\omega} \cos\theta \end{gathered} \tag{6.22}$$

の関係が成り立つ．ここで，$r_i = \sqrt{x_i^2 + y_i^2}$ である．式(6.22)を用いると式(6.21)は

$$\dot{\omega} \sum_i r_i^2 \rho \Delta V_i = \sum_i N_i + N_e \tag{6.23}$$

となる．ここで，以下のように I を定義する．

$$I = \sum_i r_i^2 \rho \Delta V_i \tag{6.24}$$

さらに，$\Delta V_i \to 0$ の極限を考えれば，上式は

$$I = \sum_i r_i^2 \rho \Delta V_i = \int r^2 \, dm \tag{6.25}$$

と書くことができる．このとき，式(6.23)は

$$I \dot{\omega} = N \tag{6.26}$$

となる．ここで，

$$N = \sum_i N_i + N_e \tag{6.27}$$

であり，N は剛体全体に作用する全モーメントを示す．式(6.26)が剛体の

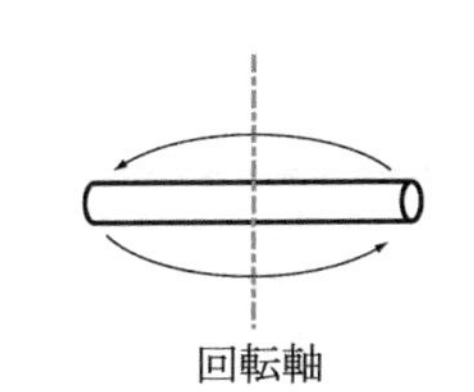

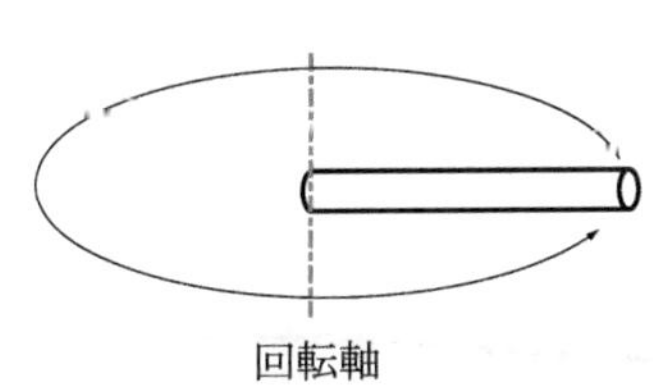

図 6.8　回転軸の位置の違いによる慣性モーメントの違い

― x, y 軸まわりのモーメント―

下図のように，円板と回転軸が軸受けで支持され回転可能な系を考える．図のように軸受け中央に原点をとり，回転軸と z 軸を一致させ，円板と平行に xy 平面を定める．円板上の点A（位置ベクトル $\boldsymbol{r}=(x,y,z)$）に力 $\boldsymbol{f}=(f_x,f_y,0)$ が作用するとき原点Oに対するモーメント $\boldsymbol{N}$ は $\boldsymbol{N}=\boldsymbol{r}\times\boldsymbol{f}=(-zf_y, zf_x, xf_y-yf_x)$ となり，x, y 軸まわりのモーメントも発生する．この x, y 軸まわりのモーメントを軸受で支えることで，平面内（x, y 面に平行な面内）の回転運動を実現している．このように平面内の回転運動でも x, y 軸まわりのモーメントも発生する場合もある．

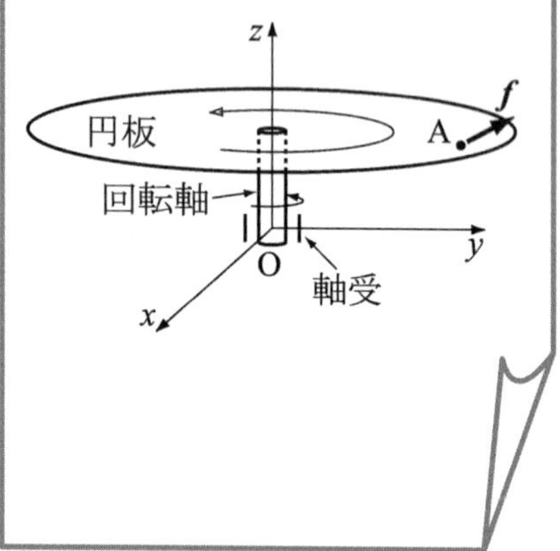

回転運動の運動方程式(equation of motion for rotation)となる．式(6.24)で定義した I は点Oまわりの慣性モーメント(moment of inertia)と呼ばれる．式(6.26)からわかるように，慣性モーメントは，回転のしにくさを表す量であり，並進運動のときの質量と同じような性質を表していることがわかる．しかし，式(6.24)や式(6.25)からわかるように，慣性モーメントの計算には考えている回転中心（回転軸）と微小質量との距離 r が関係するため，回転中心の位置により値（大きさ）が変わることが質量とは異なった特徴である．図6.8に示すように同じ棒でも，棒の中央を回転中心（図6.8の上図）として回転させた方が，端を回転中心（図6.8の下図）にするよりも，慣性モーメントの値が小さくなる（6･4･2 項参照）．これは棒の中央を回転中心とした方が回転させやすいことに対応している．なお，慣性モーメントの単位は $\mathrm{kg\cdot m^2}$ である．

第2章で，ベクトルの外積を用いてモーメントを求めることを学んだ．そこで回転の運動方程式を導く際に用いた式(6.19)のモーメントを，ベクトルの外積で考えるとどうなるかを考えてみよう．ここでは，xy 平面内 $(z=0)$ での回転を考えているので，剛体に作用する力 $\boldsymbol{f}_i=(f_{ix}, f_{iyi}, 0)$ は xy 平面内の力となり，それによるモーメント $\boldsymbol{N}_i$ は，着力点を $\boldsymbol{r}_i=(x_i, y_i, 0)$ とすると

$$\boldsymbol{N}_i=\boldsymbol{r}_i\times\boldsymbol{f}_i=(0, 0, x_if_{iy}-y_if_{ix}) \tag{6.28}$$

が得られる．式(6.28)からモーメントは xy 平面に垂直な z 成分のみであり，モーメントの x 軸や y 軸成分は発生しないことがわかる．このことから，式(6.26)で示す回転運動の運動方程式は z 軸まわりの回転運動の運動方程式であることがわかる．これは，平面内（xy 平面内）で回転運動を考える場合には，回転軸は平面に垂直（z 軸方向）であることに対応している．

【例題 6・1】　＊＊＊＊＊＊＊＊＊＊＊＊＊＊＊＊＊＊＊＊＊＊＊＊＊

図6.9に示すように，慣性モーメント I，半径 a の定滑車に，質量 m と M $(m\neq M)$ のおもりがつながった質量の無視できる糸がかかっている．定滑車の回転角加速度を求めよ．ただし，糸は伸び縮みせず，定滑車との間で滑りが生じないものとする．また，重力は下向きに作用する．

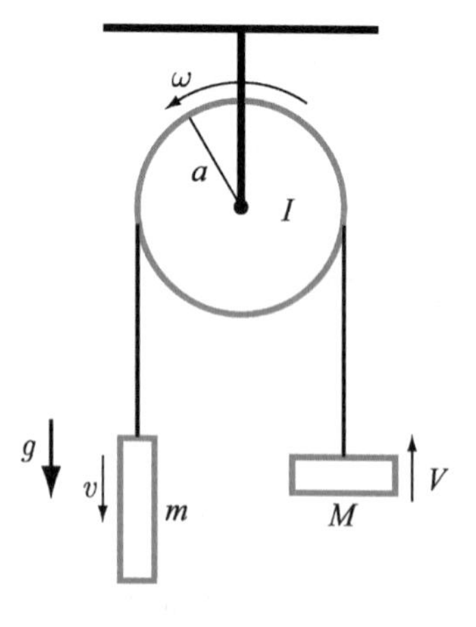

図6.9　定滑車の運動

【解答】　定滑車の角速度（反時計まわりを正）を ω，質量 m のおもりの速度（下向きを正）を v，質量 M のおもりの速度（上向きを正）を V とすると，質量 m のおもりの並進運動の運動方程式は，おもりに作用する糸の張力を T_1 とすると

$$m\dot{v}=mg-T_1 \tag{6.29}$$

質量 M のおもりの並進運動の運動方程式は，おもりに作用する糸の張力を T_2 とすると

$$M\dot{V}=T_2-Mg \tag{6.30}$$

定滑車の回転運動の運動方程式は，

$$I\dot{\omega} = T_1 a - T_2 a \tag{6.31}$$

となる．いま未知量は $\dot{\omega}, \dot{v}, \dot{V}, T_1, T_2$ の5つで，運動方程式は式(6.29), (6.30), (6.31)の 3 つである．これらのほかに，糸が伸び縮みせず，定滑車と糸の間には滑りが生じない条件より，おもりが移動した量だけ，定滑車は回転するので，

$$v = a\omega = V \;\Rightarrow\; \dot{v} = a\dot{\omega} = \dot{V} \tag{6.32}$$

の幾何学的条件（2 つ）が存在する．式(6.29)から(6.32)を連立させて解くことにより，

$$\dot{\omega} = \frac{(m-M)g}{a\left(m+M+\frac{I}{a^2}\right)},\; \dot{v} = \dot{V} = \frac{(m-M)g}{m+M+\frac{I}{a^2}}$$
$$T_1 = \frac{m\left(2M+\frac{I}{a^2}\right)}{m+M+\frac{I}{a^2}}g,\quad T_2 = \frac{M\left(2m+\frac{I}{a^2}\right)}{m+M+\frac{I}{a^2}}g \tag{6.33}$$

が得られる．定滑車の慣性モーメントが 0 で無い場合には，式(6.33)より，

$$T_1 \neq T_2 \tag{6.34}$$

となり，滑車の両端での糸の張力が異なることがわかる．式(6.33)より，質量の m と M の大小関係により，$m > M$ の場合には，質量 m のおもりが落下し，質量 M のおもりが上昇する．これは，最初に定義した速度の方向と一致する．しかし，$m < M$ となった場合には，式(6.33)の加速度や角加速度が負になることにより，質量 m のおもりが上昇し，質量 M のおもりが落下することを表現している．

＊＊＊＊＊＊＊＊＊＊＊＊＊＊＊＊＊＊＊＊＊＊＊

－慣性モーメントを考慮しない場合－

定滑車の慣性モーメント I を考慮しない場合には，$I=0$ とすることに相当するので，式(6.31)より，

$$0 = T_1 a - T_2 a$$

より，

$$T_1 = T_2$$

が得られ，滑車の両端での糸の張力が等しくなる．

6・3・3　並進運動と回転運動の組合せ(combination of translation and rotation)

前項では，回転中心が固定されている場合の剛体の回転について考えた．本項では，図 6.10 のように回転運動と並進運動が組み合わされた，より一般的な運動の場合に着目する．この場合には，剛体の質量中心の並進運動と，質量中心まわりの回転運動に分けて考えればよいことが知られている（詳細は【例題 6・2】参照）．すなわち，剛体の質量を m，質量中心まわりの慣性モーメントを I_G，質量中心 G の座標を (x_0, y_0)，質量中心まわりの角速度を ω とすると，運動方程式は

$$m\ddot{x}_0 = F_x \tag{6.35}$$
$$m\ddot{y}_0 = F_y \tag{6.36}$$
$$I_G\dot{\omega} = N \tag{6.37}$$

と表すことができる．

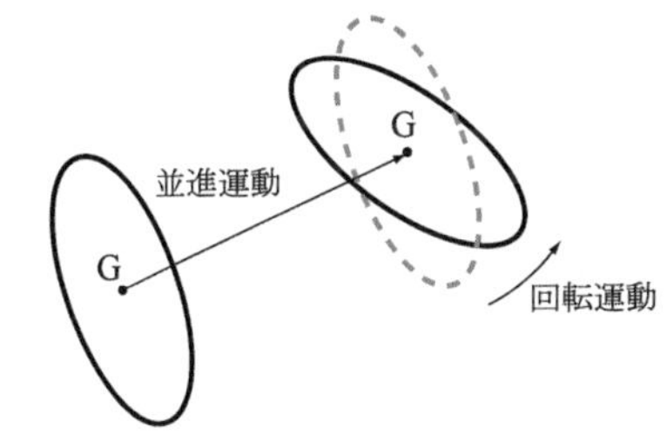

図 6.10　並進運動と回転運動の組合せ

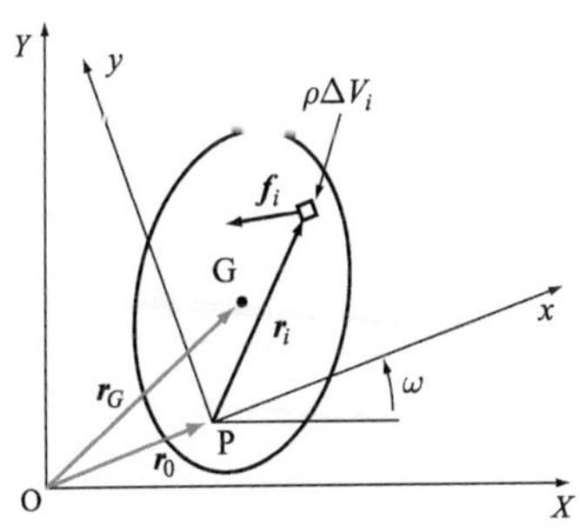

図 6.11　剛体内の点 P に関する並進運動と回転運動

【例題 6・2】　＊＊＊＊＊＊＊＊＊＊＊＊＊＊＊＊＊＊＊＊＊＊＊

並進運動と回転運動が組み合わされた場合の剛体の運動方程式（式(6.35), (6.36), (6.37)）を，図 6.11 のように，任意の点 P の並進運動と，点 P まわり

の回転運動にわけて表し，以下の手順で導け．ただし，図中の $O-XY$ は静止座標系，$P-xy$ は運動する剛体に固定された移動座標系である．

(1) 剛体内の任意の位置の微小質量 $\rho\Delta V_i$ の絶対加速度を，点Pの並進運動と点Pまわりの回転運動の組合せとして求めよ．

(2) 微小質量に作用する力を $\boldsymbol{f}_i$ として，上記(1)で求めた絶対加速度を用いて，剛体内の微小質量の運動方程式を導け．このとき微小質量間に作用する内力は考慮しなくてよい．

(3) 上記(2)で導いた微小質量に対する運動方程式を剛体全体で和をとり，さらに，$\Delta V_i \to 0$ の極限を考えることにより，剛体の並進運動の運動方程式を導け．

(4) 上記(2)で導いた微小質量に対する運動方程式から，モーメントを考え，剛体全体で積分することにより，剛体の点Pまわりの回転運動の運動方程式を導け．

(5) 上記(3)，(4)で導いた並進運動と回転運動の運動方程式で，任意点Pを剛体の質量中心Gに一致させることにより，求めた運動方程式が式(6.35)，(6.36)，(6.37)と一致することを示せ．

【解答】　(1) 剛体内の位置 (x_i, y_i) にある微小質量 $\rho\Delta V_i$ の絶対加速度 $(\ddot{x}_{ia}, \ddot{y}_{ia})$ は，第4章の相対運動の4・3節で学んだように，原点Pまわりに座標系が回転運動することによって発生する運搬加速度 $(\ddot{x}_{it}, \ddot{y}_{it})$ に，原点Pの加速度 $(\ddot{x}_0, \ddot{y}_0)$ を加えることにより得られる(剛体は変形しないので移動座標系 $P-xy$ 上での相対加速度は0になる)．第4章の式(4.56)において，ξ を x_i，η を y_i とおき，移動座標系は剛体に固定されているので，$\dot{\xi}=0$，$\dot{\eta}=0$ である．したがって運搬加速度 $(\ddot{x}_{it}, \ddot{y}_{it})$ は，

$$\ddot{x}_{it} = -y_i\dot{\omega} - x_i\omega^2 \tag{6.38}$$

$$\ddot{y}_{it} = x_i\dot{\omega} - y_i\omega^2 \tag{6.39}$$

ここで，ω は剛体（移動座標系）の角速度である．したがって，絶対加速度 $(\ddot{x}_{ia}, \ddot{y}_{ia})$ は以下のようになる．

$$\ddot{x}_{ia} = \ddot{x}_0 - y_i\dot{\omega} - x_i\omega^2 \tag{6.40}$$

$$\ddot{y}_{ia} = \ddot{y}_0 + x_i\dot{\omega} - y_i\omega^2 \tag{6.41}$$

(2) 微小質量に作用する力 $\boldsymbol{f}_i$ の x, y 方向成分を f_{ix}, f_{iy} とすると，微小質量 $\rho\Delta V_i$ の運動方程式は，式(6.40)，(6.41)を用いて，

$$\rho\Delta V_i\,\ddot{x}_{ia} = \rho\Delta V_i(\ddot{x}_0 - y_i\dot{\omega} - x_i\omega^2) = f_{ix} \tag{6.42}$$

$$\rho\Delta V_i\ddot{y}_{ia} = \rho\Delta V_i(\ddot{y}_0 + x_i\dot{\omega} - y_i\omega^2) = f_{iy} \tag{6.43}$$

となる．

(3) まず，式(6.42)を剛体全体で和をとると

$$\sum_i \rho\Delta V_i(\ddot{x}_0 - y_i\dot{\omega} - x_i\omega^2) = \sum_i f_{ix} \tag{6.44}$$

となり，さらに，$\Delta V_i \to 0$ の極限を考えれば，上式は

$$\int(\ddot{x}_0 - y\dot{\omega} - x\omega^2)dm = \int df_x \tag{6.45}$$

と表すことができる．式(6.45)の左辺は，

$$\ddot{x}_0\int dm - \dot{\omega}\int ydm - \omega^2\int xdm = m\ddot{x}_0 - m\,y_G\dot{\omega} - m\,x_G\omega^2 \tag{6.46}$$

と変形できる．ここで m は剛体の質量，x_G, y_G は移動座標系 $P-xy$ 上での剛体の質量中心Gの位置である．式(6.43)も同様に変形すると並進運動の運動方程式は次式のようになる．

$$m\ddot{x}_0 - my_G\dot{\omega} - mx_G\omega^2 = F_x \tag{6.47}$$

$$m\ddot{y}_0 + mx_G\dot{\omega} - my_G\omega^2 = F_y \tag{6.48}$$

ここで，F_x, F_y は剛体に作用する力の総和の x, y 方向の成分である．

(4) 微小質量に関する運動方程式(6.42)，(6.43)を用いて，着目している点 P まわりのモーメントを考え

$$x_i(\ddot{y}_0 + x_i\dot{\omega} - y_i\omega^2)\rho\Delta V_i - y_i(\ddot{x}_0 - y_i\dot{\omega} - x_i\omega^2)\rho\Delta V_i = x_i f_{iy} - y_i f_{ix}$$
$$\Rightarrow (x_i\ddot{y}_0 - y_i\ddot{x}_0)\rho\Delta V_i + (x_i^2 + y_i^2)\dot{\omega}\rho\Delta V_i = x_i f_{iy} - y_i f_{ix} \tag{6.49}$$

が得られる．これを剛体全体で和をとると，

$$\sum_i(x_i\ddot{y}_0 - y_i\ddot{x}_0)\rho\Delta V_i + \sum_i(x_i^2 + y_i^2)\dot{\omega}\rho\Delta V_i = \sum_i(x_i f_{iy} - y_i f_{ix}) \tag{6.50}$$

となり，さらに，$\Delta V_i \to 0$ の極限を考えれば，上式から次式のような点 P まわりの回転運動に関する運動方程式が得られる．

$$\int(x\ddot{y}_0 - y\ddot{x}_0)dm + \int(x^2 + y^2)\dot{\omega}dm = \int xdf_y - \int ydf_x$$
$$\Rightarrow mx_G\ddot{y}_0 - my_G\ddot{x}_0 + I\dot{\omega} = N \tag{6.51}$$

となる．ここで，I は回転中心（原点P）まわりの慣性モーメント，N は剛体に作用する力によるモーメントの総和である．もし剛体に純粋なモーメントが作用する場合には，式(6.51)の右辺の N を，式(6.27)のように力によるモーメントに純粋なモーメントの総和 N_e を加えたモーメントに置き換えることにより，純粋なモーメントも考慮することができる．

(5) 任意点 P を剛体の質量中心 G に一致させると，座標系 $P-xy$ の原点は質量中心に一致し，$x_G = 0, y_G = 0, I = I_G$ となり，$(\ddot{x}_0, \ddot{y}_0)$ は剛体の質量中心の加速度になるため，運動方程式(6.47)，(6.48)，(6.51)は

$$m\ddot{x}_0 = F_x \tag{6.52}$$

$$m\ddot{y}_0 = F_y \tag{6.53}$$

$$I_G\dot{\omega} = N \tag{6.54}$$

となり，これらは，式(6.35)，(6.36)，(6.37)と一致する．

＊＊＊＊＊＊＊＊＊＊＊＊＊＊＊＊＊＊＊＊＊＊＊＊

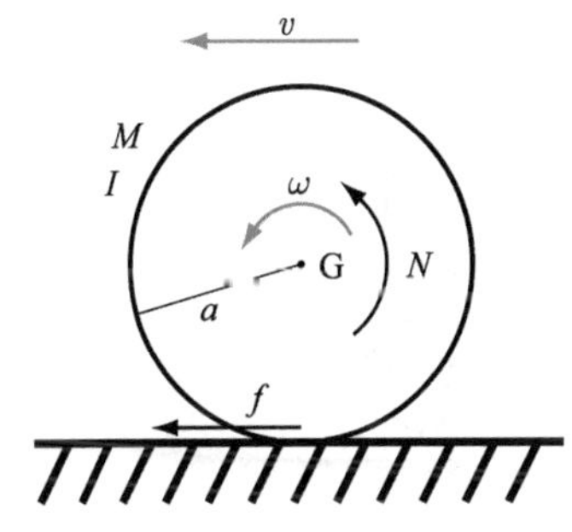

図 6.12　転がるホイール

【例題 6・3】　＊＊＊＊＊＊＊＊＊＊＊＊＊＊＊＊＊＊＊＊＊＊＊＊＊

図 6.12 示すように，慣性モーメント I，質量 M，半径 a のホイールがモー

メントNを受ける場合の回転運動と並進運動の運動方程式を求め，さらに，ホイールの加速度，回転角加速度を求めよ．なお，ホイールと床との間には滑りは生じないものとする．

【解答】　この例題では，回転運動と並進運動が同時に起こるので，ホイールの質量中心Gの並進運動と，質量中心Gまわりの回転運動に着目する．質量中心の速度をv，ホイールの角速度をωとする（正の方向は図6.12参照）．
質量中心Gの並進運動の運動方程式

$$M\dot{v} = f \tag{6.55}$$

ここで，fはホイールが床から受ける摩擦力であり，図6.12に示すように速度vと同じ方向を正とした．回転運動の運動方程式は

$$I\dot{\omega} = N - af \tag{6.56}$$

となる．未知量は$\dot{v}, \dot{\omega}, f$である．ホイールが滑らずに転がる条件

$$a\omega = v \Rightarrow a\dot{\omega} = \dot{v} \tag{6.57}$$

を用いて，式(6.55),(6.56)を解くと，ホイールの加速度$\dot{v}$，回転角加速度$\dot{\omega}$は

$$\dot{\omega} = \frac{N}{a^2\left(M + \dfrac{I}{a^2}\right)}, \quad \dot{v} = \frac{N}{a\left(M + \dfrac{I}{a^2}\right)} \tag{6.58}$$

となる．なお，摩擦力fは，

$$f = \frac{aMN}{Ma^2 + I} \tag{6.59}$$

となる．

＊＊＊＊＊＊＊＊＊＊＊＊＊＊＊＊＊＊＊＊＊＊

【例題6・4】　＊＊＊＊＊＊＊＊＊＊＊＊＊＊＊＊＊＊＊＊＊＊＊＊

図6.13のように，質量m，質量中心まわりの慣性モーメントIの剛体に力Fが点Pに作用するとき，剛体内の点Oでの加速度を求めよ．ただし，力Fの作用点P，加速度を考える点O，質量中心Gは一直線上にあり，力Fはこの直線に垂直に作用するものとする．

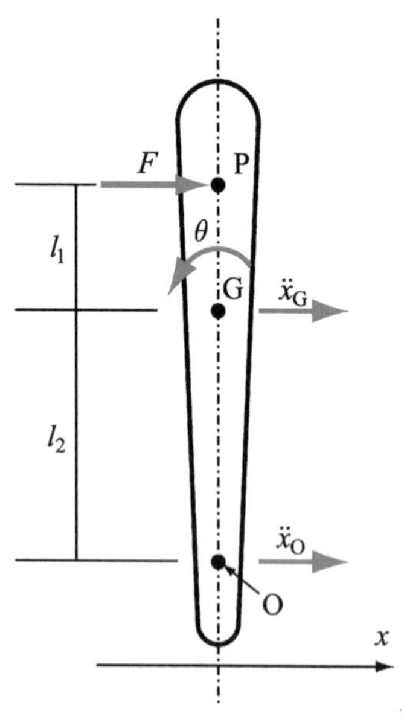

図6.13 打撃の中心

【解答】　この例題では，回転運動と並進運動を同時に考える．作用点Pと質量中心Gの距離をl_1とする．図6.13のようにx軸と，回転角θの正の方向を定義すると，剛体の質量中心の並進運動の運動方程式と，質量中心まわりの回転運動の運動方程式は，それぞれ，

$$m\ddot{x}_G = F \tag{6.60}$$

$$I\ddot{\theta} = -Fl_1 \tag{6.61}$$

となる．ここで，$\ddot{x}_G$は質量中心の加速度である．

剛体内の点Oでの加速度$\ddot{x}_O$は，点Oと質量中心Gの距離をl_2とすると，

$$\ddot{x}_O = \ddot{x}_G + l_2\ddot{\theta} \tag{6.62}$$

となる．式(6.60)，(6.61)を用いると，式(6.62)は

$$\ddot{x}_O = \frac{I - ml_1 l_2}{mI} F \tag{6.63}$$

となる．いま，点Oと質量中心Gの距離 l_2 が

$$l_2 = \frac{I}{ml_1} \tag{6.64}$$

の場合には，点Oの加速度は0となる．これは，剛体をこの点Oで支えると，反力が作用しないことを示しており，点Pは点Oについての打撃の中心(center of percussion)とよばれる．たとえば，点Oでバットを握って打撃の中心でボールを打つと手には反動を感じないで打つことができる．

＊＊＊＊＊＊＊＊＊＊＊＊＊＊＊＊＊＊＊＊＊＊＊

6・4　慣性モーメント（moment of inertia）

本節では式(6.25)で定義した慣性モーメントを，棒や板等を例として，計算してみよう．慣性モーメントは，考えている剛体に実際には回転軸がない場合でも，仮想的に回転軸を決め，その回転軸まわりに式(6.25)の定義を用いて求めることができる．

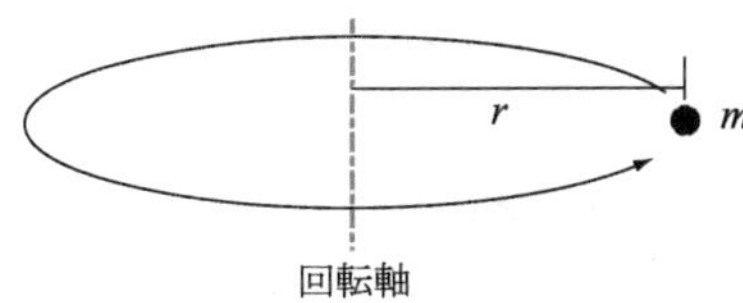

図 6.14　質点の慣性モーメント

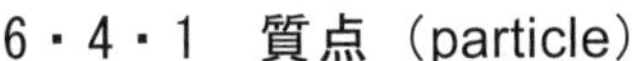

6・4・1　質点（particle）

図 6.14 に示すように回転軸から距離 r 離れたところにある質量 m の質点の慣性モーメント I は

$$I = mr^2 \tag{6.65}$$

となる．質点が回転軸上のあるとき ($r = 0$)，慣性モーメントは0となる．

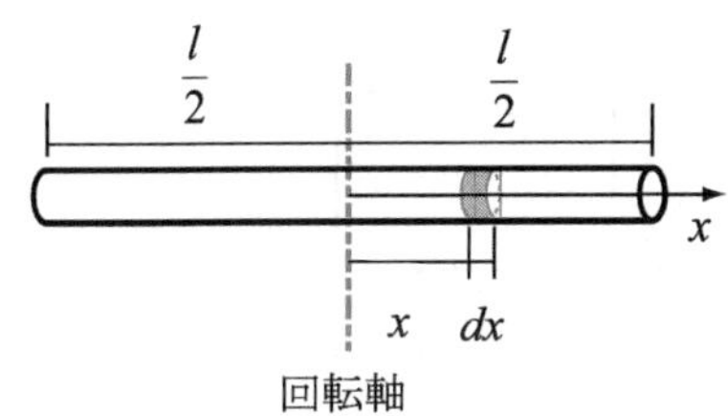

図 6.15　棒の慣性モーメント
：中央で回転

6・4・2　棒（bar）

質量 m，長さ l の一様な棒の慣性モーメントを求める．まず，図 6.15 に示すように棒の中央に回転軸がある場合を考える．棒の長手方向に x 軸を定義すると棒の微小質量 dm は，単位長さあたりの質量（線密度） m/l を用いて，

$$dm = \frac{m}{l} dx \tag{6.66}$$

となるので，式(6.25)は，

$$I = \int r^2 dm = \int x^2 \frac{m}{l} dx = \frac{m}{l} \int x^2 dx \tag{6.67}$$

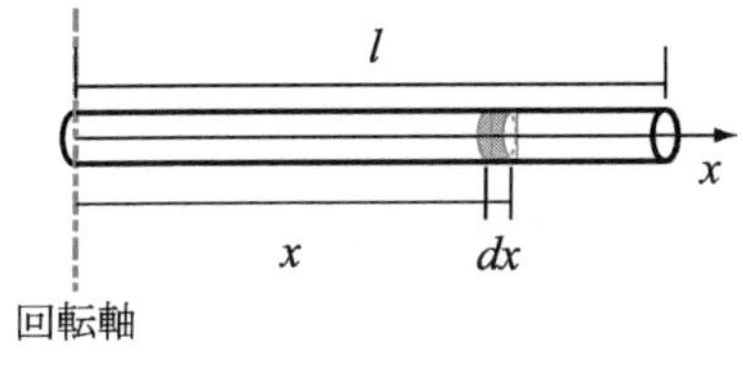

図 6.16　棒の慣性モーメント
：端で回転

ここで，積分範囲は $[-l/2, l/2]$ となるので，慣性モーメント I_1 は

$$I_1 = \frac{m}{l} \int_{-\frac{l}{2}}^{\frac{l}{2}} x^2 dx = \frac{m}{l} \left[\frac{x^3}{3} \right]_{-\frac{l}{2}}^{\frac{l}{2}} = \frac{ml^2}{12} \tag{6.68}$$

となる．

次に，図 6.16 に示すように棒の端に回転軸がある場合を考える．この場合の慣性モーメント I_2 は式(6.68)で積分範囲を $[0, l]$ として計算すると

$$I_2 = \frac{m}{l}\int_0^l x^2 dx = \frac{m}{l}\left[\frac{x^3}{3}\right]_0^l = \frac{ml^2}{3} \tag{6.69}$$

となり，慣性モーメントは回転軸の位置によって異なることがわかる．また，回転中心が棒の中央にあった方が端にある場合より慣性モーメントが小さいこともわかる．

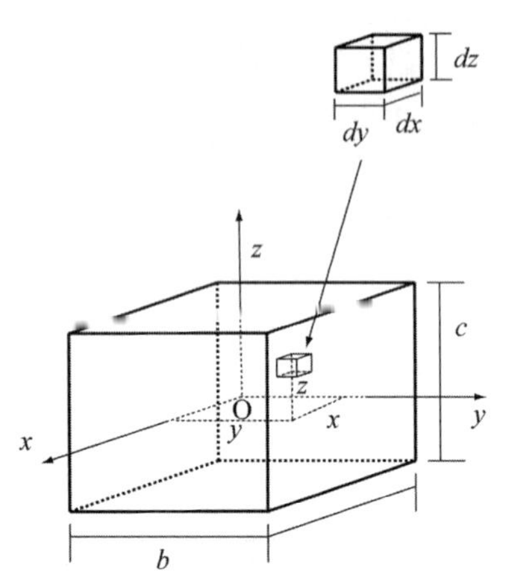

図 6.17　直方体の慣性モーメント

6・4・3　直方体（rectangle）

図 6.17 に示すような質量 M の一様な直方体の慣性モーメントを考える．直方体の質量中心を原点に各軸が直方体の辺と平行になるように x, y, z 軸を定める．各軸方向の辺の長さをそれぞれ a, b, c とする．x, y, z 軸まわりの慣性モーメント I_x, I_y, I_z を求める．直方体の密度 $\rho = M/(abc)$ を用いて，

$$dm = \rho dxdydz \tag{6.70}$$

より，x 軸まわりの慣性モーメント I_x は

$$I_x = \int (y^2+z^2)dm = \iiint (y^2+z^2)\rho dzdydx$$

$$= \int_{-\frac{a}{2}}^{\frac{a}{2}}\int_{-\frac{b}{2}}^{\frac{b}{2}}\int_{-\frac{c}{2}}^{\frac{c}{2}} (y^2+z^2)\rho dzdydx = \frac{\rho abc(b^2+c^2)}{12} = \frac{M(b^2+c^2)}{12} \tag{6.71}$$

となる．同様に y, z 軸まわりの慣性モーメント I_y, I_z は

$$I_y = \int (z^2+x^2)dm = \iiint (z^2+x^2)\rho dzdydx$$

$$= \int_{-\frac{a}{2}}^{\frac{a}{2}}\int_{-\frac{b}{2}}^{\frac{b}{2}}\int_{-\frac{c}{2}}^{\frac{c}{2}} (z^2+x^2)\rho dzdydx = \frac{M(c^2+a^2)}{12} \tag{6.72}$$

$$I_z = \int (x^2+y^2)dm = \iiint (x^2+y^2)\rho dzdydx$$

$$= \int_{-\frac{a}{2}}^{\frac{a}{2}}\int_{-\frac{b}{2}}^{\frac{b}{2}}\int_{-\frac{c}{2}}^{\frac{c}{2}} (x^2+y^2)\rho dzdydx = \frac{M(a^2+b^2)}{12} \tag{6.73}$$

となる．

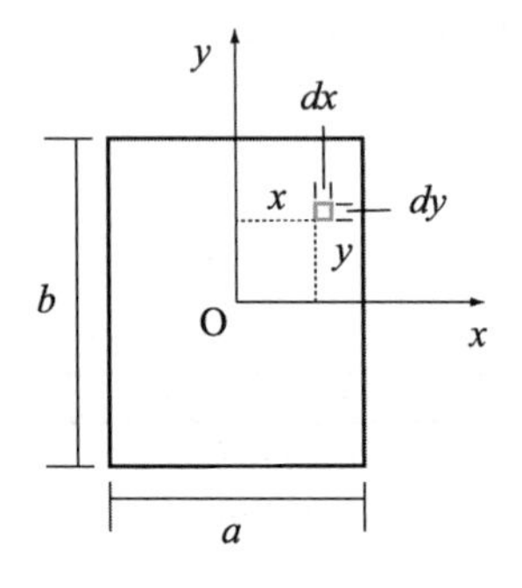

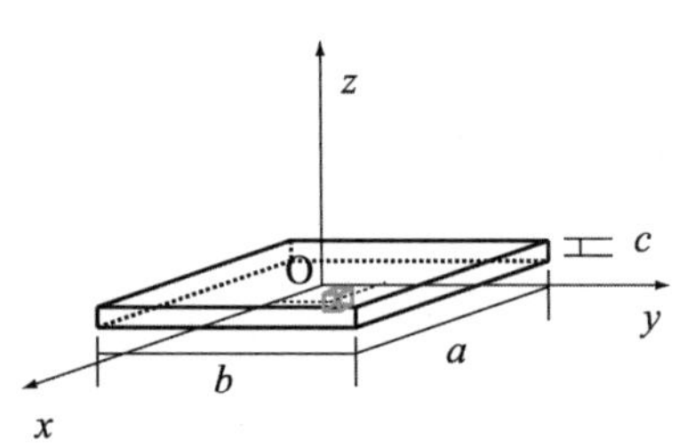

図 6.18　平板の慣性モーメント

6・4・4　平板（plate）

図 6.18 に示すような質量 M で，二辺の長さが a, b の一様な長方形で厚さ c の剛体の慣性モーメントを考える．図のように剛体の拡がりに対して厚さ c が十分薄く無視できる場合は，平板と呼ばれる．平板の質量中心を原点に各軸が直方体の辺と平行になるように x, y, z 軸を定める．各軸方向の辺の長さをそれぞれ a, b, c とする．x, y, z 軸まわりの慣性モーメント I_x, I_y, I_z を求める．平板の単位面積あたりの質量（面密度）$\rho = M/(ab)$ を用いて，

$$dm = \rho\, dx\, dy \tag{6.74}$$

より，x 軸まわりの慣性モーメント I_x は

$$I_x = \int y^2 dm = \iint y^2 \rho dydx = \int_{-\frac{a}{2}}^{\frac{a}{2}} \int_{-\frac{b}{2}}^{\frac{b}{2}} y^2 \rho dydx = \frac{\rho ab^3}{12} = \frac{Mb^2}{12} \quad (6.75)$$

となる．ここで，厳密には式(6.75)の被積分関数は $y^2 + z^2$ であるが z 方向の厚さが小さく無視している（平板の仮定）．y, z 軸まわりの慣性モーメント I_y, I_z は

$$I_y = \int x^2 dm = \iint x^2 \rho dydx = \int_{-\frac{a}{2}}^{\frac{a}{2}} \int_{-\frac{b}{2}}^{\frac{b}{2}} x^2 \rho dydx = \frac{\rho a^3 b}{12} = \frac{Ma^2}{12} \quad (6.76)$$

$$\begin{aligned} I_z &= \int (x^2 + y^2) dm = \iint (x^2 + y^2) \rho dydx \\ &= \int_{-\frac{a}{2}}^{\frac{a}{2}} \int_{-\frac{b}{2}}^{\frac{b}{2}} (x^2 + y^2) \rho dydx = \frac{\rho ab(a^2 + b^2)}{12} = \frac{M(a^2 + b^2)}{12} \end{aligned} \quad (6.77)$$

となる．ここで，式(6.76)の被積分関数中の z^2 を省略している．式(6.75)，(6.76)より，

$$I_z = I_x + I_y \quad (6.78)$$

の関係があり，板の場合には，z 軸まわりの慣性モーメントは，x 軸まわりの慣性モーメントと y 軸まわりの慣性モーメントの和になることがわかる．式(6.78)は，広がりに対して，厚さが無視できる板であれば，形状が長方形以外でも利用できる．

【例題 6・5】　＊＊＊＊＊＊＊＊＊＊＊＊＊＊＊＊＊＊＊＊＊＊＊＊＊＊

図 6.19 に示すような円筒形の剛体の半径に対して厚さ c が十分薄く無視できる場合は，円板と呼ばれる．図のような半径 a，厚さ c の一様な円板（質量 M）の質量中心を通る軸まわりの慣性モーメントを考える．円板の中心を原点とし，xy 面が円板と平行になるように x, y, z 軸を定め，x 軸，y 軸，z 軸まわりの慣性モーメント I_x, I_y, I_z を求めよ．

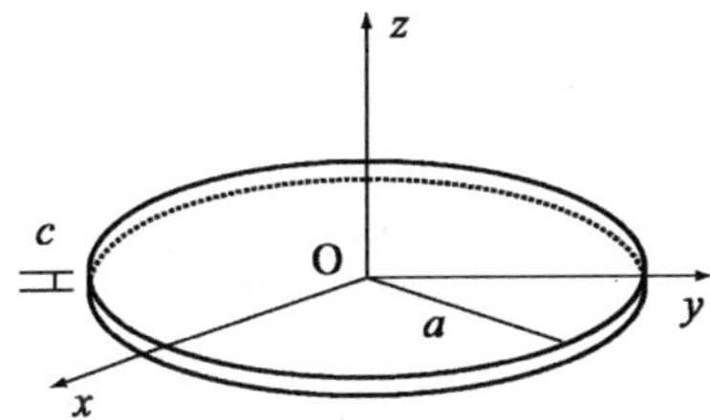

図 6.19　円板の慣性モーメント

【解答】　円板の対称性を考慮し，極座標系で積分することにより，簡単に慣性モーメントを計算することができる．図 6.20 に示すように極座標系 $O-r\theta$ を考える．円板の単位面積あたりの質量（面密度）$\rho = M/(\pi a^2)$ を用いて，このとき

$$dm = \rho r dr d\theta \quad (6.79)$$

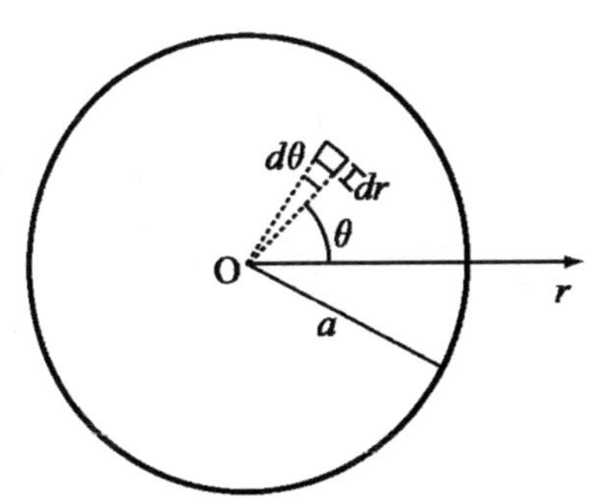

図 6.20　円板の慣性モーメント
：極座標表示

となるので，z 軸まわり（円の中心を通り，紙面垂直上向きの軸）の慣性モーメント I_z は，

$$I_z = \int_0^{2\pi} \int_0^a r^2 \rho r dr d\theta = 2\pi\rho \int_0^a r^3 dr = \frac{\rho\pi a^4}{2} = \frac{Ma^2}{2} \quad (6.80)$$

となる．円板の対称性より $I_x = I_y$ なので，x, y 軸まわりの慣性モーメント I_x，I_y は式(6.78)より，

$$I_z = I_x + I_y = 2I_x = \frac{Ma^2}{2} \tag{6.81}$$

より，

$$I_x = I_y = \frac{Ma^2}{4} \tag{6.82}$$

となる．

＊＊＊＊＊＊＊＊＊＊＊＊＊＊＊＊＊＊＊＊＊＊

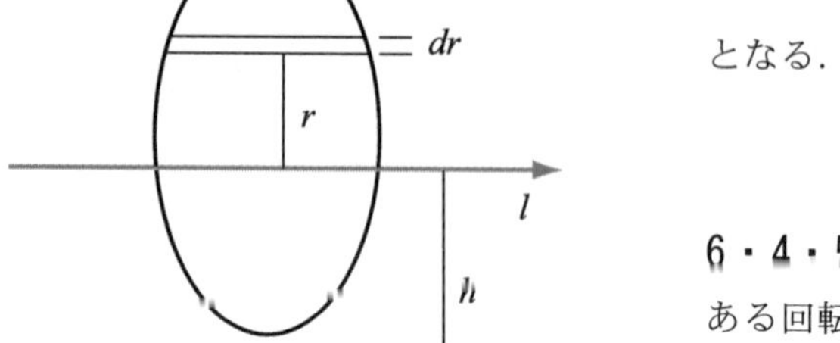

図 6.21　平行軸の定理

6・4・5　平行軸の定理（parallel axis theorem）

ある回転軸まわりの慣性モーメントがわかっているとき，その回転軸を平行移動したときの慣性モーメントを考える．図 6.21 のように，距離 h 離れた平行な l 軸と l' 軸を回転軸として考える．剛体の l 軸まわりの慣性モーメント I_l は，

$$I_l = \int r^2 dm \tag{6.83}$$

であり，l' 軸まわりの慣性モーメント $I_{l'}$ は，

$$\begin{aligned} I_{l'} &= \int (r+h)^2 dm = \int (r^2 + 2rh + h^2) dm \\ &= \int r^2 dm + 2h \int r dm + h^2 \int dm \\ &= I_l + 2h \int r dm + mh^2 \end{aligned} \tag{6.84}$$

となる．ここで m は剛体の質量である．式(6.84)の最後の式の右辺第 2 項

$$2h \int r dm \tag{6.85}$$

は，l 軸が剛体の質量中心を通る場合には，

$$\int r dm = 0 \tag{6.86}$$

となる．すなわち，質量 m の剛体の質量中心を通る軸まわりの慣性モーメント I_{G} がわかっている場合，その軸から平行で距離 h 離れた軸まわりの慣性モーメント I' は

$$I' = I_{\mathrm{G}} + mh^2 \tag{6.87}$$

で求めることができる．これを平行軸の定理(parallel axis theorem)という．

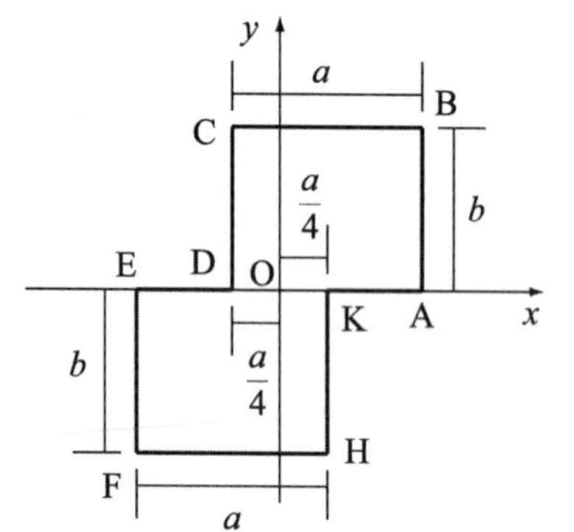

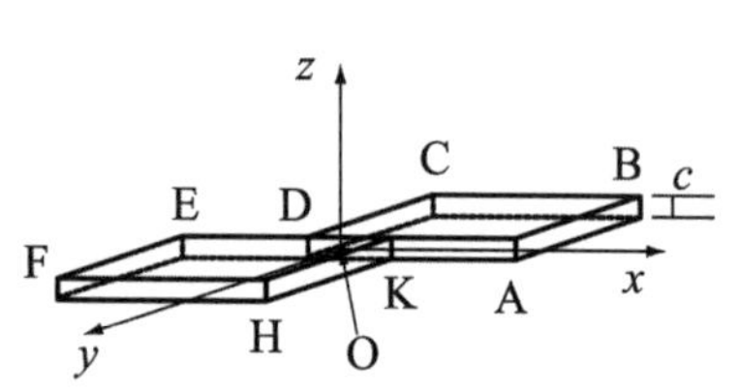

図 6.22　平板を組合せた
慣性モーメント

【例題 6・6】　＊＊＊＊＊＊＊＊＊＊＊＊＊＊＊＊＊＊＊＊＊＊＊

図 6.22 のような 2 つの一様な長方形の平板を組合せた板 ABCDEFHK を考え，x, y, z 軸まわりの慣性モーメントを求めよ．板 ABCDEFHK の質量を M，辺の長さは図 6.22 を参照のこと．

【解答】　板 ABCDEFHK を長方形 ABCD と長方形 EFHK に分けて，慣性モーメントを求め，それらの和をとって板 ABCDEFHK を求める．

まず，長方形 ABCD に着目すると，図 6.23 のようになる．平行軸の定理

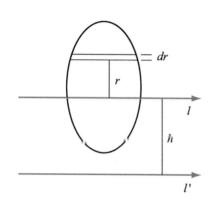

を用いて，長方形ABCDの慣性モーメントを求める．長方形の板の質量中心Gを通り x, y, z 軸に平行な軸まわりの慣性モーメント I_{Gx}^{ABCD} , I_{Gy}^{ABCD} , I_{Gz}^{ABCD} は，長方形ABCDの質量を $m_1 = M/2$ とすると，式(6.75)，(6.76)，(6.77)より，

$$I_{Gx}^{ABCD} = \frac{m_1 b^2}{12}, I_{Gy}^{ABCD} = \frac{m_1 a^2}{12}, I_{Gz}^{ABCD} = \frac{m_1(a^2+b^2)}{12} \tag{6.88}$$

質量中心Gと x, y, z 軸との距離が，それぞれ $b/2$, $a/4$, $\sqrt{a^2+4b^2}/4$ より，長方形ABCDの x, y, z 軸まわりの慣性モーメント $I_x^{ABCD}, I_y^{ABCD}, I_z^{ABCD}$ は，平行軸の定理を用いて，

$$I_x^{ABCD} = \frac{m_1 b^2}{12} + \frac{m_1 b^2}{4} = \frac{m_1 b^2}{3}, I_y^{ABCD} = \frac{m_1 a^2}{12} + \frac{m_1 a^2}{16} = \frac{7m_1 a^2}{48},$$
$$I_z^{ABCD} = \frac{m_1(a^2+b^2)}{12} + \frac{m_1(a^2+4b^2)}{16} = \frac{m_1(7a^2+16b^2)}{48} \tag{6.89}$$

が得られる．

一方，長方形EFHKの慣性モーメント $I_x^{EFHK}, I_y^{EFHK}, I_z^{EFHK}$ も同様に求める場合，長方形EFHKの質量を $m_2 = M/2$ とすると

$$I_x^{EFHK} = \frac{m_2 b^2}{3}, I_y^{EFHK} = \frac{7m_2 a^2}{48}, I_z^{EFHK} = \frac{m_2(7a^2+16b^2)}{48} \tag{6.90}$$

したがって，板ABCDEFHKの x, y, z 軸まわりの慣性モーメント I_x, I_y, I_z は

$$I_x = I_x^{ABCD} + I_x^{EFHK} = \frac{(m_1+m_2)b^2}{3} = \frac{Mb^2}{3}$$
$$I_y = I_y^{ABCD} + I_y^{EFHK} = \frac{7(m_1+m_2)a^2}{48} = \frac{7Ma^2}{48} \tag{6.91}$$
$$I_z = I_z^{ABCD} + I_z^{EFHK} = \frac{(m_1+m_2)(7a^2+16b^2)}{48} = \frac{M(7a^2+16b^2)}{48}$$

が得られる．

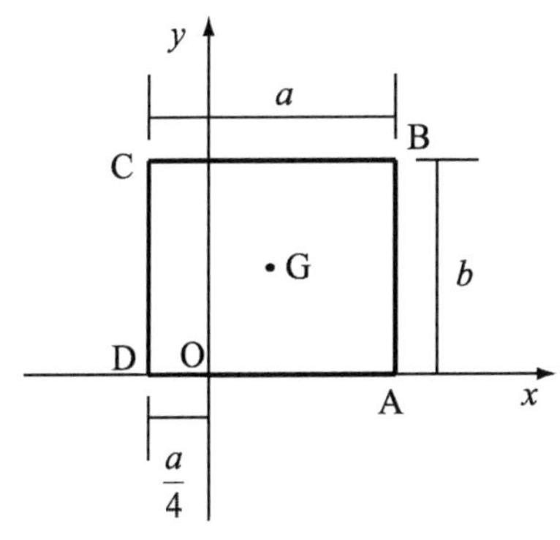

図6.23　組合せ板の慣性モーメント（考え方）

【例題6・7】　＊＊＊＊＊＊＊＊＊＊＊＊＊＊＊＊＊＊＊＊＊＊＊＊

図6.24のような穴の開いた直方形板の x 軸まわりの慣性モーメントを求めよ．長方形の辺の長さは a, b ，穴の半径は r ， x 軸から穴の中心までの距離を d とし，板の単位面積あたりの質量（面密度）を ρ とする．

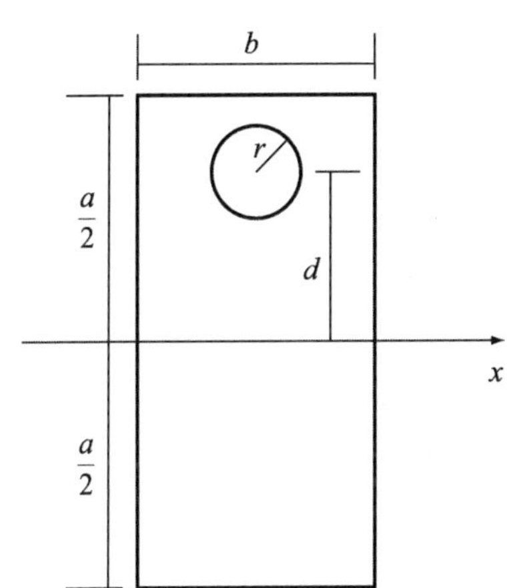

図6.24　穴の開いた長方形板の慣性モーメント

【解答】　穴の開いた板を，長方形の板の部分（図6.25）と穴の部分（図6.26）の2つの部分に分けて考える．求めたい穴の開いた長方形の板（図6.24）の慣性モーメント I と穴の部分に対応する円板（図6.26）の慣性モーメント I_c を合わせると穴の開いていない長方形の板（図6.25）の慣性モーメント I_p が求められること（ $I_p = I + I_c$ ）を利用して，長方形の板（図6.25）の慣性モーメントから，穴と同じ寸法で板と同じ面密度を持った円板（図6.26）の慣性モーメントの差をとることにより，穴の開いた板の慣性モーメント（ $I = I_p - I_c$ ）を求める．

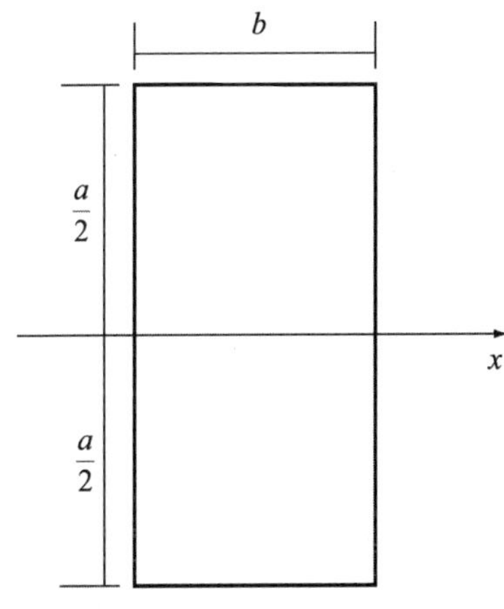

図6.25　穴の開いた長方形板の慣性モーメント：考え方，長方形板

まず，穴の開いていない長方形板（図 6.25）の x 軸まわりの慣性モーメント I_p は

$$I_p = \frac{\rho a^3 b}{12} \tag{6.92}$$

であり，図 6.26 の円板の x 軸まわりの慣性モーメント I_c は，円板と質量中心と x 軸までの距離 d を考慮すると

$$I_c = \frac{\rho \pi r^4}{4} + \rho \pi r^2 d^2 \tag{6.93}$$

となるので，穴の開いた直方形板の x 軸まわりの慣性モーメント I は

$$I = I_p - I_c = \frac{\rho a^3 b}{12} - \left(\frac{\rho \pi r^4}{4} + \rho \pi r^2 d^2 \right) \tag{6.94}$$

となる．

＊＊＊＊＊＊＊＊＊＊＊＊＊＊＊＊＊＊＊＊＊＊

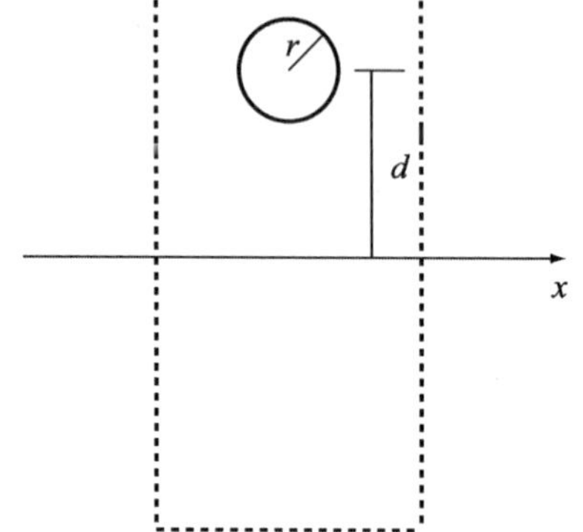

図 6.26　穴の開いた長方形板の慣性モーメント：考え方，穴(円板)

6・5　剛体の角運動量（angular momentum of rigid body）

質点の角運動量は，質点の運動量と着目点との位置により定義されることを第5章で学んだ．本節では，運動する剛体の角運動量を考える．

回転軸が固定されている場合の角運動量を以下の手順で考える．まず，図6.27のように，剛体中に微小質量 $\rho\Delta V_i$ を考え，微小質量を質点とみなし，その運動量 $\boldsymbol{p}_i$ と微小質量の回転中心に対する位置 $\boldsymbol{r}_i = (x_i\ , y_i)$ を用いて，角運動量 L_i を求める．次に，得られた L_i を剛体全体で和をとり，さらに，$\Delta V_i \to 0$ の極限を考えることにより，剛体全体の角運動量 L を求める．

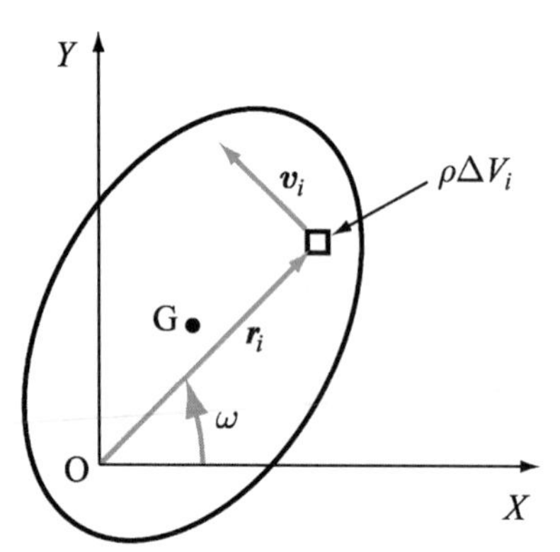

図 6.27　剛体の角運動量：回転中心固定

微小質量が回転中心 O を中心に角速度 ω で回転しているときの速度 $\boldsymbol{v}_i = (v_{ix}, v_{iy})$ は，

$$v_{ix} = -y_i\omega,\ v_{iy} = x_i\omega \tag{6.95}$$

より，微小質量 $\rho\Delta V_i$ の運動量 $\boldsymbol{p}_i = (p_{ix}, p_{iy})$ は

$$p_{ix} = -y_i\omega\,\rho\Delta V_i,\quad p_{iy} = x_i\omega\,\rho\Delta V_i \tag{6.96}$$

となる．したがって角運動量 L_i は，第5章で学んだように，

$$L_i = x_i(x_i\omega\rho\Delta V_i) - y_i(-y_i\omega\rho\Delta V_i) = (x_i^2 + y_i^2)\omega\rho\Delta V_i \tag{6.97}$$

となるので，剛体全体の角運動量 L は上式の和をとって，

$$L = \sum_i (x_i^2 + y_i^2)\omega\,\rho\Delta V_i \tag{6.98}$$

さらに，$\Delta V_i \to 0$ の極限を考えれば，上式から

$$L = \int dL = \omega \int (x^2 + y^2)\,dm = I\omega \tag{6.99}$$

$$\Rightarrow \qquad L = I\omega \tag{6.100}$$

となる．ここで，

$$\int (x^2 + y^2)\,dm = \int r^2\,dm = I \tag{6.101}$$

を用いた．式(6.100)より，剛体の角運動量は，点 O まわりの慣性モーメント I

と角速度ωの積で表されることがわかる．

いま，剛体の角運動量の式(6.100)を時間で微分すると

$$\frac{dL}{dt}=I\dot{\omega} \tag{6.102}$$

が得られる．回転運動の運動方程式(6.26)と比較して，次式が得られる．

$$\frac{dL}{dt}=N \tag{6.103}$$

式(6.103)は，角運動量Lの変化は，外から与えられたモーメントNに等しいことを示している．逆に，外からモーメントが作用しない場合には，角運動量は変化しないことがわかる．角運動量保存の法則が剛体の場合にも成立する．

次に，回転中心が移動する場合の角運動量は，運動方程式を考えたときと同様に，質量中心の並進運動と質量中心まわりの回転運動に分けて考えると理解しやすいことが知られている（詳細は【例題6・8】参照）．剛体の質量をm，質量中心まわりの慣性モーメントをI_G，質量中心の速度を$(\dot{x}_0, \dot{y}_0)$とし，角運動量を考える点Oに対する質量中心の位置を(x_0, y_0)とすると，剛体の角運動量Lは

$$L=(x_0\dot{y}_0-y_0\dot{x}_0)m+I_G\omega \tag{6.104}$$

で表すことができる．ここで，式(6.104)の右辺第一項は，剛体の質量が質量中心の位置にすべて集中したとみなした質点の点Oに対する角運動量である．これを$L_G=(x_0\dot{y}_0-y_0\dot{x}_0)m$とすると，角運動量の式(6.104)は

$$L=L_G+I_G\omega \tag{6.105}$$

と書くことができる．

【例題 6・8】　＊＊＊＊＊＊＊＊＊＊＊＊＊＊＊＊＊＊＊＊＊＊＊＊＊

回転中心が移動する場合の剛体の角運動量（式(6.105)）を，図6.28のように任意の点Pに着目し，剛体内の微小質量の運動を，点Pの並進運動と点Pまわりの回転運動（角速度ω）にわけて表すことにより導け．ただし，図中のP$-xy$は剛体に固定された移動座標系である．

(1) 剛体内の任意の位置の微小質量$\rho\Delta V_i$の絶対速度を，点Pの並進運動と点Pまわりの回転運動の組合せとして求めよ．

(2) 上記(1)で求めた絶対速度を用いて，剛体内の微小質量の運動量(p_{ix}, p_{iy})を求めよ．

(3) 上記(2)で導いた微小質量に対する運動量(p_{ix}, p_{iy})を用いて，点Oまわりの角運動量L_iを求めよ．

(4) 上記(3)で導いた微小質量に対する角運動量L_iを，剛体全体で和をとり，さらに，$\Delta V_i \to 0$の極限を考えることにより，剛体の角運動量Lを導け．

(5) 上記(4)で導いた角運動量Lで，任意点Pを剛体の質量中心Gに一致させることにより，角運動量が式(6.105)と一致することを示せ．

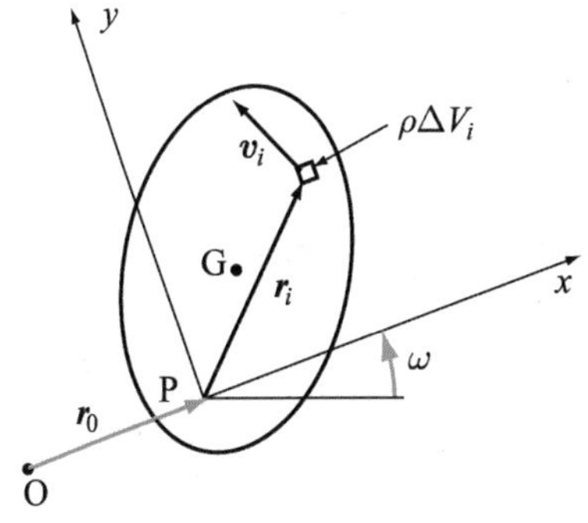

図6.28　並進運動と回転運動がある場合の微小質量の運動

【解答】 (1) 剛体内の位置 $\boldsymbol{r}_i=(x_i, y_i)$ にある微小質量 $\rho\Delta V_i$ の絶対速度 $(\dot{x}_{iv}, \dot{y}_{iv})$ は，第 4 章の相対運動の 4・3 節で学んだように，原点 P まわりに座標系が回転運動することによって発生する速度と，原点 P の速度 $(\dot{x}_0, \dot{y}_0)$ の和となる（剛体は変形しないので相対速度は 0 となる）．したがって，絶対速度 $\boldsymbol{v}_i=(\dot{x}_{iv}, \dot{y}_{iv})$ は，

$$\dot{x}_{iv}=\dot{x}_0-y_i\omega \tag{6.106}$$

$$\dot{y}_{iv}=\dot{y}_0+x_i\omega \tag{6.107}$$

となる．ここで ω は剛体の角速度である．

(2) 剛体内の微小質量 $\rho\Delta V_i$ の運動量 (p_{ix}, p_{iy}) は式(6.106)，(6.107)を用いると

$$p_{ix}=\rho\Delta V_i\,\dot{x}_{iv}=(\dot{x}_0-y_i\omega)\rho\Delta V_i \tag{6.108}$$

$$p_{iy}=\rho\Delta V_i\,\dot{y}_{iv}=(\dot{y}_0+x_i\omega)\rho\Delta V_i \tag{6.109}$$

と表すことができる．

(3) 点 O まわりの角運動量 L_i は，点 O に対する微小質量の位置 $\boldsymbol{r}_0+\boldsymbol{r}_i$ を考慮すると

$$L_i=(x_0+x_i)(\dot{y}_0+x_i\omega)\rho\Delta V_i-(y_0+y_i)(\dot{x}_0-y_i\omega)\rho\Delta V_i \tag{6.110}$$

となる．ここで，$\boldsymbol{r}_0=(x_0, y_0)$ である．

(4) 角運動量 L_i を，剛体全体で和をとり，さらに，$\Delta V_i\to 0$ の極限を考えれば，剛体全体の角運動量 L は

$$\begin{aligned}L&=\int\{(x_0+x)(\dot{y}_0+x\omega)-(y_0+y)(\dot{x}_0-y\omega)\}dm\\&=(x_0\dot{y}_0-y_0\dot{x}_0)\int dm+\omega\int(x^2+y^2)dm\\&\qquad+(\dot{y}_0+x_0\omega)\int xdm-(\dot{x}_0-y_0\omega)\int ydm\\&=(x_0\dot{y}_0-y_0\dot{x}_0)m+I\omega+(\dot{y}_0+x_0\omega)mx_G-(\dot{x}_0-y_0\omega)my_G\end{aligned} \tag{6.111}$$

となる．ここで，(x_G, y_G) は移動座標系 P − xy での質量中心の位置である．

(5) 任意の点 P を剛体の質量中心 G に一致させると，移動座標系 P − xy の原点と質量中心が一致するので，

$$x_G=0,\qquad y_G=0,\qquad I=I_G \tag{6.112}$$

となり，式(6.111)は，

$$L=(x_0\dot{y}_0-y_0\dot{x}_0)m+I_G\omega \tag{6.113}$$

となり，式(6.104)と一致する．

* *

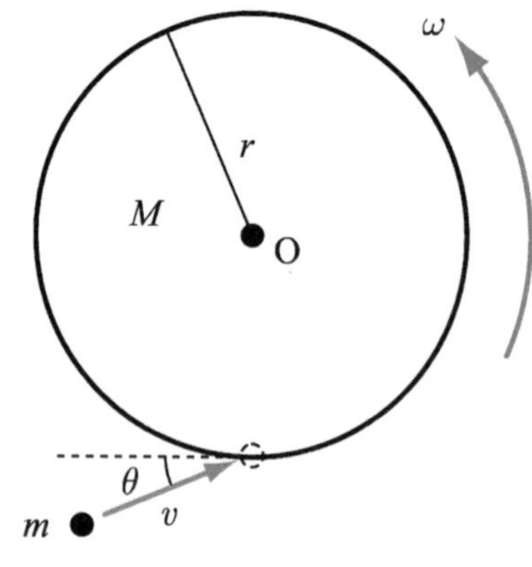

(a) 衝突前

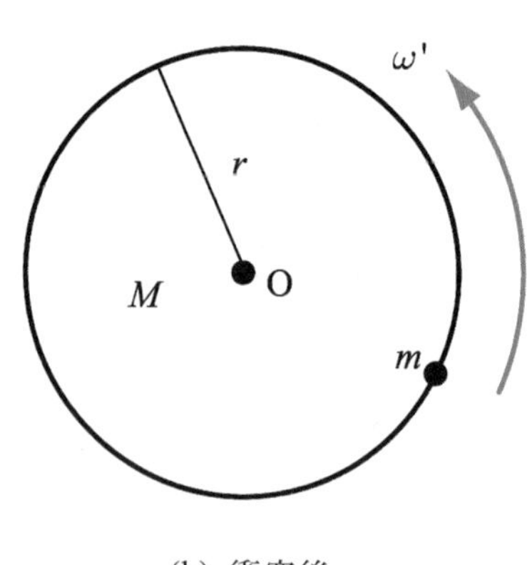

(b) 衝突後

図 6.29 回転円板と質点の衝突

【例題6・9】 *

図6.29のように，角速度 ω で一定回転している半径 r，質量 M の円板に，速度 v で質量 m の質点が，円板の外周部に衝突し，その後，円板と一体となって回転した．角運動量保存の法則を用いて，衝突後の円板の角速度 ω' と質点の入射角（円板の接線と速度のなす角）θ の関係を示せ．

【解答】 衝突直前の円板と質点の回転中心 O まわりの角運動量はそれぞれ，

$$L_M = \frac{1}{2}Mr^2\omega, \quad L_m = mvr\cos\theta \tag{6.114}$$

ここで，円板の慣性モーメント $Mr^2/2$ を考慮した．衝突後の慣性モーメント I は

$$I = \frac{1}{2}Mr^2 + mr^2 \tag{6.115}$$

より，衝突後の角運動量は

$$L' = \left(\frac{1}{2}Mr^2 + mr^2\right)\omega' \tag{6.116}$$

となり，角運動量保存の法則を用いると

$$\frac{1}{2}Mr^2\omega + mvr\cos\theta = \left(\frac{1}{2}Mr^2 + mr^2\right)\omega' \tag{6.117}$$

したがって，衝突後の角速度 ω' は，以下のようになる．

$$\omega' = \frac{\frac{1}{2}Mr^2\omega + mvr\cos\theta}{\frac{1}{2}Mr^2 + mr^2} = \frac{\frac{1}{2}Mr\omega + mv\cos\theta}{\left(\frac{1}{2}M + m\right)r} \tag{6.118}$$

＊＊＊＊＊＊＊＊＊＊＊＊＊＊＊＊＊＊＊＊＊＊＊

【例題6・10】　＊＊＊＊＊＊＊＊＊＊＊＊＊＊＊＊＊＊＊＊＊＊＊＊

回転中心が移動する場合の剛体の運動量を，剛体内の微小質量の運動量を積分することにより導け．

【解答】　剛体内の微小質量の運動量 (p_{ix}, p_{iy}) は式(6.108)，(6.109)で与えられるので，これを剛体全体で和をとり，さらに，$\Delta V_i \to 0$ の極限を考えればよい．したがって，剛体の運動量 (p_x, p_y) は，

$$p_x = \int(\dot{x}_0 - y\omega)dm = m\dot{x}_0 - my_G\omega \tag{6.119}$$

$$p_y = \int(\dot{y}_0 + x\omega)dm = m\dot{y}_0 + mx_G\omega \tag{6.120}$$

となる．ここで，(x_G, y_G) は質量中心の座標である．上式の運動量は点 P に着目している．着目点 P を剛体の質量中心 G に一致させると式(6.112)が成り立つので，運動量は以下のようになる．

$$p_x = m\dot{x}_0 \tag{6.121}$$

$$p_y = m\dot{y}_0 \tag{6.122}$$

となる．したがって，剛体の運動量は，剛体の質量が質量中心の位置にすべて集中したとみなした質点の運動量と等しいことがわかる．

＊＊＊＊＊＊＊＊＊＊＊＊＊＊＊＊＊＊＊＊＊＊＊

6・6　剛体の運動エネルギー（kinetic energy of rigid body）

前章で質点の運動エネルギーは質量 m と速度の2乗 $|\boldsymbol{v}|^2$ で求めることができることを学んだ．本節では，運動する剛体の運動エネルギーについて考える．

回転中心が固定されている場合，剛体の運動エネルギーを以下の手順で考え

る．まず，図6.27のように，剛体中に微小質量 $\rho\Delta V_i$ を考え，微小質量を質点とみなし，その運動エネルギー K_i を求める．次に，得られた K_i を剛体全体で和をとり，さらに，$\Delta V_i \to 0$ の極限を考えることにより，剛体全体の運動エネルギー K を求める．

微小質量が回転中心 O を中心に角速度 ω で回転しているときの速度 (v_{ix}, v_{iy}) は，

$$v_{ix} = -y_i\omega,\ v_{iy} = x_i\omega \tag{6.123}$$

より，微小質量 $\rho\Delta V_i$ の運動エネルギー K_i は

$$K_i = \frac{1}{2}(v_{ix}^2 + v_{iy}^2)\rho\Delta V_i = \frac{1}{2}({y_i}^2 + {x_i}^2)\omega^2\rho\Delta V_i \tag{6.124}$$

となるので，剛体全体で和をとり，さらに，$\Delta V_i \to 0$ の極限を考えれば，剛体全体の運動エネルギー K は，

$$\begin{aligned} &K = \frac{1}{2}\omega^2\int(x^2 + y^2)\,dm = \frac{1}{2}I\omega^2 \\ &\Rightarrow \quad K = \frac{1}{2}I\omega^2 \end{aligned} \tag{6.125}$$

となる．ここで，

$$\int(x^2 + y^2)dm = \int r^2 dm = I \tag{6.126}$$

を用いた．式(6.125)より，剛体の運動エネルギーは，点 O まわりの慣性モーメント I と角速度 ω の2乗を用いて表されることがわかる．

次に，回転中心が移動する場合の剛体の運動エネルギーを考える．運動方程式や角運動量を考えたときと同様に，質量中心の並進運動と質量中心まわりの回転運動に分けて考えると理解しやすいことが知られている（詳細は【例題6・11】参照）．剛体の質量を m，質量中心まわりの慣性モーメントを I_{G}，質量中心の速度を $(\dot{x}_0\ ,\ \dot{y}_0)$，角速度を ω とすると，剛体の運動エネルギー K は

$$K = \frac{1}{2}m(\dot{x}_0^2 + \dot{y}_0^2) + \frac{1}{2}I_{\mathrm{G}}\omega^2 \tag{6.127}$$

で表すことができる．ここで，式(6.127)の右辺第一項は，剛体の質量が質量中心の位置にすべて集中したとみなした質点の運動エネルギーである．

【例題 6・11】　＊＊＊＊＊＊＊＊＊＊＊＊＊＊＊＊＊＊＊＊＊＊＊＊＊

回転中心が移動する場合の剛体の運動エネルギー（式(6.127)）を，図 6.28 のように任意の点 P に着目し，剛体内の微小質量の運動を，点 P の並進運動と点 P まわりの回転運動にわけて運動エネルギーを考えることにより導け．ただし，【例題 6・8】と同様に図中の P－xy は剛体に固定された移動座標系である．

(1) 剛体内の任意の微小質量 $\rho\Delta V_i$ の絶対速度を，点 P の並進運動と点 P まわりの回転運動の組合せとして求めよ．

(2) 上記(1)で求めた絶対速度を用いて，剛体内の微小質量 $\rho\Delta V_i$ の運動エネルギー K_i を求めよ．

(3) 上記(2)で導いた微小質量に対する運動エネルギー K_i を，剛体全体で和をとり，さらに，$\Delta V_i \to 0$ の極限を考えることにより，剛体の運動エネルギー K を導け．

(4) 上記(3)で導いた運動エネルギー K で，任意点Pを剛体の質量中心Gに一致させることにより，運動エネルギーが式(6.127)と一致することを示せ．

【解答】　(1) 剛体内の位置 (x_i, y_i) にある微小質量の絶対速度 $\boldsymbol{v}_i = (\dot{x}_{iv}\ , \dot{y}_{iv})$ は，

$$\dot{x}_{iv} = \dot{x}_0 - y_i\omega \tag{6.128}$$

$$\dot{y}_{iv} = \dot{y}_0 + x_i\omega \tag{6.129}$$

となる．ここで，$(\dot{x}_0, \dot{y}_0)$ は原点Pの速度，ω は剛体の角速度である．

(2)　剛体内の微小質量の運動エネルギー K_i は，

$$\begin{aligned} K_i &= \frac{1}{2}(\dot{x}_{iv}^2 + \dot{y}_{iv}^2)\rho\Delta V_i = \frac{1}{2}\left\{(\dot{x}_0 - y_i\omega)^2 + (\dot{y}_0 + x_i\omega)^2\right\}\rho\Delta V \\ &= \frac{1}{2}\left\{\dot{x}_0^2 + \dot{y}_0^2 + ({x_i}^2 + {y_i}^2)\omega^2 + 2(\dot{y}_0 x_i - \dot{x}_0 y_i)\omega\right\}\rho\Delta V_i \end{aligned} \tag{6.130}$$

と表すことができる．

(3) 運動エネルギー K_i を，剛体全体で和をとり，さらに，$\Delta V_i \to 0$ の極限を考えることにより，

$$\begin{aligned} K &= \frac{1}{2}\int\left\{\dot{x}_0^2 + \dot{y}_0^2 + (x^2 + y^2)\omega^2 + 2(\dot{y}_0 x - \dot{x}_0 y)\omega\right\}dm \\ &= \frac{1}{2}(\dot{x}_0^2 + \dot{y}_0^2)\int dm + \frac{1}{2}\omega^2\int(x^2 + y^2)dm \\ &\qquad + \dot{y}_0\omega\int x\,dm - \dot{x}_0\omega\int y\,dm \\ &= \frac{1}{2}m(\dot{x}_0^2 + \dot{y}_0^2) + \frac{1}{2}I\omega^2 + mx_{\mathrm{G}}\dot{y}_0\omega - my_{\mathrm{G}}\dot{x}_0\omega \end{aligned} \tag{6.131}$$

となる．ここで，$(x_{\mathrm{G}}, y_{\mathrm{G}})$ は移動座標系 $\mathrm{P}-xy$ での質量中心の位置である．

(4) 任意の点Pを剛体の質量中心Gに一致させると，移動座標系 $\mathrm{P}-xy$ の原点と質量中心が一致するので，

$$x_G = 0, \quad y_G = 0, \quad I = I_G \tag{6.132}$$

となり，式(6.131)は，

$$K = \frac{1}{2}m(\dot{x}_0^2 + \dot{y}_0^2) + \frac{1}{2}I_G\omega^2 \tag{6.133}$$

となり，式(6.127)と一致する．

＊＊＊＊＊＊＊＊＊＊＊＊＊＊＊＊＊＊＊＊＊＊

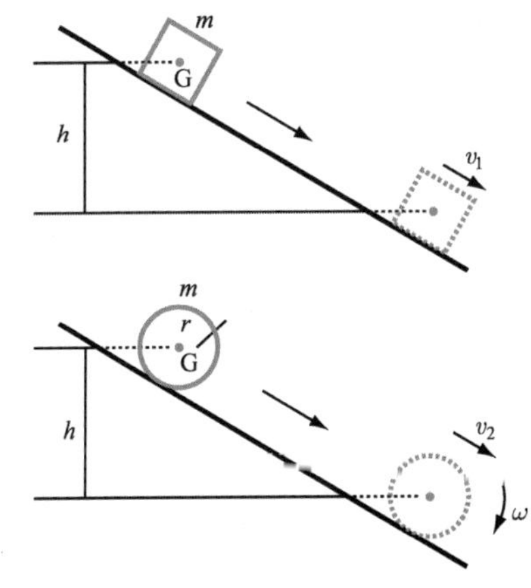

図 6.30　回転しない場合と回転する場合の速度

【例題6・12】　＊＊＊＊＊＊＊＊＊＊＊＊＊＊＊＊＊＊＊＊＊＊

図6.30のように，斜面上を下る場合に，摩擦なく滑り降りた場合（回転しない）と，滑らずに回転しながら降りた場合の速度をそれぞれ求めよ．ここで落下する高さを h，質量を m，回転する場合は剛体を半径 r の円板とせよ．

【解答】　摩擦がなく滑り降りる場合には，質量中心Gが高さ h を下がった

ときの重力による位置エネルギーが剛体の運動エネルギーに変換されるので，滑り降りる場合の速度を v_1 とすると，

$$mgh = \frac{1}{2}mv_1^2 \tag{6.134}$$

より，

$$v_1 = \sqrt{2gh} \tag{6.135}$$

となる．一方，回転しながら降りる場合には，回転する円板の速度を v_2 とすると円板の角速度 ω は

$$v_2 = r\omega \tag{6.136}$$

の関係があり，質量中心まわりの慣性モーメントは $mr^2/2$ であるので，運動エネルギーは

$$\frac{1}{2}mv_2^2 + \frac{1}{2}I\omega^2 = \frac{1}{2}mv_2^2 + \frac{1}{2}\frac{mr^2}{2}\frac{v_2^2}{r^2} = \frac{3}{4}mv_2^2 \tag{6.137}$$

となる．これを重力による位置エネルギーと等しいとすると

$$mgh = \frac{3}{4}mv_2^2 \tag{6.138}$$

より，

$$v_2 = \sqrt{\frac{4}{3}gh} \tag{6.139}$$

となる．式(6.135)，(6.139)を比べると，回転しない方が速い．しかし，実際は斜面には摩擦があるので回転しない場合の速度は式(6.135)よりは遅くなる．

【例題6・13】

図6.31のように，長さ l，質量 m の一様な棒がその一端 C を中心にして回転している（回転角度 $\theta(t)$）．回転中心 C が原点 O に固定されている場合（図6.31の上図）と，速度 v で y 軸上を並進運動する場合（図6.31の下図）の棒の運動エネルギーを求めよ．

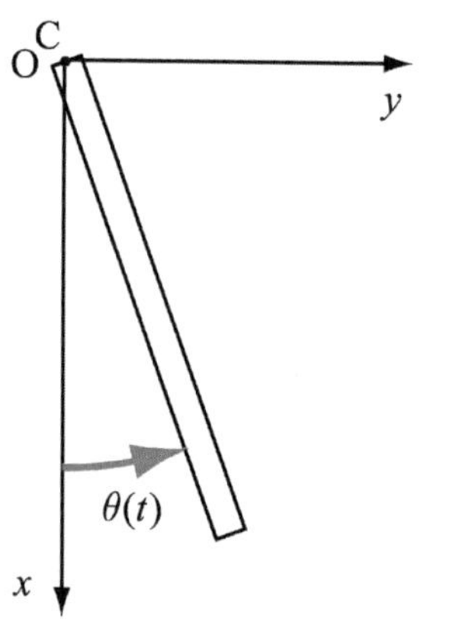

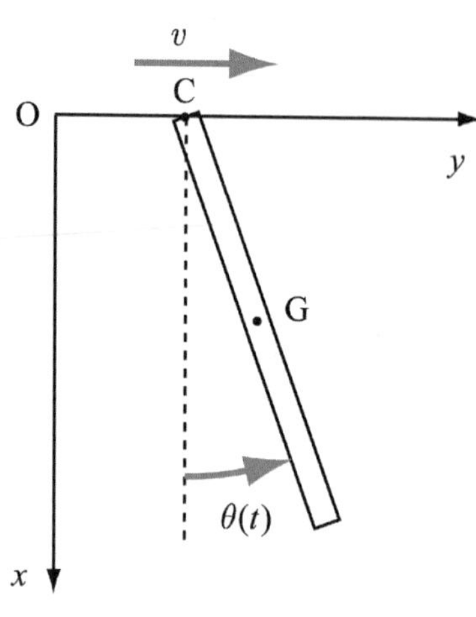

図 6.31　回転中心が並進運動する場合の運動エネルギー

【解答】　回転中心 C が固定されている場合は，棒の回転中心 C まわりの慣性モーメント I_1 は

$$I_1 = \frac{1}{3}ml^2 \tag{6.140}$$

より，運動エネルギー E_1 は次のようになる．

$$E_1 = \frac{1}{2}I_1\dot{\theta}^2 = \frac{1}{6}ml^2\dot{\theta}^2 \tag{6.141}$$

一方，回転中心 C が並進運動する場合には，質量中心 G の並進運動と，質量中心 G まわりの回転運動に分けて考える．図 6.31 の下図のように xy 座標系を定義すると，質量中心 G の速度は

$$\boldsymbol{v}_x = -\frac{l}{2}\dot{\theta}\sin\theta,\ \boldsymbol{v}_y = \frac{l}{2}\dot{\theta}\cos\theta + \boldsymbol{v} \tag{6.142}$$

より，運動エネルギー E_2 は，$I_G = \dfrac{1}{12}ml^2$ であることを考慮すると

$$E_2 = \frac{1}{2}m(v_x^2 + v_y^2) + \frac{1}{2}I_G\dot{\theta}^2 = \frac{1}{2}mv^2 + \frac{1}{6}ml^2\dot{\theta}^2 + \frac{1}{2}mlv\dot{\theta}\cos\theta \quad (6.143)$$

となる．式(6.143)で $v = 0$ とすると式(6.141)に一致することがわかる．

＊＊＊＊＊＊＊＊＊＊＊＊＊＊＊＊＊＊＊＊＊＊

＝＝＝＝＝　練習問題　＝＝＝＝＝＝＝＝＝＝＝＝＝＝＝＝＝＝＝＝＝＝＝

【6･1】　二辺の長さが $2b$，d の穴があいている長方形の板（図6.32に示すように二辺の長さは $2a$，c，また，面密度 ρ）を考え，以下の問に答えよ．板の面密度は一定とする．

(1) 図中の l_1 軸まわりの慣性モーメント I_1 を求めよ．

(2) 図中の l_2 軸まわりの慣性モーメント I_2 を求めよ．

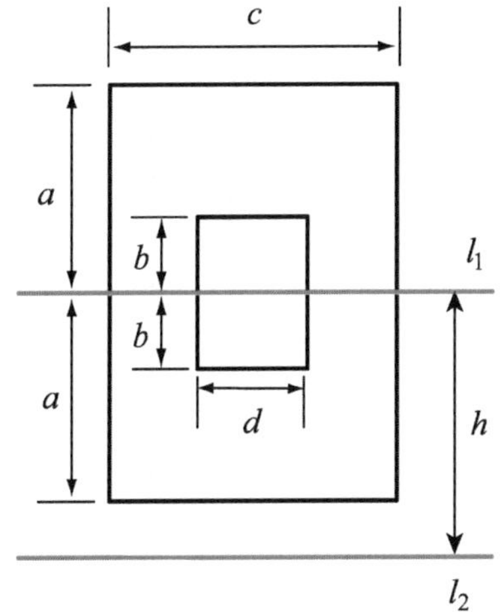

図 6.32　練習問題【6･1】
穴のある平板の慣性モーメント

【6･2】　図6.33に示すように一辺の長さ a，質量 M の一様な正方形板の対角線 l を回転軸とした場合の慣性モーメント I_l を求めよ．

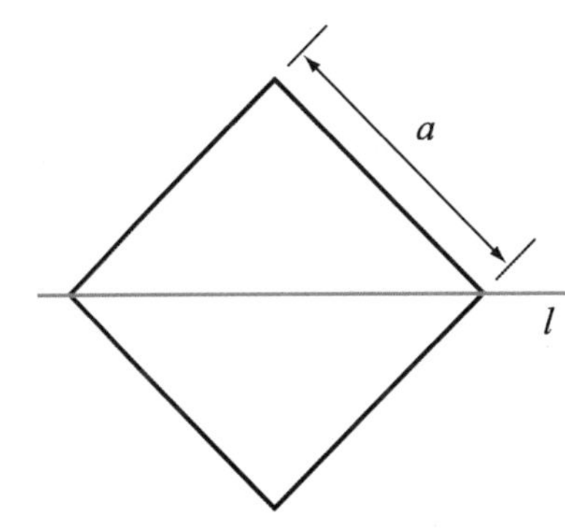

図 6.33　練習問題【6･2】
正方形板の対角線を回転軸としたときの慣性モーメント

【6･3】　図6.34のように質量 M_1，慣性モーメント I_1，半径 r の円板Aが角度 θ の斜面上にあり，その質量中心Cを通る回転軸が，慣性モーメントを無視できる定滑車Bを介して，質量 M_2 のおもりWと伸びない糸でつながっている（糸は円板Aの回転を妨げない）．このとき，おもりの鉛直下向きの加速度 a を求めよ．ただし，重力加速度 g は，鉛直下向きに作用し，円板Aは斜面を滑らずに転がるものとする．また，円板Aと定滑車Bの間の糸は斜面に平行であり，糸は滑らないものとする．

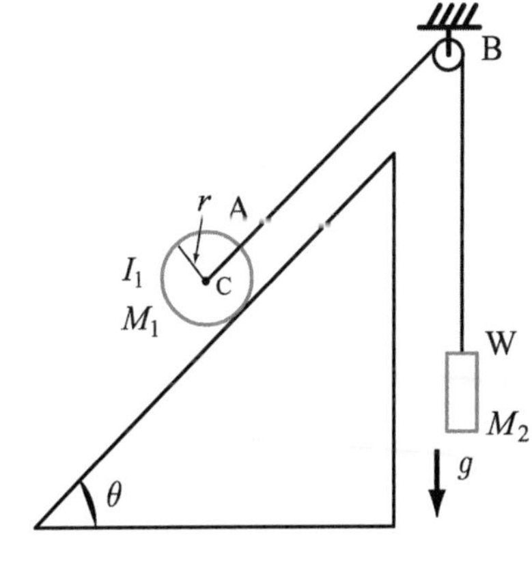

図 6.34　練習問題【6･3】
斜面を転がる円板の運動方程式

【6･4】　図6.35のように質量 M，質量中心Cまわりの慣性モーメント I，半径 r の動滑車Aが，質量および慣性モーメントを無視できる定滑車Bを介して，質量 m （$2m > M$）のおもりと伸びない糸でつながっている．このとき，動滑車Aの上向きの加速度 a を求めよ．ただし，重力加速度 g は鉛直下向きに作用し，糸は滑らないものとする．

【6･5】　図6.36に示すように，質量 m，長さ l の一様な棒が速度 v で，支点C上に落下したときの，衝突直後の棒の回転角速度 ω を求めよ．ただし，衝突直前には，棒は水平で回転せず，支点の位置は棒の端から距離 a だけ離れているものとする．

【6･6】　図6.37に示すように質量 m，半径 r，慣性モーメント I の円板が，水平な床上を滑らずに転がり，床と滑らかに接続された斜面を登る場合に着目する．水平な床上での速度を v とすると，円板の質量中心が斜面を登る最大高さ h を求めよ．

【解答】

6･1　(1) 穴のない長方形板の慣性モーメントと穴の部分の慣性モーメントの

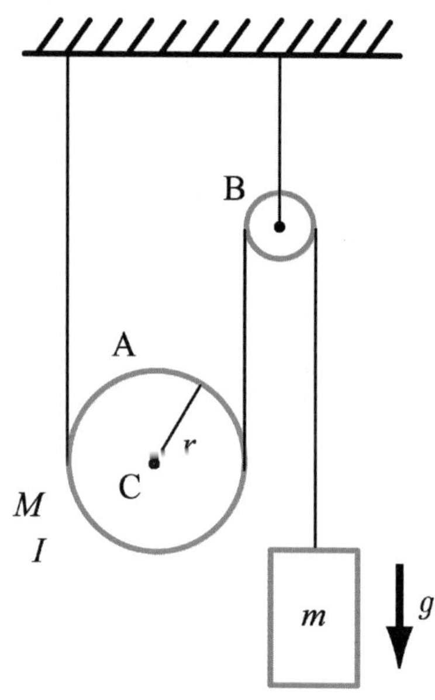

図 6.35　練習問題【6･4】
動滑車を含む系の運動方程式

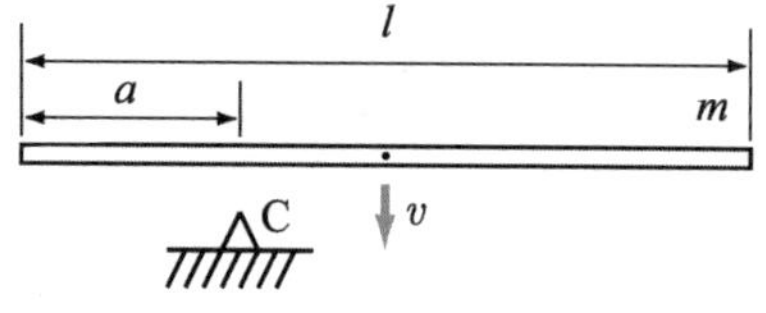

図 6.36　練習問題【6･5】
棒の衝突直後の角速度

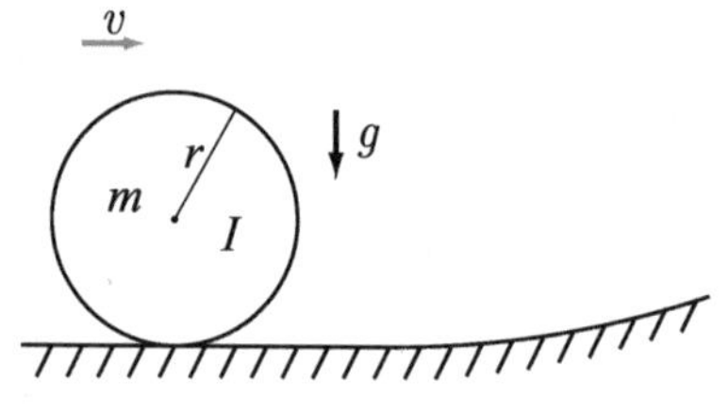

図 6.37　練習問題【6･6】
斜面を登る円板斜面

差より求める（【例題6･7】参照）$I_1=\dfrac{2\rho}{3}\left(a^3c-b^3d\right)$

(2) 平行軸の定理を用いて $I_2=\dfrac{2\rho}{3}\left(a^3c-b^3d\right)+2\rho\left(ac-bd\right)h^2$

6･2　$I_l=\dfrac{Ma^2}{12}$

6･3　円板の並進運動（斜面方向）と回転運動の運動方程式は，糸の張力を T（定滑車Bの慣性モーメントは無視できるので定滑車の両側での糸の張力は同じ），円板と斜面の摩擦力を f とすると

$$M_1\ddot{x}_1=T-M_1g\sin\theta-f\quad,\quad I_1\ddot{\theta}=rf$$

おもりの並進運動の運動方程式は，$M_2\ddot{x}_2=M_2g-T$．
円板が滑らないで回転し，糸が伸びない条件より

$x_1=r\theta=x_2$ が成り立つので，$a=\dfrac{\left(M_2-M_1\sin\theta\right)g}{M_1+M_2+\dfrac{I}{r^2}}$

6･4　動滑車の並進運動と回転運動の運動方程式は，動滑車の両端での糸の張力を T_1,T_2 とすると，$M\ddot{x}_1=T_1+T_2-Mg$，$I\ddot{\theta}=T_2r-T_1r$ となり，
おもりの並進運動の運動方程式は $m\ddot{x}_2=mg-T_2$ となる．
糸が伸びない条件より，$x_2=2r\theta=2x_1$ が成り立つので，

$$a=\frac{(2m-M)r^2g}{I+(M+4m)r^2}$$

6･5　衝突の直前と直後の支点Cまわりの角運動量保存の法則から

$$\omega=\frac{3\left(\dfrac{l}{2}-a\right)v}{l^2-3la+3a^2}$$

6･6　斜面を上る前の運動エネルギーは，$\dfrac{1}{2}mv^2+\dfrac{1}{2}I\dot{\theta}^2$ であり，円板が転がる条件より $r\dot{\theta}=v$ が成り立ち，運動エネルギーが全て重力の位置エネルギーに変換されたときが最大高さになる．したがって，

$$h=\frac{m+\dfrac{I}{r^2}}{2mg}v^2$$

第6章の文献

(1) 林巖，大熊政明，吉野雅彦，大竹尚登，持丸義弘，よくわかる工業力学，（2009），培風館．

(2) 後藤憲一，山本邦夫，神吉健，詳解力学演習，（2001），共立出版株式会社．

(3) J.L.Meriam，L.G.Kraig（浅見俊彦訳），メリアム カラー図解 機械の力学－剛体の力学－，(2007)，丸善．

第 7 章

機械への応用

Application to mechanical systems

- 人工衛星はなぜ地球に落ちてこないか？　宇宙は無重力？
- 人工衛星や惑星の運動について理解しよう.
- エレベータのロープ張力について考えよう.
- エレベータの中での物体の運動について考えよう.
- ボールの構造と投球時の回転の掛けにくさとの関係を考えよう.
- スポーツにおける手足の重さを活かしたボール打撃とは？

本教科書において，第 6 章までは機械工学の基礎となる力学について説明してきた．第 7 章では，この力学が実社会において使用されている多くの例のうち，一例を挙げて説明する．力学は物体の挙動を表す手段であるので，単に機械の設計だけでなく，宇宙工学やスポーツ工学などにも使用されている．

7・1　衛星の力学（orbital mechanics of artificial satellites）

太陽のまわりを公転する天体は惑星(planet)と呼ばれ，惑星のまわりを公転する天体は衛星(satellite)と呼ばれる．地球も惑星の一つであるが，地球のまわりを公転する天体（衛星）は，特別に月(moon)と呼ばれる．こんにち，地球のまわりには多数の人工物が周回しており，これらは人工衛星(artificial satellite)と総称されている．17 世紀，天体の運動を数学を用いて理解する体系が構築され，これが発展してニュートン力学(Newtonian mechanics)として力学が体系化されたことはよく知られている．ここでは，人工衛星を例にとり，天体の運動に関する力学について，基礎的な問題を考えてみよう．

図 7.1　国際宇宙ステーション
©NASA

7・1・1　軌道力学の基礎（basics of orbital mechanics）

国際宇宙ステーション(International Space Station)（図 7.1）は，地上高度約 400km の地球周回軌道を飛行している．いま仮に，図 7.2 のように地上からの高さが 400km の高い塔が立っており，ここから水平に質量 m のボールを投げ出すことを考える．その初速度が大きくない場合には，ボールは放物線を描いて地上に落下する（図 7.2 (a)）．そこで初速度を大きくすると，落下地点はより遠くになる（図 7.2 (b)）．さらに初速度を大きくすると地上に落下することなく地球を一周することができる（図 7.2 (c)）．この考察から，以下の点を明らかにすることができる．

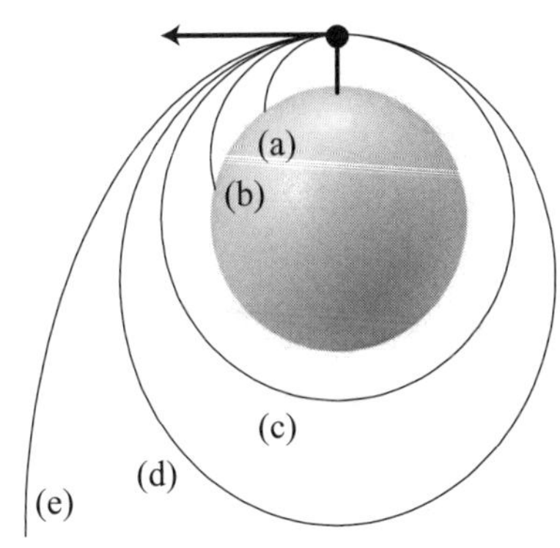

図 7.2　水平方向に投げ出された物体の運動に関する考察

まず，投げ出された質量 m のボールが地球を周回する人工衛星になるためには初速度の水平方向成分が重要である．その速度を v とし，地球中心からの距離を r とすると，

$$F = G\frac{Mm}{r^2} = m\frac{v^2}{r} \tag{7.1}$$

の関係が成り立つときボールは地球重心を中心とする等速円運動を行う（図 7.3）．ここで，F は地球とボールが引き合う万有引力であり，$F = GMm/r^2$ はニュートンの万有引力の法則(Newton's law of universal gravitation)を示している．G は万有引力定数，M は地球質量である（G と M の値は【例題 7・1】を参照のこと）．一方 mv^2/r は，ボールが等速円運動となるための向心力(centripetal force)を表しており，これが万有引力の大きさと等しくなるとき，ボールの軌道は地球重心を中心とする円運動となる．なおこのとき，ボールに乗った座標系からみると $F' = mv^2/r$ という大きさの遠心力(centrifugal force)が万有引力 F と逆向きに作用し，釣合っているように観測される．しかしながら，遠心力は実在の力ではなく，見かけの力であることに注意が必要である．

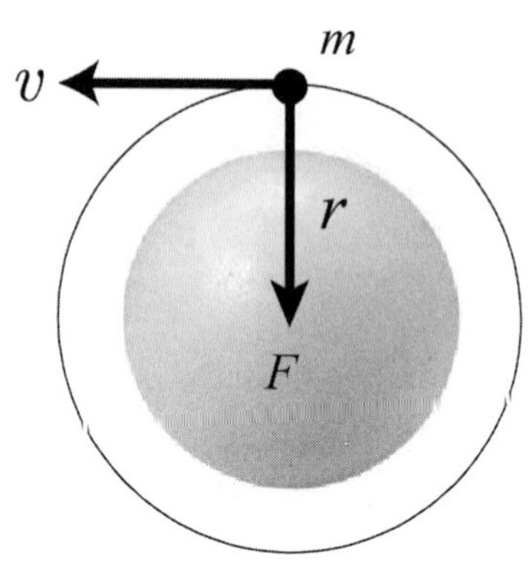

図 7.3　等速円運動となる場合の向心力と速度の関係

地上から 100km 以上の高度では大気圧はほぼ 0 とみなすことができ（ゆえに国際法上は地上高度 100km 以上の空間を「宇宙」と定義している），空気抵抗を受けずにボールの速度 v が維持されれば，この等速円運動はいつまでも継続される．なお，実際には，高度が 300km より低くなると大気抵抗による減速が無視できなくなり 1 ヶ月程度で地上に落ちてきてしまう．よって国際宇宙ステーションはこれよりも高い高度を飛行している．

【例題 7・1】　＊＊＊＊＊＊＊＊＊＊＊＊＊＊＊＊＊＊＊＊＊＊＊＊

地上高度 0 km において式(7.1)を満たす速度 v を求めよ．

【解答】　式(7.1)を v について解くと，

$$v = \sqrt{\frac{GM}{r}} \tag{7.2}$$

が得られ，これに万有引力定数 $G = 6.67 \times 10^{-11}\ \mathrm{m^3 s^{-2} kg^{-1}}$，地球質量 $M = 5.97 \times 10^{24}\ \mathrm{kg}$，$r$ に地球の平均半径 $R = 6.37 \times 10^6\ \mathrm{m}$ を代入すると，$v = 7.91 \times 10^3\ \mathrm{m/s} = 7.91\ \mathrm{km/s}$ を得る．この速度は第一宇宙速度(first astronautical velocity)と呼ばれる．あらためて，記号 V_1 を用いて書くと

$$V_1 = \sqrt{\frac{GM}{R}} \tag{7.3}$$

である．

＊＊＊＊＊＊＊＊＊＊＊＊＊＊＊＊＊＊＊＊＊＊＊＊

式(7.2)より，周回飛行に必要な速度 v は人工衛星（上の例ではボール）の質量 m に依存しないことがわかる．

打上げロケットの役割は，地球大気の影響を受けなくなる高さまで人工衛星を運び上げることと同時に，地球周回に必要な水平初速度を与えることであり，この二つの条件が満たされないと人工衛星の打上げは成功しない．最高到達高度がどんなに高くても，水平速度が十分でない場合には，その物体は弾道運動(ballistic motion)をして地球に落ちてきてしまう．このような飛行

をサブ・オービタル飛行(sub-orbital flight)という．

宇宙船や宇宙ステーションの中は，微小重力環境となる．しかしながら，地球から遠ざかったために地球からの引力が小さくなった，と考えるのは誤りである．図 7.2 で考察したように，宇宙船（人工衛星）は常に地平線の向こうへ落下を続けている．重力により自由落下するカプセルの中であるがゆえに，無重力状態が実現されていると考えるのが正しい．なお，実際には，微小な外乱のために重力加速度は完全には 0 にならない．よって専門用語では微小重力(micro gravity)と呼ぶことにしている．

7・1・2　人工衛星の運動方程式（equation of motion for artificial satellites）

図 7.2 において初速度をさらに大きくすると，ボールの軌道は外側に膨らんだ楕円（図 7.2(d)）や，放物線，双曲線（図 7.2(e)）になる．これらの軌道を包括的に表すことができる方程式を導いてみよう．
重力場における質点 m の位置を極座標 (r,θ) を用いて

$$\begin{cases} x = r\cos\theta \\ y = r\sin\theta \end{cases} \tag{7.4}$$

と表すとその速度，加速度は以下のように書くことができる．

$$\begin{cases} v_r = \dot{r} \\ v_\theta = r\dot{\theta} \end{cases} \qquad \begin{cases} a_r = \ddot{r} - r\dot{\theta}^2 \\ a_\theta = r\ddot{\theta} + 2\dot{r}\dot{\theta} \end{cases} \tag{7.5}$$

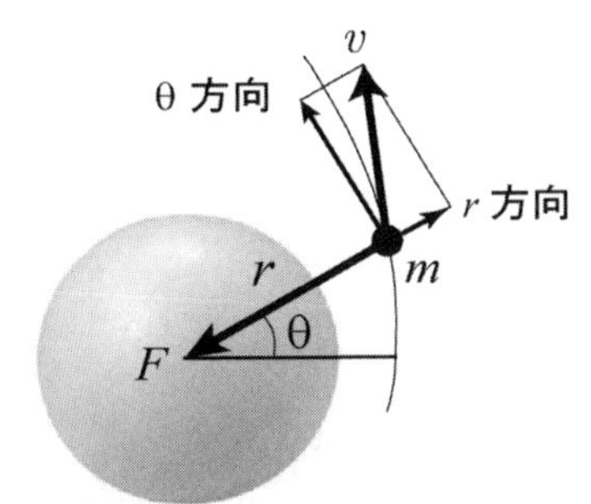

図 7.4　中心力の場における物体の運動（極座標表示）

図 7.4 において $-r$ 方向には重力（万有引力）が作用し，θ 方向に作用する力は存在しないことから，以下の運動方程式が得られる．

$$m\left(\ddot{r} - r\dot{\theta}^2\right) = -G\frac{Mm}{r^2} \tag{7.6}$$

$$m\left(r\ddot{\theta} + 2\dot{r}\dot{\theta}\right) = 0 \tag{7.7}$$

まず，式(7.7)に着目すると，この式は以下のように書き換えることができる．

$$\frac{d}{dt}\left(r^2\dot{\theta}\right) = 0 \tag{7.8}$$

これより

$$r^2\dot{\theta} = h \quad \text{（一定値）} \tag{7.9}$$

となる．この質点の角運動量は $mr^2\dot{\theta}$ であるから，h は単位質量当たりの角運動量を表している．この系には向心力（中心力）として万有引力のみが作用しているので，h の値は一定に保たれる．すなわち，式(7.9)は角運動量の保存則を示している．

一方，この質点の速度は $\sqrt{\dot{r}^2 + r^2\dot{\theta}^2}$ であることから運動エネルギーは $\frac{1}{2}m\left(\dot{r}^2 + r^2\dot{\theta}^2\right)$ となり，重力によるポテンシャルエネルギー $-G\frac{Mm}{r}$ との和が一定に保存されることを考えると次式を得る．

$$\varepsilon=\frac{1}{2}\left(\dot{r}^2+r^2\dot{\theta}^2\right)-\frac{\mu}{r}\qquad \text{（一定値）} \tag{7.10}$$

ただしεは単位質量あたりのエネルギーであり，$\mu=GM$である．
ここで式(7.9)を式(7.10)に用いて変形すると，

$$\frac{1}{2}\left(\frac{dr}{dt}\right)^2+\frac{h^2}{2r^2}-\frac{\mu}{r}=\varepsilon \tag{7.11}$$

が得られる．ここで$dr/dt=dr/d\theta\cdot d\theta/dt$であり，式(7.9)より$d\theta/dt=h/r^2$であるから$dr/dt=h/r^2\cdot dr/d\theta$となる．さらに$s=1/r$と変数変換すると，$ds/d\theta=-1/r^2\cdot dr/d\theta$であるから，結局$dr/dt=-h\cdot ds/d\theta$となり，式(7.11)は以下のように変形できる．

—式の変形—

式(7.13)から式(7.14)への変形には

$$\frac{d}{dx}\left(\cos^{-1}x\right)=\frac{-1}{\sqrt{1-x^2}}$$

の微分公式を使う．

$$\frac{1}{2}h^2\left(\frac{ds}{d\theta}\right)^2+\frac{1}{2}h^2s^2-\mu s=\varepsilon \tag{7.12}$$

これを

$$\frac{\mp ds}{\sqrt{\dfrac{2\varepsilon}{h^2}+\dfrac{\mu^2}{h^4}-\left(s-\dfrac{\mu}{h^2}\right)^2}}=d\theta \tag{7.13}$$

のように変数分離して積分すると，

$$\theta=\pm\cos^{-1}\frac{s-\dfrac{\mu}{h^2}}{\sqrt{\dfrac{2\varepsilon}{h^2}+\dfrac{\mu^2}{h^4}}}+\theta_0 \tag{7.14}$$

が得られる．ここでθ_0は積分定数（θの初期値）である．変数sをもとに戻してrの式として整理しなおすと，

$$r=\frac{\ell}{1+e\cos\left(\theta-\theta_0\right)} \tag{7.15}$$

となる．ただし，

$$\ell=\frac{h^2}{\mu} \tag{7.16}$$

$$e=\sqrt{1+\frac{2\varepsilon h^2}{\mu^2}} \tag{7.17}$$

であり，eは離心率(eccentricity)，ℓは半直弦(semi-latus rectum)と呼ばれる．式(7.15)は，円錐曲線(conic curve)を表す方程式となっている．円錐曲線とは，円錐面を任意の平面で切断したときの断面としてえられる曲線群である（図7.5）．たとえば，$e=0$のとき式(7.15)は$r=\ell$となり，これは半径が一定の円を意味する．円は，円錐を底面と平行な平面で切断したときの形状である．円の場合を含めて，式(7.15)はeの値に対応して表7.1に示す曲線群を表している．

(a) 円　　(b) 楕円

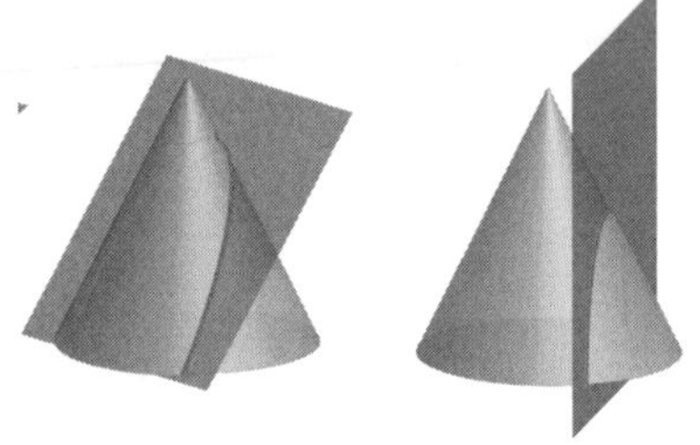

(c) 放物線　　(d) 双曲線

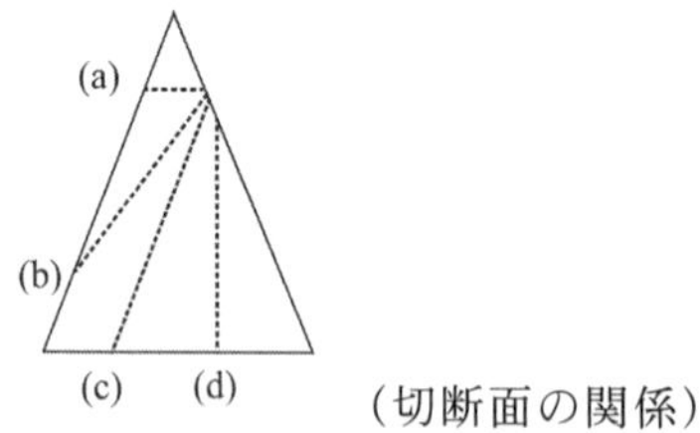

（切断面の関係）

図7.5　4種類の円錐曲線

表 7.1　4 種類の円錐曲線の特徴

離心率	曲線の概形	図 7.5	円錐断面との対応
$e=0$	円（circle）	(a)	底面に平行な平面で切断
$0<e<1$	楕円（ellipse）	(b)	底面に平行でない平面で切断
$e=1$	放物線（parabola）	(c)	母線に平行な平面で切断
$e>1$	双曲線（hyperbola）	(d)	母線に平行でない平面で切断

【例題 7・2】　* *

図 7.1 において地上高度 0 km からボールを投げるとき，ボールが地球を周回することなく，地球の重力場を脱出するために必要な速度 V_2 を求めよ．

【解答】　投げ出された物体が地球の重力場を脱出するためには，その運動エネルギー $\frac{1}{2}mv^2$ が，地上から無限遠方までの重力ポテンシャルエネルギー $-G\frac{Mm}{R}$（コラム参照）と等しいか大きくなければならない．よって

$$\frac{1}{2}mv^2 - G\frac{Mm}{R} \geq 0 \tag{7.18}$$

これを速度について解くと

$$v \geq \sqrt{\frac{2GM}{R}} \tag{7.19}$$

となる．これに G, M, R の値を代入すると，等号が成り立つ場合について

$$V_2 = \sqrt{\frac{2GM}{R}} = 11.2 \text{ km/s} \tag{7.20}$$

が得られる．この速度は第二宇宙速度(second astronautical velocity)と呼ばれる．式(7.3)と比較すると $V_2 = \sqrt{2}V_1$ の関係があることがわかる．また，このときの軌道の形は，放物線となる．このことは，式(7.10)，(7.17)に $\varepsilon = 0$ を用いる場合として理解できる．さらに物体が V_2 より大きな速度をもつ場合には，式(7.18)，(7.19)において不等号関係となり，すなわち式(7.10)，(7.17)で $\varepsilon > 0$ とする場合であるから，軌道の形は双曲線となる．

* *

—ポテンシャルエネルギー—

地表から無限遠方までの重力によるポテンシャルエネルギーは，

$$U = \int_R^\infty \left(-\frac{GMm}{r^2}\right)dr = -\frac{GMm}{R}$$

である．

7・1・3　ケプラーの法則（Kepler's laws of planetary motion）

前項までは，地球の周りを運動する人工衛星の力学について述べたが，太陽の周りを運動する惑星についても，同様の力学が当てはまる．むしろ歴史的には，惑星運動の観測から一連の力学法則が発見されてきた．

ドイツの天文学者ヨハネス・ケプラー(Johannes Kepler)は，師匠であるデンマークの天文学者ティコ・ブラーエの観測記録から，太陽に対する火星の運動を推定し，以下の法則を発見した．

【第一法則（楕円軌道の法則）】

惑星は，太陽をひとつの焦点とする楕円軌道上を動く．

【第二法則（面積速度一定の法則）】

惑星と太陽とを結ぶ線分が単位時間に描く面積は一定である．

【第三法則（調和の法則)】

惑星の公転周期の 2 乗は，軌道の長半径の 3 乗に比例する．

第一法則および第二法則は 1609 年に発表され，後に第三法則が 1619 年に発表された．これらの法則は，太陽のまわりを公転する惑星や，地球のまわりを回る人工衛星など，中心力の場のまわりを周回する物体の運動に適用することができる．

【例題 7・3】　＊＊＊＊＊＊＊＊＊＊＊＊＊＊＊＊＊＊＊＊＊＊＊

7・1・2 で導いた関係式を用いて，ケプラーの法則を証明せよ．

【解答】　まず第一法則について考える．式(7.15)において $\theta_0=0$ とおき $r\cos\theta$ に式(7.4)を用いて直交座標に変換すると，

$$r=\ell-ex \tag{7.21}$$

となる．この辺々を二乗して $r^2=x^2+y^2$ の関係を用いて変形すると次式を得る．

$$\frac{\left(x+\dfrac{e}{1-e^2}\ell\right)^2}{\left(\dfrac{\ell}{1-e^2}\right)^2}+\frac{y^2}{\left(\dfrac{\ell}{\sqrt{1-e^2}}\right)^2}=1 \quad (\text{ただし } 0<e<1) \tag{7.22}$$

この式は，長半径 $a=\dfrac{\ell}{1-e^2}$，短半径 $b=\dfrac{\ell}{\sqrt{1-e^2}}$ とする楕円を $\left(-\dfrac{e}{1-e^2}\ell,0\right)$ だけ平行移動したものであり，確かに焦点のひとつが重力の中心となる楕円軌道を描くことがわかる，

次に第二法則について考える．質点と中心が単位時間に描く面積（面積速度）$A(t)$ は，

$$A(t)=\frac{1}{2}r^2\dot{\theta}=\frac{h}{2} \tag{7.23}$$

となり，これは式(7.9)より一定値である．

最後に第三法則について考える．楕円の面積は $S=\pi ab$ であり，天体（衛星）の公転周期 T はこれを面積速度で割ったものである．

$$T=\frac{S}{A(t)}=\frac{2\pi ab}{h} \tag{7.24}$$

これを二乗して，さらに長半径と短半径の間に $a\ell=b^2$ という関係があることを用いると，

$$T^2=\frac{4\pi^2a^2b^2}{h^2}=\frac{4\pi^2\ell}{h^2}a^3 \tag{7.25}$$

となり，公転周期の 2 乗は軌道の長半径の 3 乗に比例することがわかる．

＊＊＊＊＊＊＊＊＊＊＊＊＊＊＊＊＊＊＊＊＊＊＊

7・1・4　人工衛星の軌道遷移（orbital transfer for artificial satellites）

地球の自転周期と全く同じ公転周期で赤道上空を飛行する人工衛星は，静止衛星(geosynchronous satellite)と呼ばれ，地上からは空のある一点に静止しているかのように見える．このような性質から，静止衛星は放送衛星，通信衛星，気象衛星などに用いられる．静止衛星の軌道を静止軌道(geosynchronous orbit)という．人工衛星を静止軌道に投入するためには，いったん地上高度300km 程度のパーキング軌道(parking orbit)と呼ばれる円軌道に衛星を投入し，その後，長楕円の遷移軌道(transfer orbit)を経て目標軌道(target orbit)へ移行する方法がとられる．

一般に，軌道半径の小さい（r_1とする）円軌道から，同一平面内の軌道半径が大きい（r_2とする）円軌道への軌道遷移には，図 7.6 のようにそれぞれの円軌道に，外接，内接する楕円軌道を用いると，最も少ないエネルギーで移動することができる．このような軌道遷移を発見者の名前にちなんでホーマン遷移(Hohmann Transfer)と呼ぶ．

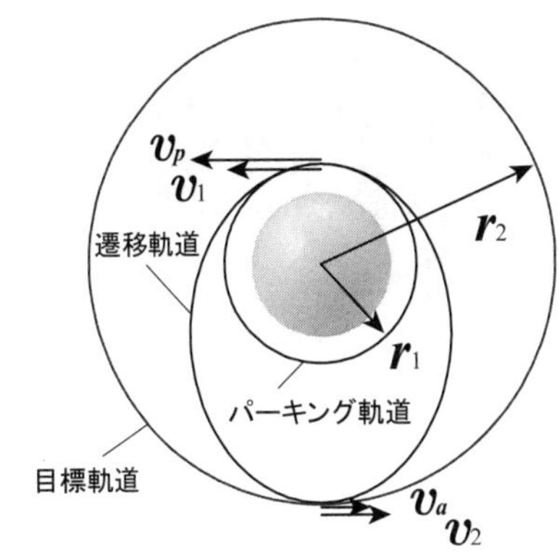

図 7.6　人工衛星の軌道遷移

軌道半径r_1，r_2の円軌道における衛星の速度は式(7.2)より，それぞれ

$$v_1 = \sqrt{\frac{\mu}{r_1}}, \qquad v_2 = \sqrt{\frac{\mu}{r_2}} \tag{7.26}$$

となる．次に，遷移楕円軌道における衛星の速度を考える．楕円の近地点(perigee)（短半径r_1）における速度をv_p，遠地点(apogee)（長半径r_2）における速度をv_aとすると，式(7.9)より

$$h = r_1 v_p = r_2 v_a \tag{7.27}$$

なる関係がある．式(7.15)に，近地点では$\theta - \theta_0 = 0$を，遠地点では$\theta - \theta_0 = \pi$を代入すると，それぞれ

$$r_1 = \frac{\ell}{1+e} \quad , \quad r_2 = \frac{\ell}{1-e} \tag{7.28}$$

となり，これより

$$e = \frac{r_2 - r_1}{r_1 + r_2} \tag{7.29}$$

が得られ，また，式(7.27)を用いると

$$v_p = \sqrt{\frac{2\mu}{r_1} \cdot \frac{r_2}{r_1 + r_2}}, \qquad v_a = \sqrt{\frac{2\mu}{r_2} \cdot \frac{r_1}{r_1 + r_2}} \tag{7.30}$$

が得られる．

近地点での円軌道の速度v_1との関係は$v_p > v_1$であり，ペリジモータ(perigee kick motor)と呼ばれるロケットエンジンをインパルス的に噴射して，

$$\Delta v_1 = v_p - v_1 = \sqrt{\frac{\mu}{r_1}}\left(\sqrt{\frac{2r_2}{r_1 + r_2}} - 1\right) \tag{7.31}$$

だけの速度増分を与えると，衛星は遷移楕円軌道に移る．この衛星が遠地点に着いたときの速度$v_a < v_2$であるから，遠地点においてアポジモータ(apogee kick motor)と呼ばれるロケットエンジンをインパルス的に噴射して，

図 7.7　エレベータ外観
（提供：東芝エレベータ（株））

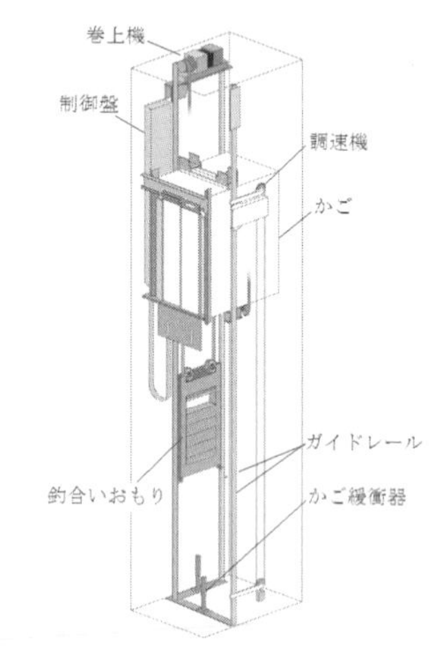

図 7.8　ロープ式エレベータの構造例（提供：東芝エレベータ（株））

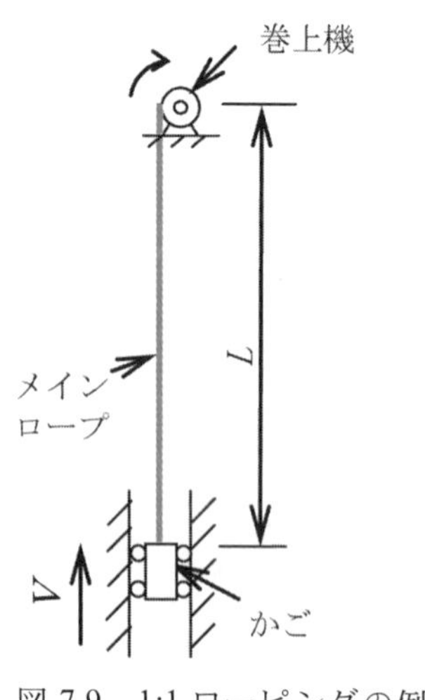

図 7.9　1:1 ローピングの例

$$\Delta v_2 = v_2 - v_a = \sqrt{\frac{\mu}{r_2}}\left(1-\sqrt{\frac{2r_1}{r_1+r_2}}\right) \tag{7.32}$$

だけの速度増分を与えると，衛星はターゲットである半径r_2の円軌道に移動することができる．なお，ここでは同一平面内での軌道遷移の例を示したが実際には軌道面の変更も必要な場合が多い．その場合には軌道面に垂直な方向にもロケットエンジンを噴射して，軌道傾斜角の制御を行う必要がある．

7・2　エレベータの力学（dynamics of elevator）

エレベータは動力によって運転され「人又は人及び荷物をかごで運搬するもの」であり，その用途別に乗用エレベータ（図 7.7），人荷共用エレベータ，寝台用エレベータ，荷物用エレベータ，自動車運搬用エレベータなどがある[2]．

エレベータを構造上で分類すると，油圧式エレベータとロープ式エレベータとがある．油圧式エレベータには，かご(cage)を油圧ジャッキで直接動かすものとロープ又は鎖を介して間接的に動かすものがある．

ロープ式エレベータは，巻胴式とトラクション式とに分類される．図 7.8 にロープ式エレベータの構造例を示す．巻胴式は，かごに結ばれたロープを巻胴で巻取り，巻戻すことによってかごを昇降させる方式である．一方，トラクション式は，一端をかご，他端を釣合いおもりに連結したメインロープと巻上機のシーブとの間に発生する摩擦力によって駆動する方式であり，この方式が最も一般的である．

近年，エレベータの高速化，高行程化，大容量化が進んでおり，エレベータの開発にも高度な力学の知識が使われている．

7・2・1　ロープ張力（rope tension）

トラクション式エレベータのロープの掛け方（ローピング）には，図 7.9 に示すような 1:1 ローピングと図 7.10 に示すような 2:1 ローピングとがある．1:1 ローピングでは巻上機シーブの周速とかご速度との比が 1:1 になる．これに対して，2:1 ローピングでは，容量の小さな巻上機で駆動でき，またロープ本数を減らすことができるが，巻上機シーブの周速とかご速度との比は 2:1 となる．メインロープには，かご質量，積載（乗客等）質量およびロープ質量に比例した重力が作用する．ロープ上端で張力は最大になり，これは

$$T_{\max} = \frac{(M_c + m)g}{N_c N_r} + \rho g L \tag{7.33}$$

と表すことができる．ここで，$T_{\max}$ ：ロープ最大張力，M_c ：かご質量，m ：乗客等の質量，g ：重力加速度，N_c ：ローピングによる係数（1:1 ローピングのとき $N_c = 1$，2:1 ローピングのとき $N_c = 2$），N_r ：ロープ本数，ρ ：ロープの単位長さ当りの質量，L ：ロープ長さである．

このときロープの安全率(safety factor) S_f は，次式で表される．

$$S_f = \frac{F_0}{T_{\max}} \tag{7.34}$$

ここで，F_0 ：ロープの破断荷重である．かごを吊るロープの安全率は 10 以

上とすることが建築基準法によって定められている．なお，この安全率 10 の中には，上昇加速度（1.0 m/s^2 程度）による荷重増加分が含まれているため，強度計算の際には静荷重のみで計算すればよい．

—巻上機シーブ—
巻上機の軸に直結または減速機を介して連結された綱車で，ロープを巻き掛けるための溝加工が施されている．

【例題 7・4】　＊＊＊＊＊＊＊＊＊＊＊＊＊＊＊＊＊＊＊＊＊＊＊＊

かご質量が $M_c = 5000\text{kg}$ の 16 人乗りエレベータ（$m = 1050\text{kg}$）を外径 14mm のロープ (JIS G3525 1998[(3)]　8×F i (25)A 種：$\rho = 0.672$ kg/m，$F_0 = 94.3$ kN）9 本で吊っている．

(a) ロープ長さ $L = 100\text{m}$ で 1:1 ローピングの場合について，ロープの最大張力と安全率を求めよ．

(b) ロープ本数を 5 本に減らし，2:1 ローピングとした場合はどうか．

(c) 1:1 ローピングで安全率が 10 となる最大ロープ長さ $L_{\max}$ はいくらか．

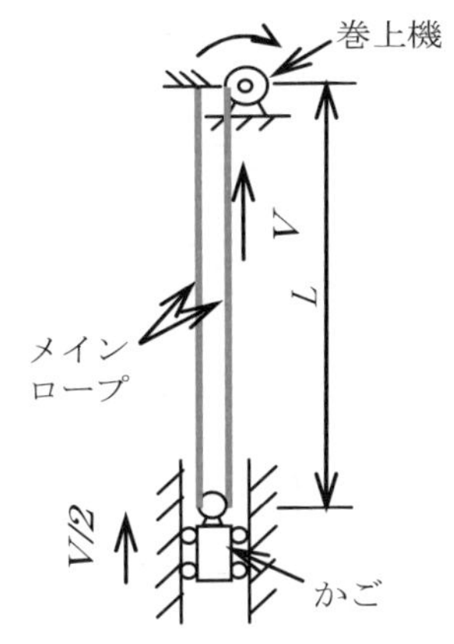

図 7.10　2:1 ローピングの例

【解答】

$$\text{(a)}\quad T_{\max} = \frac{(5000+1050)\times 9.81}{1\times 9} + 0.672\times 9.81\times 100 = 7254\text{N} \tag{7.35}$$

$$S_f = F_0 / T_{\max} = 94.3\times 10^3 / 7254 = 13.0$$

$$\text{(b)}\quad T_{\max} = \frac{(5000+1050)\times 9.81}{2\times 5} + 0.672\times 9.81\times 100 = 6594\text{N} \tag{7.36}$$

$$S_f = F_0 / T_{\max} = 94.3\times 10^3 / 6594 = 14.3$$

(c) 式(7.33)と式(7.34)より

$$\begin{aligned} L_{\max} &= \left(\frac{F_0}{S_f g} - \frac{M_c + m}{N_c N_r} \right) \Big/ \rho \\ &= \left(\frac{94.3\times 10^3}{10\times 9.81} - \frac{5000+1050}{1\times 9} \right) \Big/ 0.672 = 430.1\text{m} \end{aligned} \tag{7.37}$$

＊＊＊＊＊＊＊＊＊＊＊＊＊＊＊＊＊＊＊＊＊＊

7・2・2　走行パターン（traveling pattern）

エレベータ走行時の加速度，速度，変位（走行パターン）の一例を図 7.11 に示す．走行距離が長い場合には，停止→加速→等速→減速→停止となる．走行距離が短い場合には，等速運転の部分がなくなる．また実際には，加速運転時や減速運転時の加速度は一定ではないが，ここでは，簡単のため等加速度で考える．さらに減速運転時に，停止階の床面とかご床面のレベル誤差を無くすための制御が行われているが，ここでは無視する．

図 7.11 に示す走行パターンでは，加速度一定の部分（加速，減速）と速度一定の部分の 3 つの領域に分けられる．それぞれの領域における加速度，速度，変位は次式で表される．

$$\ddot{x} = \begin{cases} \alpha & (0 \le t \le t_1) \\ 0 & (t_1 \le t \le t_2) \\ -\alpha & (t_2 \le t \le t_3) \end{cases} \tag{7.38}$$

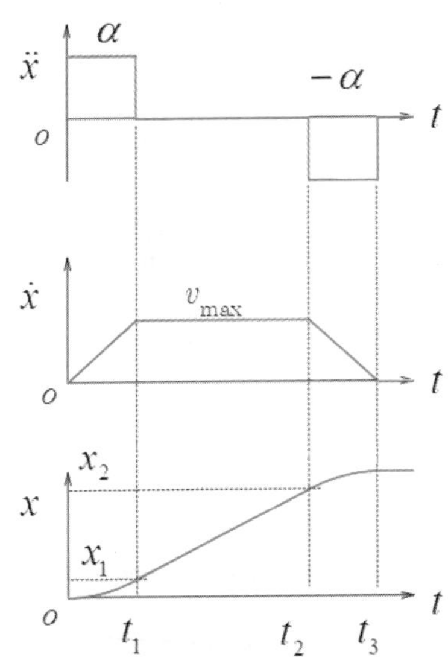

図 7.11　走行パターン
（走行距離が長い場合）

$$\dot{x}=\begin{cases}\alpha t & (0\le t\le t_1)\\ v_{\max} & (t_1\le t\le t_2)\\ v_{\max}-\alpha(t-t_2) & (t_2\le t\le t_3)\end{cases} \tag{7.39}$$

$$x=\begin{cases}\dfrac{1}{2}\alpha t^2 & (0\le t\le t_1)\\ \dfrac{1}{2}\alpha {t_1}^2+v_{\max}(t-t_1) & (t_1\le t\le t_2)\\ \dfrac{1}{2}\alpha {t_1}^2+v_{\max}(t-t_1)-\dfrac{1}{2}\alpha(t-t_2)^2 & (t_2\le t\le t_3)\end{cases} \tag{7.40}$$

となる．ここで，α：加速度，$v_{\max}$：最大速度（$=\alpha t_1$）である．

【例題7・5】　＊＊＊＊＊＊＊＊＊＊＊＊＊＊＊＊＊＊＊＊＊＊＊＊

図 7.11 に示すようなパターン（一定加速度，一定速度，一定減速度）で走行するエレベータがある．走行速度 $v_{\max}=600$ m/min，昇降行程 350 m として，走行開始から停止までの所要時間 T を求めよ．加速度は $\alpha=1\,\mathrm{m/s^2}$ とする．

【解答】　$v_{\max}=600/60=10\mathrm{m/s}$ であるから，以下のようになる．

$$t_1=v_{\max}/\alpha=10/1=10\mathrm{s}\quad,\quad x_1=\frac{1}{2}\alpha {t_1}^2=\frac{1}{2}\times1\times10^2=50\mathrm{m} \tag{7.41}$$

$$x_2-x_1=350-2\times50=250\mathrm{m}\quad,\quad t_2-t_1=250/10=25\mathrm{s} \tag{7.42}$$

したがって，所要時間は次のようになる．

$$T=10+25+10=45\mathrm{s} \tag{7.43}$$

＊＊＊＊＊＊＊＊＊＊＊＊＊＊＊＊＊＊＊＊＊＊

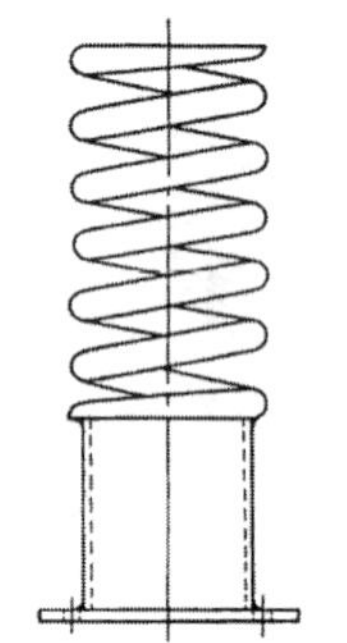

図 7.12　ばね緩衝器の例 [4]

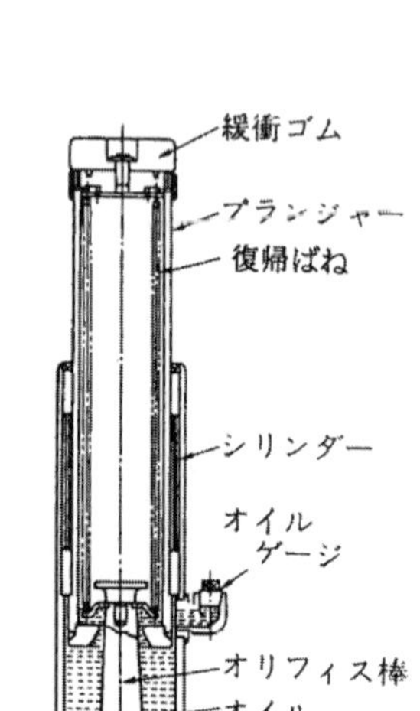

図 7.13　油入り緩衝器の例 [4]

7・2・3　緩衝器（buffer）

巻上機のブレーキ異常やロープ切断などによって，かご速度が所定の値を超えると非常止め装置がガイドレールをつかみ，かごを停止させる．それでも，何らかの異常によりかごが停止せずに昇降路底部に進行した場合には，かご内の乗客の安全を確保するため緩衝器により衝撃を小さくして停止させる．

緩衝器には，ばね緩衝器(spring buffer)と油入り緩衝器(oil buffer)とがあり，定格速度(rated speed)が 60 m/min 以下ではばね緩衝器を使用できるが，定格速度が 60 m/min を超えるエレベータの緩衝器には油入り緩衝器を使用しなければならない．図 7.12，図 7.13 にそれぞれの例を示す．

油入り緩衝器は，定格速度の 115％で衝突した場合に平均減速度 $1g$ 以下となるようなストロークが要求されることから，最小ストロークは次式で算出される．（詳細は【例題 7・6】参照）

$$L=V^2/534 \tag{7.44}$$

ここで，L：最小ストローク（cm），V：定格速度（m/min）である．

【例題7・6】　＊＊＊＊＊＊＊＊＊＊＊＊＊＊＊＊＊＊＊＊＊＊＊＊

(a) 式(7.44)を誘導せよ．

(b) 定格速度 60 m/min の場合の最小ストロークを計算せよ.

【解答】　(a) 平均減速度を$1g$，初期速度をv_0，初期変位を 0 とすると

$$\ddot{x}=-g\,,\quad \dot{x}=-gt+v_0\,,\quad x=-\frac{1}{2}gt^2+v_0t \tag{7.45}$$

であり，速度 0 となる時間をt_1とすると

$$t_1=v_0\,/\,g\quad L=\frac{{v_0}^2}{2g} \tag{7.46}$$

となる．したがって，

$$L=\frac{{v_0}^2}{2g}=\frac{(1.15\times V\,/\,60)^2}{2\times 9.81}\times 100=\frac{V^2}{534} \tag{7.47}$$

となり，式(7.44)が得られる．

(b) $L=60^2\,/\,534=6.7\text{cm}$ (7.48)

＊＊＊＊＊＊＊＊＊＊＊＊＊＊＊＊＊＊＊＊＊＊

7・2・4　相対運動（relative motion）

走行しているエレベータの中で観測される運動は，地上（静止座標系）とエレベータ内（並進座標系）とで異なる．

(a)　エレベータが一定速度v_0で走行している場合

図 7.14 において，yは静止座標系，y'はエレベータ床面を基準とした並進座標系である．エレベータ床面からの高さhから，質量mのボールを自由落下(free fall)させた場合を考える．運動中にボールに作用している力は重力のみであるから，運動方程式は次式で表される．

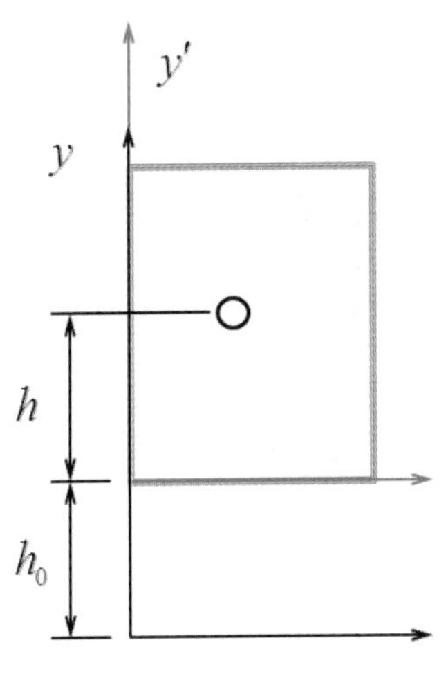

図 7.14　静止座標系，並進座標系

$$m\ddot{y}=-mg \tag{7.49}$$

エレベータの走行速度をv_0，ボールを離した瞬間のエレベータ床面の地上からの高さをh_0とすると，

$$\dot{y}=v_0-gt \tag{7.50}$$

$$y=h_0+h+v_0t-\frac{1}{2}gt^2 \tag{7.51}$$

エレベータ床面の高さは，$y_0=h_0+v_0t$であるから，

$$y'=y-y_0=h-\frac{1}{2}gt^2 \tag{7.52}$$

となり，エレベータが静止している場合の自由落下と同じ結果が得られる．

(b)　エレベータが一定加速度αで走行している場合

同じ問題をエレベータが一定加速度αで走行している場合について，まず静止座標系で考える．運動中にボールに作用している力はエレベータの走行に関係なく重力のみであるから，運動方程式は次式で表される．

$$m\ddot{y}=-mg \tag{7.53}$$

エレベータの加速度をα，ボールを放した瞬間のエレベータ床面の地上からの高さをh_0とすると，

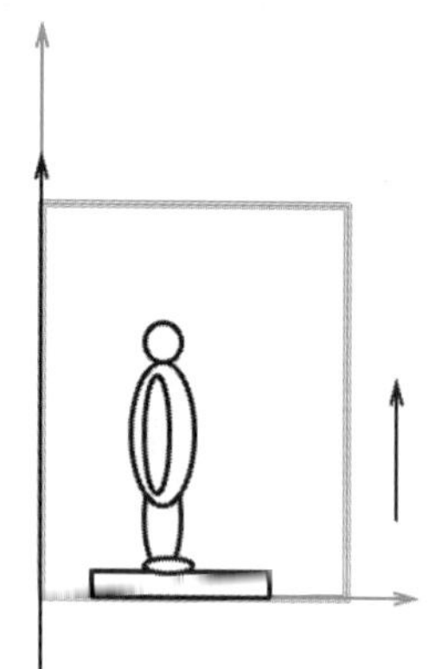
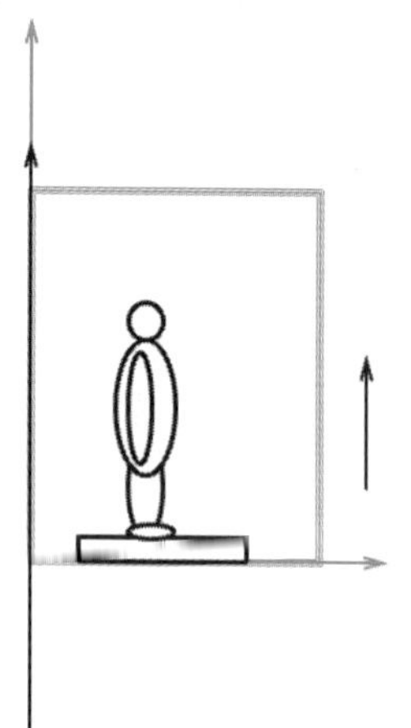

図 7.15　一定加速度で走行しているエレベータ

$$\dot{y} = v_0 - gt \tag{7.54}$$

$$y = h_0 + h + v_0 t - \frac{1}{2} g t^2 \tag{7.55}$$

エレベータ床面の高さは，$y_0 = h_0 + v_0 t + \frac{1}{2}\alpha t^2$ であるから，

$$y' = y - y_0 = h - \frac{1}{2}(g+\alpha)t^2 \tag{7.56}$$

となり，エレベータに乗っている人にとっては，重力加速度が見かけ上（$g+\alpha$）に変化したように見える．

次にエレベータに固定した並進座標系（非慣性系）で考えると 4.3 節で説明したようにボールには見かけ上 $-m\alpha$ の慣性力が作用すると考えられるから，

$$m\ddot{y}' = -mg - m\alpha = -m(g+\alpha) \tag{7.57}$$

となり，この並進座標系での初期速度は $\dot{y}'(0) = 0$，初期変位は $y'(0) = h$ であるから次式が得られる．

$$\dot{y}' = -(g+\alpha)t \tag{7.58}$$

$$y' = h - \frac{1}{2}(g+\alpha)t^2 \tag{7.59}$$

式(7.56)と同じ結果が得られる．

図 7.16　野球投球（提供：つくばスポーツアソシエーション）

【例題 7・7】　＊＊＊＊＊＊＊＊＊＊＊＊＊＊＊＊＊＊＊＊＊＊＊＊

(a) 図 7.15 に示すように，体重 65kgf の人が，一定加速度 $\alpha = 1\,\mathrm{m/s^2}$ で走行しているエレベータの中で体重計に乗っている．体重計の読みを kgf で求めよ．

(b) $\alpha = -1\,\mathrm{m/s^2}$ の場合はどうか．

【解答】

(a)　$65 \times (9.81 + 1.0) / 9.81 = 71.6\mathrm{kgf}$　(7.60)

(b)　$65 \times (9.81 - 1.0) / 9.81 = 58.4\mathrm{kgf}$　(7.61)

＊＊＊＊＊＊＊＊＊＊＊＊＊＊＊＊＊＊＊＊＊＊

7・3　スポーツの力学（mechanics in sports）

力学の原理は，機械はもちろんのこと，あらゆる物体の動きを支配している．このため力学は，例えばスポーツにおける用具および身体動作などのしくみを説明するのに用いることができる．ここでは，用具の挙動あるいは身体の動作を力学の原理から説明する．

図 7.17　サッカーキック（提供：つくばスポーツアソシエーション）

7・3・1　ボールの回転（rotation of balls）

野球投球（図 7.16）のストレートおよびカーブ，そしてサッカーキック（図 7.17）のカーブキックなど，スポーツにおいて使用されるボールでは，しばしば積極的に回転を掛けることがある．これは回転しながら飛翔するボールには，回転軸の方向，および回転数に応じて空気による流体力が作用するためであり，プレイヤーはこの流体力を利用するべくボールに回転を掛けている．

【例題 7・8】　＊＊＊＊＊＊＊＊＊＊＊＊＊＊＊＊＊＊＊＊＊＊＊

野球硬式球は中身が詰まった中実のボールであるのに対して，軟式球は中空のゴム製ボールである．両者が同じ大きさであり，同じ質量を有すると仮定すると，軟式球の慣性モーメントは，硬式球の何割増しとなるかを求めよ．ここで，軟式球のゴムの厚さは，その半径の 1/5 とする．

【解答】　まず半径 a，密度 ρ の中実球を考える．球の中心を原点として，鉛直軸まわりの慣性モーメント I_z を求める．まず，微小質量 dm は，その体積 dV が，各軸の微小長さ dx, dy, dz の積により求まること，そして，それによる微小慣性モーメント dI_z は，この微小質量と原点からの距離の 2 乗和との積であることから，それぞれ次式となる．

$$dm = \rho dV = \rho dxdydz \tag{7.62}$$

$$dI_z = (x^2 + y^2)dm \tag{7.63}$$

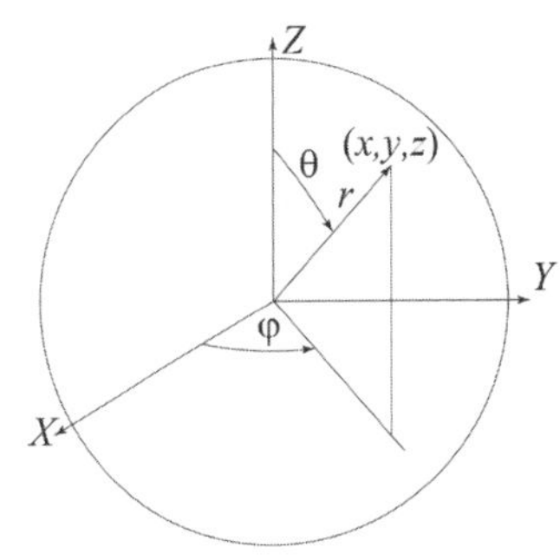

図 7.18　球座標

図 7.18 に示す球座標を考えると，各座標値は

$$x = r\sin\theta\cos\varphi, \quad y = r\sin\theta\sin\varphi, \quad z = r\cos\theta \tag{7.64}$$

であり，図 7.19 から，

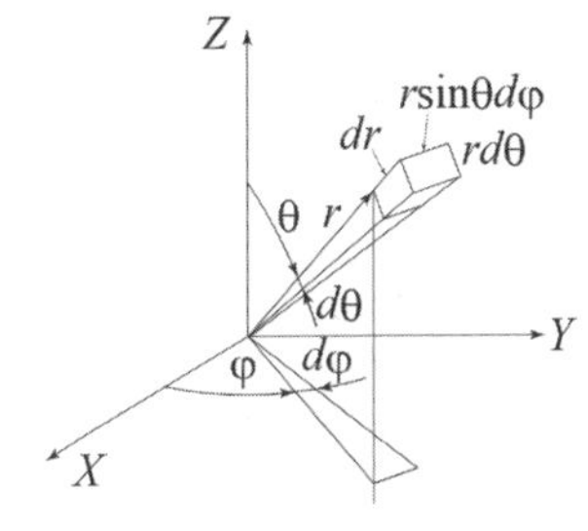

図 7.19　微小体積要素

$$x^2 + y^2 = r^2\sin^2\theta, \quad dxdydz = r^2\sin\theta drd\theta d\varphi \tag{7.65}$$

であるため式(7.63)に式(7.62)および式(7.65)を代入すると，中実球の回転軸まわりの慣性モーメント $I_{s,z}$ はその密度を ρ_s として

$$I_{s,z} = \rho_s\int_0^a r^4 dr\int_0^\pi \sin^3\theta d\theta\int_0^{2\pi} d\varphi = \frac{8}{15}\rho_s\pi a^5 \tag{7.66}$$

となる．但し，

$$\sin^3\theta = \frac{1}{4}(3\sin\theta - \sin 3\theta) \tag{7.67}$$

であることを利用した．

図 7.20 に示す中空球の回転軸まわりの慣性モーメントは，中空球の密度を ρ_h，内側の半径を b とおくと

$$I_{h,z} = \rho_h\int_b^a r^4 dr\int_0^\pi \sin^3\theta d\theta\int_0^{2\pi} d\varphi = \frac{8}{15}\rho_h\pi(a^5 - b^5) \tag{7.68}$$

となる．

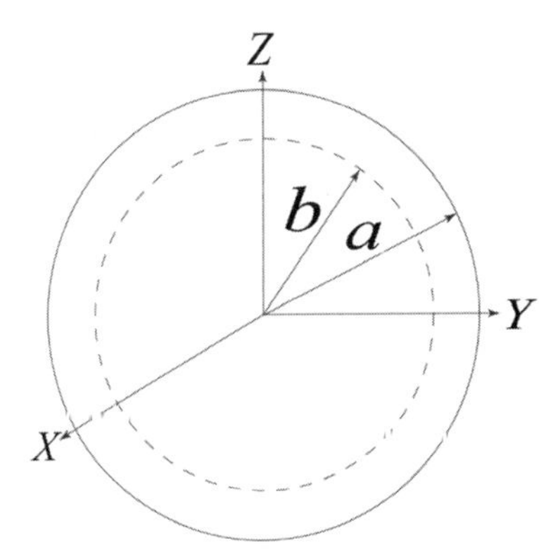

図 7.20　中空球

中実球および中空球は，同じ外径および質量であるため，各球の密度は，

$$M = \frac{4}{3}\rho_s\pi a^3 = \frac{4}{3}\rho_h\pi(a^3 - b^3) \tag{7.69}$$

を満たすため，各球の慣性モーメントはそれぞれ下式となる．

$$I_{s,z} = \frac{2}{5}Ma^2 \tag{7.70}$$

$$I_{h,z} = \frac{2}{5}Ma^2\frac{1-(b/a)^5}{1-(b/a)^3} \tag{7.71}$$

ここで，軟式球のゴム厚さが，半径の 1/5 であることから，$b=\frac{4}{5}a$ を式(7.70)，(7.71)に入れると，

$$I_{h,z}\cong 1.377 I_{s,z} \tag{7.72}$$

となり，中空の方が慣性モーメントは4割近く大きくなる．

7・3・2　ゴルフクラブのギア効果（gear effect）

ゴルフでは，スウィングによって得られる大きなスピードを有するクラブヘッドとボールとの衝突によって，ボールが打ち出される．このとき，図 7.21(a)のように衝突による作用力 $\boldsymbol{F}$ の作用線がクラブヘッドの重心を通るような打撃となる直衝突の場合であれば，ゴルフクラブの質量がヘッドに集中していること，およびヘッドに連結されているシャフト部が弾性を有することから，クラブヘッドの挙動は，ボールとクラブヘッド単体が衝突したときの挙動に近くなり，クラブヘッドはその姿勢をほとんど変えないことになるしかし，図 7.21(b)のように打撃部位が重心から変位 e だけ外れた場所となるオフセット衝突の場合，打撃力によって作用する力のモーメント eF によりクラブヘッドには回転の作用が生じることになるため，クラブフェースの姿勢が変化し，ボールはフェースが回転した方向へと打ち出される．

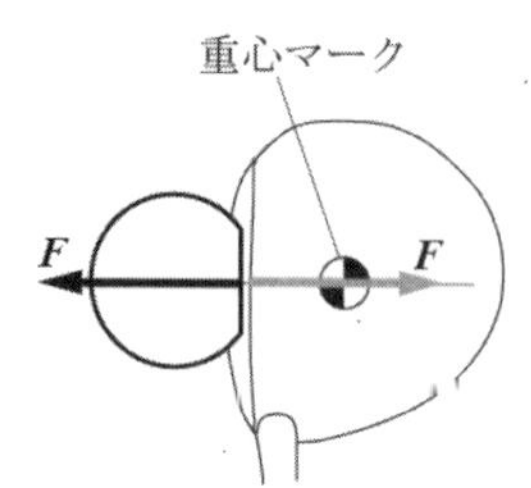

(a)　直衝突の場合

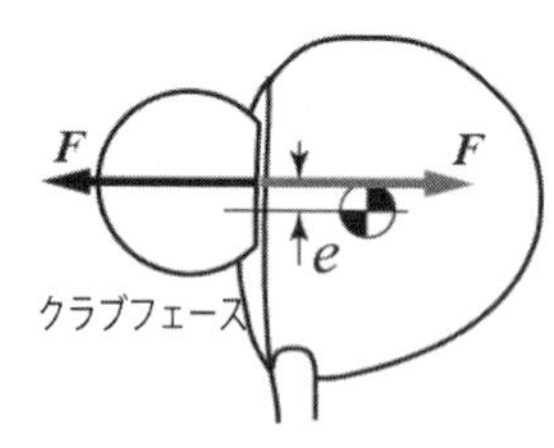

(b)　オフセット衝突の場合

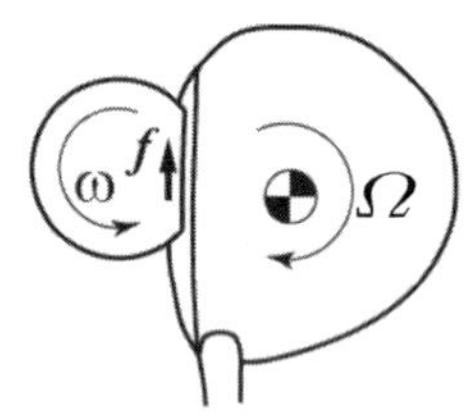

(c)　ボールとクラブヘッドとの衝突

図 7.21　クラブヘッドとボールとの衝突

クラブとボールとの衝突時間は1万分の5秒程度であり，その際の衝撃力は約 10 kN と非常に大きい．このため，接触中のボールは図 7.21(c)に示すようにその一部が潰れてクラブフェースと面によって接触する．打撃部位が重心を外したオフセット衝突の場合には，力のモーメント eF によって生じたクラブヘッドの角速度 Ω に起因して，ボールとクラブフェースとの間に接線方向力 $\boldsymbol{f}$ が作用し，この作用力 $\boldsymbol{f}$ によって，フェース面の回転方向とは逆向きの角速度 ω がボールに生じることになる．このようにクラブフェースとボールとが，あたかも歯車によってかみ合っているような現象が生じる．

このときのボールの回転は，サイドスピンとなり，回転しながら飛翔するボールに作用する空気力によって，ボールの飛翔軌道は，ねらいとした方向に修正される．この軌道修正の効果はギア効果と呼ばれ，たとえボールをクラブヘッドの重心を通るフェース面によって捉えることができないようなスウィングであっても，この効果によってボールの飛翔軌道は，ねらいとした方向へと修正されることになる．なお，この効果は特に慣性モーメントの小さなクラブヘッドにおいて大きく発現される．

7・3・3　遠心力（centrifugal force）：スキーターン

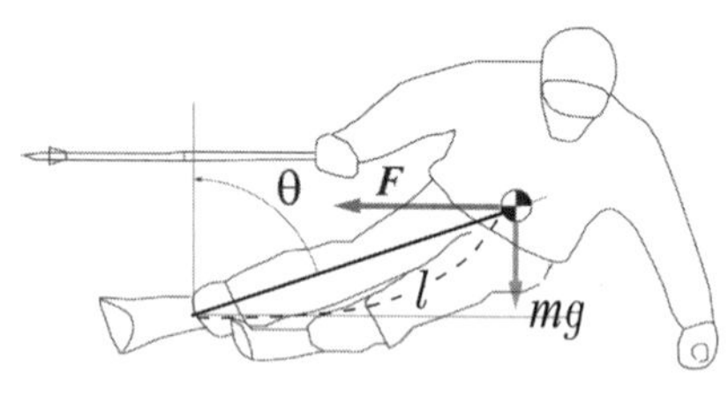

図 7.22　スキーターン時の接雪点まわりのモーメントの釣合い

斜面を高速で滑降するスキーでは，図 7.22 に示すように，ターンの際に身体を大きくターン内側に傾けて滑る．身体質量を m，身体重心のスピードを v，そしてターンの回転半径を r とすると，身体重心に作用する遠心力 F は，

$$F=mv^2/r \tag{7.73}$$

である．ターン外側へとこの遠心力を受けつつ，スキーヤーは身体をターン内側に傾けて重力を利用することによりバランスを取っている．今，この遠心力 F とバランスするために必要な鉛直線からの傾斜角 θ を求めることを考える．ターン外側の脚における接雪点から身体重心までの長さを l とし，斜面の傾斜の影響が小さいとすると，接雪点に関する力のモーメントの釣合い式

$$Fl\cos\theta - mgl\sin\theta = 0 \tag{7.74}$$

が成り立つため，式(7.73)および(7.74)から，バランスを取るために必要な傾斜角 θ は

$$\theta = \tan^{-1}(v^2 / gr) \tag{7.75}$$

となる．なお，力が釣合うためには，接雪部に遠心力と同じ大きさの力が作用することになるが，この力は，スキーのエッジと呼ばれる金属部が雪面に食い込むことによって受け止めている．

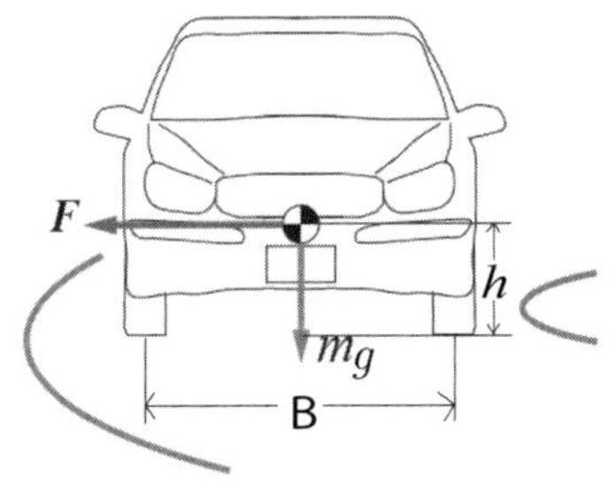

図 7.23　車のコーナリング

【例題 7・9】　＊＊＊＊＊＊＊＊＊＊＊＊＊＊＊＊＊＊＊＊＊＊＊＊

図 7.23 に示すように，質量 m，左右のタイヤ間距離 B，そして重心までの高さ h の車が，回転半径 R のカーブをスピード v にて曲がっている．このとき，コーナー内側のタイヤの接地圧が 0 となるスピード v を求めよ．

【解答】　車に作用する遠心力 F は，

$$F = mv^2 / R \tag{7.76}$$

であり，コーナー内側のタイヤの接地圧が 0 のとき，次式に示す，コーナー外側のタイヤの接地部についての力のモーメントの釣合い式

$$Fh = \frac{Bmg}{2} \tag{7.77}$$

が成立する必要がある．このため，式(7.76)および(7.77)から，コーナー内側のタイヤの接地圧が 0 となるスピード v は，以下のようになる．

$$v = \sqrt{\frac{RBg}{2h}} \tag{7.78}$$

＊＊＊＊＊＊＊＊＊＊＊＊＊＊＊＊＊＊＊＊＊＊＊

図 7.24　スパイク動作

7・3・4　換算質量（reduced mass）

バレーボールのスパイク動作(図 7.24)，およびサッカーのキック動作では，高速に加速した手部および足部をボールに衝突させて大きなボール速度を獲得する．このとき手関節あるいは足関節を固めることによって，前腕あるいは下腿の質量および慣性モーメントを，衝突部の見かけの質量を大きくすることに活用できる．このようにして得られる衝突部の見かけの質量を換算質量(reduced mass)と呼ぶ．

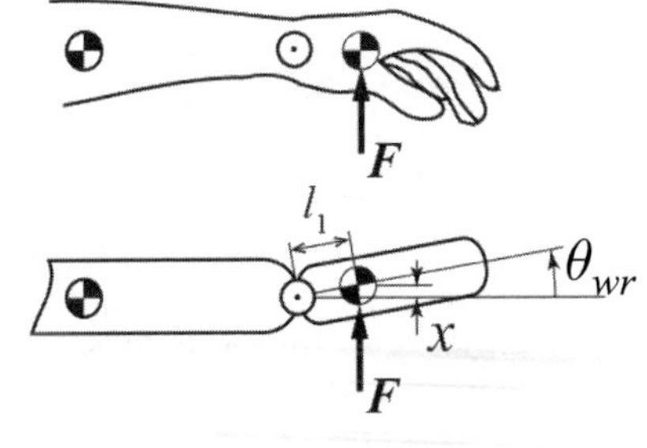

図 7.25　見かけの質量（手部）

まず，上肢を例として，図 7.25 に示すように手関節を固めずにフリーとしたときの手部の換算質量を考える．手部単体の質量を m_h，手関節から手部重心までの長さを l_1，手部の重心まわりの慣性モーメントを I_h，手関節

の角変位を θ_{wr} とすると，手関節まわりの慣性モーメントは $I_h + m_h l_1^2$ となるため，手部の重心に力 F を作用させたときの回転の運動方程式は，

$$(I_h + m_h l_1^2)\ddot{\theta}_{wr} = F l_1 \tag{7.79}$$

となる．ここで，手部重心の変位を x によって表すと，幾何学的に

$$\ddot{x} = l_1 \ddot{\theta}_{wr} \tag{7.80}$$

であるから，力の作用点における換算質量 M_r は，式(7.79)，(7.80)，および換算質量の定義式

$$F = M_r \ddot{x} \tag{7.81}$$

から，以下のようになる．

$$M_r = m_h + \frac{I_h}{l_1^2} \tag{7.82}$$

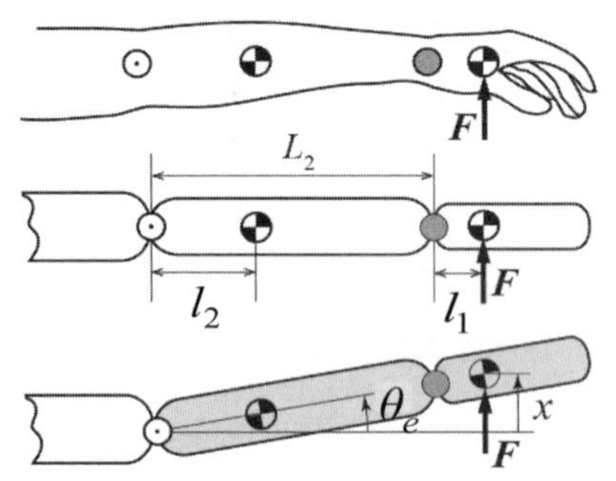

図 7.26　見かけの質量
(手部＋前腕部)

【例題 7・10】　＊＊＊＊＊＊＊＊＊＊＊＊＊＊＊＊＊＊＊＊＊＊＊

図 7.26 に示す手部および前腕のモデルに対して，手関節を固めることによって，手部と前腕を一体と仮定したときの，手部重心における換算質量を求めよ．なお，肘関節の角変位を θ_e，手部単体の質量を m_h，手関節から手部の重心までの長さを l_1，手部の重心まわりの慣性モーメントを I_h とし，前腕の質量を m_f，重心まわりの慣性モーメントを I_f，前腕の長さを L_2，そして肘関節から前腕の重心までの長さを l_2 とする．このとき，肘関節はフリーとする．

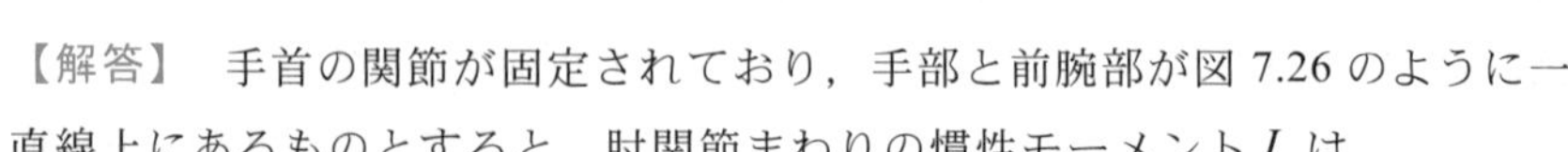

【解答】　手首の関節が固定されており，手部と前腕部が図 7.26 のように一直線上にあるものとすると，肘関節まわりの慣性モーメント I_e は，

$$I_e = I_h + I_f + m_h(L_2 + l_1)^2 + m_f l_2^2 \tag{7.83}$$

となる．手部の重心に力 F を作用させたときの回転の運動方程式は，θ_e を 0 とすると，

$$I_e \ddot{\theta}_e = F(L_2 + l_1) \tag{7.84}$$

であり，手部重心の加速度は，幾何学的に

$$\ddot{x} = (L_2 + l_1)\ddot{\theta}_e \tag{7.85}$$

であるから，力の作用点における換算質量 M_r は，式(7.83)～(7.85)，および換算質量の定義式(7.81)から

$$M_r = \frac{1}{(L_2 + l_1)^2}\{I_h + I_f + m_h(L_2 + l_1)^2 + m_f l_2^2\} \tag{7.86}$$

と求められる．すなわち前腕部の質量ならびに慣性モーメントが換算質量に含まれることになる．このためプレイヤーは，インパクトにおける衝突部の換算質量を大きくするために，衝突部位近傍に位置する関節を固めるようにしている．

図 7.27　野球の打撃動作
(写真提供：つくばスポーツアソシエーション)

7・3・5　バットの慣性モーメント（moment of inertia of baseball bat）

野球の打撃動作（図 7.27）では，剛体としてのバットの特性を論ずるためには，バットの質量に加えて，バットの重心まわりの慣性モーメントが必要となる．ここでは，バットの重心まわりの慣性モーメントを実験的に算出する方法について示す．

図 7.28 に示すように，全長 l，グリップ端から重心までの長さ l_{cg}，質量 m のバットについて，バットのグリップ端部を回転軸とした微小の回転運動を考える．グリップ端部まわりの慣性モーメントを I_o，そして，重心まわりの慣性モーメントを I_{cg} とおくと，その際の回転の運動方程式は

$$I_o\ddot{\theta} = -mgl_{cg}\sin\theta \tag{7.87}$$

であり，角変位を微小なものとして整理すると

$$\ddot{\theta} + \frac{mgl_{cg}}{I_o}\theta = 0 \tag{7.88}$$

となり，単振動を表す方程式となる．このためその角振動数を ω として，その解を

$$\theta(t) = \theta_o\cos\omega t \tag{7.89}$$

とおくと，恒等式

$$\theta_o\left(\frac{mgl_{cg}}{I_o} - \omega^2\right)\cos\omega t = 0 \tag{7.90}$$

を得る．この式が成り立つために，角振動数 ω は

$$\omega = \sqrt{\frac{mgl_{cg}}{I_o}} \tag{7.91}$$

となる．ここで角振動数 ω と周期 T との関係は $\omega = 2\pi / T$ で表されるため，

$$I_o = mgl_{cg}\left(\frac{T}{2\pi}\right)^2 \tag{7.92}$$

であり，また，

$$I_o = I_{cg} + ml_{cg}{}^2 \tag{7.93}$$

であることから，バットの重心まわりの慣性モーメントは

$$I_{cg} = mgl_{cg}\left(\frac{T}{2\pi}\right)^2 \quad ml_{cg}{}^2 \tag{7.94}$$

により求めることができる．

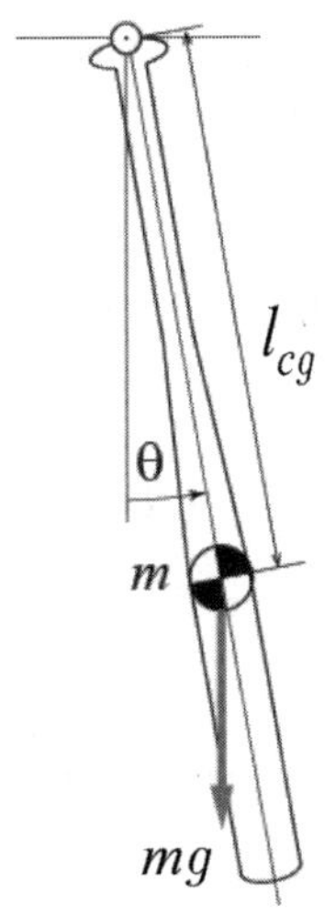

図 7.28　振り子法による慣性モーメントの算出

7・3・6　フィギュアスケートのスピン（spinning motion of figure skater）

フィギュアスケートのスピンでは，両手を大きく開いた姿容によりゆっくり回転していたものが，その手を身体の回転軸に近づけることによって回転が速まり高速なスピン回転となることがしばしば見受けられる．ここでは，角運動量の保存則を用いて，この現象を説明する．

今，図 7.29(a)および(c)のように，回転軸から上肢・下肢の各節の重心が

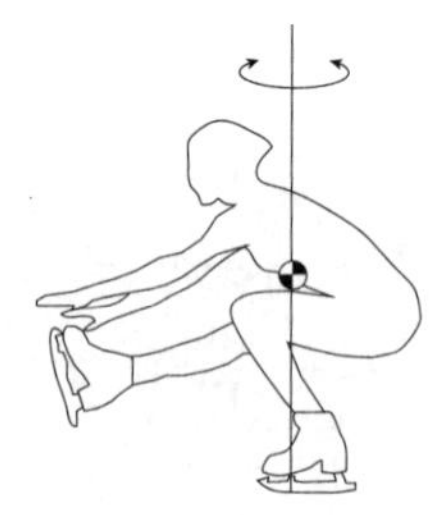
(a)　シットスピン

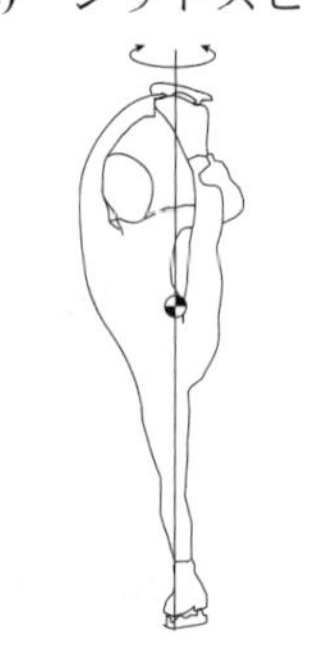
(b)　I 字スピン

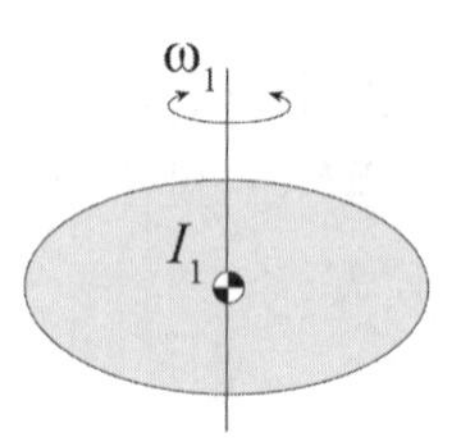

(c)　シットスピンのモデル

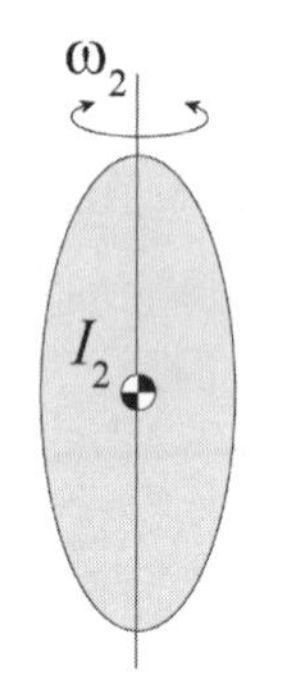

(d)　I 字スピンのモデル

図 7.29　フィギュアスケートのスピンのモデル

離れているときの鉛直軸まわりの慣性モーメントを I_1，図 7.29(b)および(d)のように上肢・下肢を回転軸に沿わせるような姿容としたときの慣性モーメントを I_2 とすると，各節の重心が回転軸から離れて，各節の質量によるスピン軸（回転軸）まわりの慣性モーメントが大きくなること，ならびに，各節の長手方向が水平に近くなり，鉛直軸に対する節単体の重心まわりの慣性モーメントが大きくなることから，I_1 は I_2 と比較して大きくなる．

スピン中の身体には，外部からの力による回転軸まわりのモーメントは作用しないため，回転軸まわりの角運動量 L は保存される．このため，

$$L = I_1\omega_1 = I_2\omega_2 \tag{7.95}$$

が成り立ち，姿容に応じて，角速度は変化することとなり，その大きさは相対的に図 7.29(b)および(d)の I 字スピンにおいて大きくなる．

7・3・7　スカイダイビング（sky diving）

スカイダイビングでは，上空に到達した飛行機から空中に飛び出し，図 7.30 のように自由落下時に受ける風の抵抗力を，ダイバーの姿容を変えることによって調整しながら落下スピードおよび身体姿勢のコントロールを行っている．身体を一つの剛体として見たときに受ける空気からの抵抗力（抗力）f は，抗力係数を C_D，空気の密度を ρ，ダイバーの落下方向への投影面積を A，そして落下スピードを U とすると，

$$f = \frac{1}{2}C_D\rho AU^2 \tag{7.96}$$

と近似することができる．このとき，身体質量を m_b とし，下方向に x_b 軸の正をとると，身体の並進の運動方程式は以下のようになる．

$$m_b\ddot{x}_b = -f + m_b g \tag{7.97}$$

時間が十分経過して，重力と抗力が釣合った時の終速は次のようになる．

$$U = \sqrt{\frac{2m_b g}{C_D\rho A}} \tag{7.98}$$

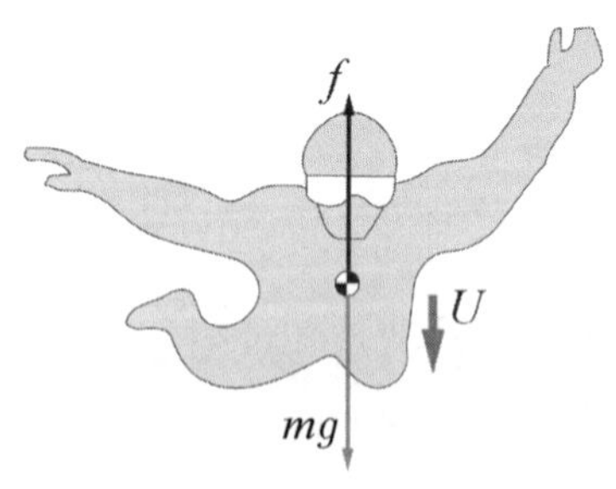

図 7.30　スカイダイバーへの空気力の作用

＝＝＝＝＝　練習問題　＝＝＝＝＝＝＝＝＝＝＝＝＝＝＝＝＝＝＝＝＝＝＝

【7・1】　太陽のまわりを公転する 8 つ惑星について，下表を用いてケプラーの第三法則が成り立っていることを確認せよ．ただし，AU (Astronomical Unit) とは，地球・太陽間の平均距離であり，1 AU=1.496×10⁹km である．

	軌道長半径(AU)	公転周期（年）
水星	0.387	0.241
金星	0.723	0.615
地球	1	1
火星	1.524	1.881
木星	5.203	11.87
土星	9.537	29.45
天王星	19.19	84.07
海王星	30.07	164.9

第7章　練習問題

【7・2】　(1)地球の自転周期を 23 時間 56 分 4 秒として，静止軌道の地上高度を計算せよ．(2)地上高度 300km のパーキング軌道から，ホーマン遷移軌道を経て静止軌道に至る際の $v_1, v_p, v_a, v_2, \Delta v_1, \Delta v_2$ および遷移軌道の離心率 e を計算せよ．ただし，諸定数として，地球の赤道半径 $R = 6.378\times10^6$m，$\mu = GM = 3.986\times10^{14}\mathrm{m}^3/\mathrm{s}^{-2}$ を用いよ．

【7・3】　かご質量が $M_c = 5000$kg の 16 人乗りエレベータ（$m = 1050$kg）でロープ長さが最大 $L = 120$m となり，ロープの安全率を 13 以上とする場合にはロープは少なくとも何本必要か．ただし，外径 14mm のロープ（JIS G3525 1998 [3]　8×F i (25)A 種：$\rho = 0.672$kg/m，$F_0 = 94.3$kN）を使用し，2：1 ローピングとする．

【7・4】　エレベータが一定加速度 $\alpha = 1\,\mathrm{m/s^2}$ で上昇している．かご床から 1m の高さから，ボールを自由落下させた場合のボールが床に衝突するまでの時間を求めよ．

【7・5】　図 7.31 に示すように，質量 $m = 100$kg の剛体が，100mm の高さからばねに衝突する．コイルばねの最大変形量 $x_{\max}$ を求めよ．ばね定数は $k = 50$kN/m とする．

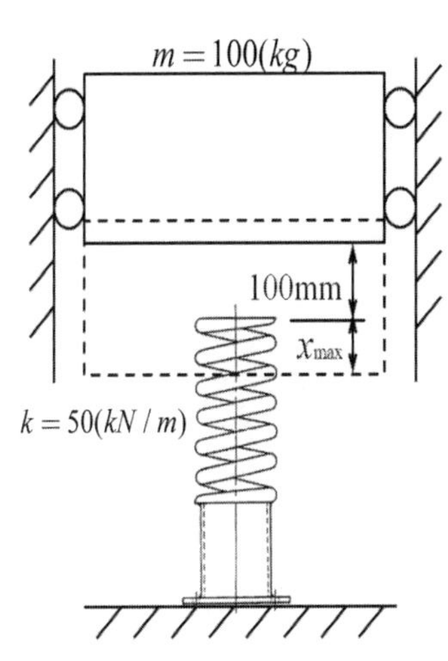

図 7.31　ばねに衝突する剛体

【7・6】　【例題 7・10】において，さらに肘関節を固めたときの手部重心における換算質量を求めよ．なお，上腕の質量を m_u，重心まわりの慣性モーメントを I_u，肩関節から上腕重心までの長さを l_3 とし，肩関節はフリーとする．

【7・7】　シャフト部が良くしなるゴルフクラブ（例えば 1 番ウッド）を用いたゴルフスウィングにおいて，インパクト前後にグリップ握力を高めることは，ヘッド打撃部位の換算質量を高めることに大きく寄与するか．

【7・8】　スカイダイバーの落下スピードについて，姿勢を倒立姿勢に近づけることによって，投影面積を 4 分の 1 倍とした場合，その終速は何倍になるか．

【解答】

7・1　全ての惑星について，軌道長半径の 3 乗，公転周期の 2 乗をそれぞれ計算すると，その比の値はほぼ同じであることが確認できる．

7・2　(1) 35790km，(2) $v_1 = 7.731$ km/s，$v_a = 1.607$ km/s，$v_p = 10.16$ km/s
$v_2 = 3.075$ km/s，$\Delta v_1 = 2.428$ km/s，$\Delta v_2 = 1.468$ km/s，$e = 0.7268$

7・3
$$N_r = \frac{(M_c+m)g}{N_c\times(T_{\max}-\rho g L)} = \frac{(M_c+m)g}{N_c\times(F_0/S_f-\rho g L)}$$
$$= \frac{(5000+1050)\times9.81}{2\times(94.3\times10^3/13-0.672\times9.81\times120)} = 4.59$$

となり，5 本以上必要

7・4　$t = \sqrt{\dfrac{2h}{g+\alpha}} = \sqrt{\dfrac{2\times 1}{9.81+1.0}} = 0.43\,\mathrm{s}$

7・5　$mg\left(0.1 + x_{\max}\right) = \dfrac{1}{2}kx_{\max}^2$ であるから，$x_{\max} = 0.0853\mathrm{m} = 85.3\mathrm{mm}$

7・6　肩関節まわりの慣性モーメントを I_s とおくと，I_s および換算質量 M_r は，それぞれ，

$$I_s = I_h + I_f + I_u + m_h(L_3 + L_2 + l_1)^2 + m_f(L_3 + l_2)^2 + m_u l_3^2$$

$$M_r = \frac{I_s}{(L_3 + L_2 + l_1)^2}$$ となる．

7・7　あまり寄与しない．シャフト部の弾性により，ゴルフクラブを一つの剛体としてモデル化できず，グリップ部および上肢の質量は，ヘッド打撃部位の換算質量には，影響しにくいため．

7・8　2 倍

第 7 章の文献

(1)　前田弘，飛行力学，(1981)，養賢堂．

(2)　国土交通省住宅局建築指導課，日本建築設備・昇降機センター，日本エレベータ協会共編，昇降機技術基準の解説（2002），1-23～1-32，サクライ印刷．

(3)　JIS G 3525 (1998)，ワイヤロープ，（一財）日本規格協会．

(4)　国土交通省住宅局建築指導課，日本建築設備・昇降機センター，日本エレベータ協会共編，昇降機技術基準の解説（2002），1-170～1-192，サクライ印刷．

(5)　山内恭彦，末岡清市，大学演習　力学，(1957) 裳華房．

Subject Index

索引

タ行

ナ行

ハ行

マ行

や

ら

わ

JSME テキストシリーズ一覧

1　機械工学総論
2-1　機械工学のための数学
2-2　演習　機械工学のための数学
3-1　機械工学のための力学
3-2　演習　機械工学のための力学
4-1　熱力学
4-2　演習　熱力学
5-1　流体力学
5-2　演習　流体力学
6-1　振動学
6-2　演習　振動学
7-1　材料力学
7-2　演習　材料力学
8　機構学
9-1　伝熱工学
9-2　演習　伝熱工学
10　加工学Ⅰ（除去加工）
11　加工学Ⅱ（塑性加工）
12　機械材料学
13-1　制御工学
13-2　演習　制御工学
14　機械要素設計

〔各巻〕A4判

JSME テキストシリーズ
機械工学のための力学

JSME Textbook Series
Mechanics for
Mechanical Engineering

2014年1月15日　初　版　発　行
2023年3月13日　初版第6刷発行
2023年7月18日　第2版第1刷発行

著作兼発行者　一般社団法人　日本機械学会
（代表理事会長　伊藤　宏幸）

印刷者　柳　瀬　充　孝
昭和情報プロセス株式会社
東京都港区三田 5-14-3

発行所　東京都新宿区新小川町4番1号
KDX 飯田橋スクエア2階
郵便振替口座　00130-1-19018番
電話（03）4335-7610　FAX（03）4335-7618　https://www.jsme.or.jp
一般社団法人　日本機械学会

発売所　東京都千代田区神田神保町2-17
神田神保町ビル
電話（03）3512-3256　FAX（03）3512-3270
丸善出版株式会社

ISBN 978-4-88898-345-7　C 3353

本書の内容でお気づきの点は　textseries@jsme.or.jp　へお知らせください。出版後に判明した誤植等は http://shop.jsme.or.jp/html/page5.html　に掲載いたします。